西安交通大学本科"十三五"规划教材

普通高等教育能源动力类专业"十三五"规划教材

往复式压缩机原理

屈宗长 编著

西安交通大学出版社

XI'AN JIAOTONG UNIVERSITY PRESS

图书在版编目(CIP)数据

往复式压缩机原理/屈宗长编著.—西安:西安
交通大学出版社,2019.10(2022.7 重印)
西安交通大学本科"十三五"规划教材
ISBN 978-7-5693-1191-4

Ⅰ.①往… Ⅱ.①屈… Ⅲ.①往复式压缩机-高等学
校-教材 Ⅳ.①TH457

中国版本图书馆 CIP 数据核字(2019)第 099589 号

书　　名	往复式压缩机原理	
编　　著	屈宗长	
责任编辑	田　华	

出版发行	西安交通大学出版社	
	(西安市兴庆南路 1 号　邮政编码 710048)	
网　　址	http://www.xjtupress.com	
电　　话	(029)82668357　82667874(市场营销中心)	
	(029)82668315(总编办)	
传　　真	(029)82668280	
印　　刷	西安日报社印务中心	

开　　本	787mm×1092mm　1/16	印张 14.625	字数 356 千字
版次印次	2019 年 10 月第 1 版　2022 年 7 月第 4 次印刷		
书　　号	ISBN 978-7-5693-1191-4		
定　　价	38.00 元		

如发现印装质量问题,请与本社市场营销中心联系。
订购热线:(029)82665248　(029)82667874
投稿热线:(029)82664954　QQ:190293088
读者信箱:190293088@qq.com

Foreword 前言

　　本书是根据西安交通大学本科"十三五"规划教材所审定的新教学计划和教学大纲编写，是高等学校压缩机及制冷学科专业教材，也可供压缩、制冷、化工等专业的师生及从事压缩机研究、设计和制造的专业技术人员参考。

　　西安交通大学压缩机专业是国内第一个压缩机高级人才培养和压缩机技术科学研究创新基地，从事压缩机教学和科学研究的几代人为此付出了大量的心血和努力，不断改革调整教学内容和教学方法，既注意与基础课程的衔接，又保持了压缩机原理课程通用体系的完整及深度。

　　本书通过规范的理论分析并结合实际，参考最新国内外技术资料，对一些基本概念、工作过程的理论和实际循环，以及主要的影响因素、热力性能参数、各种作用力分析方法及计算机程序计算模型、容积流量调节及调节过程中的压力重新分配、惯性力平衡等技术问题进行了详细的介绍。

　　本书吸取了作者多年来从事教学和科学研究的实践经验，对于在设计和计算中容易出现的问题建立了规范的分析方法，并提出了容积流量调节过程中储气罐容积的确定方法、惯性力平衡分析的复数解析法和图解法及偏心曲柄连杆机构作用力分析等重要内容，目的是使学生在消化吸收本课程知识要点的同时，扩充思考问题的视角，提高分析与解决问题的能力。书中严格按照科学知识的内在逻辑体系和学生认识能力发展的顺序，由浅入深、循序渐进，并附有热力计算和动力计算实例，力求给读者的使用和参考的过程带来方便。

　　本书由西安交通大学压缩机工程系屈宗长编写，全书由杨绍侃教授审稿。杨绍侃教授是西安交通大学压缩机专业的创始人之一，他对本书提出了许多宝贵的意见，在此表示衷心的感谢。

　　在本书的编写过程中，得到了压缩机工程系有关老师的大力支持，也得到了压缩机行业有关单位的大力协助，在此表示衷心的感谢。

　　由于编者水平有限，难免会出现一些错误，欢迎读者批评指正。

作者

2018 年 10 月

Contents 目录

绪　论

自然界中一切物质都具有能量,能量既不能被创造,也不能被消灭,而只能从一种形式转换为另一种形式,在转换过程中,能量的总量恒定不变,因此能量的利用过程实质就是能量的传递和转换过程。

能量的转换是需要设备或者系统来实现的,热力机械就是将气体的热能转换为机械能的设备;压缩机就是将机械能转换为气体压力能的设备。虽然热力学第一定律已经指出了能量转换过程的守恒关系,但它却不能解决转换效率的问题。压缩机原理就是研究系统中的热力性能和动力性能关系,讨论压缩机理论循环、实际循环工作过程,研究压缩机的各种工作过程及热力参数之间的关系。而压缩机热力性能的研究,就是用来讨论能量转换过程中的影响因素,提高转换过程中的效率,即压缩机效率。

一个状态变换过程均与工质的性质有关,它会影响到能量转换的效率,所以研究过程就必须首先研究工质的性质、工质的状态方程和过程方程以及在各种不同工作过程中热力参数的变换规律。当然,在实际工程中使用的气体是多种多样的,如果通过实验的方法来讨论所有气体的性质,虽然可行,但其实验工作量非常庞大。在工程计算中,为了简单,又具有一定的计算精度,可以根据气体的状态将其分为理想气体、实际气体、理想气体混合物和实际气体混合物。不同气体在热力过程中表现的变化规律不同,通过对压缩机循环所进行的热力过程进行分析,可以清楚地理解热能与机械能之间相互转换的情况以及影响转换的各种因素。分析热力过程,主要是根据过程进行的条件,确定过程的状态参数及状态参数的变化规律,并分析能量之间的平衡关系,这对于提高压缩机工作过程的能量转化效率有着重要的意义。

将机械能转化为气体的压力能必然要通过一定的机构实现,实现这种转化的机构多种多样,在往复活塞式压缩机中主要为曲柄连杆机构,所以曲柄连杆机构的运动学分析是压缩机结构设计的基础。研究曲柄连杆机构的运动规律,分析其在运动中的各种作用力,对于提高压缩机的经济性和可靠性有着重要意义。曲柄连杆机构的运动特性决定了往复运动的活塞存在往复运动的加速度及往复惯性力;做旋转运动的曲柄、曲柄销因其质心偏离旋转中心而存在旋转惯性力;在多列压缩机中,由于气缸之间存在一定的夹角,曲柄也存在着一定的错角,各列惯性力便构成了一个较为复杂的力系,不仅存在惯性力,而且存在着惯性力矩。这些往复、旋转惯性力和力矩如果得不到良好平衡,就会导致压缩机的剧烈振动,而振动常常是压缩机安全、可靠运行的隐患。因此,往复活塞式压缩机动力学研究的首要任务就是要分析惯性力和惯性力矩的大小、方向和计算方法及各类惯性力的叠加问题,解决惯性力的平衡,使压缩机运转更加平稳、可靠。

曲柄连杆机构在运动中是各种作用力作用的结合体,在整个循环中的各种作用力大小和方向发生周期性变化,从而导致曲轴在一转中的加速和减速现象,通过压缩机动力学分析计算,不仅可以选择合适的压缩机结构型式和恰当的飞轮矩,使得压缩机力矩波动及相应的转速波动在可接受的范围内,同时为压缩机主要零部件的强度、刚度、摩擦磨损、振动和轴承的负荷等计算提供理论依据。

第1章　压缩机的用途及分类

压缩机是一种提高气体压力或输送气体的机械,应用极为广泛,因此被称为"通用机械"。尽管压缩机的种类很多,但从能量转换的观点看,压缩机是将原动机输入的机械能转换为气体压力能的一种机械。

1.1　压缩机的作用与用途

1.1.1　压缩机的作用

作为一种通用机械,压缩机在国民经济的发展和社会生活水平的提高中具有举足轻重的地位。医疗、纺织、食品、农业、交通运输、冶金石化和国防等领域,都普遍利用压缩气体作为动力。而要利用压缩气体,则离不开压缩机包括由它们组成的气体动力系统。它们在当今国民经济和社会生活中不可缺少的地位也许仅次于电力工程了。如果把奔流着千百种液体和气体物质的各类大小流体动力系统视为国民经济工程和社会生活的血管,那么压缩机就是促使它们永不疲倦流动的心脏设备。

虽然压缩机的发展历史可以追溯到东汉时期的鼓风冶炼技术,但如果把压缩机仅仅看作是一类传统甚至是古老的机械产品,那是一种极大的误解,实际上,它们永远不会被替代或消亡。现代高科技的发展只会把它们提升到高效率、高功能和高技术的制造,以及"绿色"化、智能化运行的新水平,并且越来越拓宽它们使用的新领域。据统计,我国发电量约 25% 被用于各类泵和压缩机,其中固然也有反映我国压缩机械行业能耗指标还不尽人意、性能大有提高发展的空间等问题,这一数字本身也足以说明它们的丰功伟绩和在国民经济中所处的地位。

压缩机及基于它们而工作的数以百千计的各种流体动力系统,关系着各类液、气态物质,甚至也有固态物质的社会存在方式和价值,关系着国计民生和科学技术的发展进步。压缩机几乎无处不在、无时不在地服务于国民经济各个领域中,所以,提高压缩机运转的经济性和可靠性,使压缩机更好地服务于国民经济的各行各业,使我国的压缩机工业在不远的将来全面跻身于世界先进水平的行列,这是从事这个行业的全体人员的重要任务。

1.1.2　压缩机的用途

根据压缩气体使用的不同特点,压缩机的用途可分为以下几个方面。

1.压缩空气作为动力

在采矿、冶金和机械制造业中,压缩空气可以驱动各种风动工具、用于控制仪表及喷涂等,其压力为 $(7\sim8)\times10^5$ Pa。在交通运输行业中,压缩空气可以控制车辆的制动,门窗启闭,地铁的自动化控制,轮船的自动化设备,飞机的维修,汽车、气垫船的充气,码头的装卸输送等,其压力为 $(2\sim12)\times10^5$ Pa。在轻工行业中,压缩空气用作喷气织机中的纬纱吹送。制药业、酿酒业中原料的搅拌发酵、食品的输送、印刷包装、建材的加工、皮靴及服装的制作等均使用压缩空气,其压力为 $(2\sim8)\times10^5$ Pa。在国防工业中,潜水艇的沉浮、鱼雷的射击、驱动以及沉船的打捞等,都以不同压力的压缩空气作为动力。此外,也借助压缩空气启动大型柴油机,其压力为$(25\sim60)\times10^5$ Pa。油井的压裂、二氧化碳的回注、二次法采油等,使用压力为$(50\sim250)\times10^5$ Pa的压缩气体。借助压缩空气进行高压爆破采煤,压力约为800×10^5 Pa。利用压缩机向矿井连续输送新鲜空气,供给人员呼吸,稀释并排出有害气体和浮尘,改善井下气候条件,其压力为$(7\sim10)\times10^5$ Pa。因此,在这些领域中,压缩机是核心设备。

2.压缩气体用于制冷和气体分离

气体经压缩、冷却、膨胀而液化,用于人工制冷(冷冻、冷藏及空气调节等)的各种冷媒压缩机。其压缩压力多为$(8\sim12)\times10^5$ Pa,这一类压缩机通常称为制冷压缩机或"冰机"。另外,液化的气体若为混合气时,则可根据其各组分不同的气化温度,将其分离出来,得到各种纯度的气体。如空气液化分离后能得到的纯氧、纯氮和纯的氖、氪、氩、氦等稀有气体等。因此,压缩机是制冷装置和气体分离系统中重要的设备。

3.压缩气体用于合成及聚合

在化学工业中,气体压缩至高压,常有利于合成及聚合。例如氮与氢气合成氨,氢与二氧化碳合成甲醇,二氧化碳与氨合成尿素等;塑料、人造纤维、人造橡胶等化工产品的基础原料是高压聚乙烯,它是将乙烯压缩到2800×10^5 Pa聚合而成,这就必须使用氮氢压缩机、二氧化碳压缩机和高压聚乙烯压缩机。在石油工业中,压缩气体用于润滑油的加氢精制,把氢加热加压后与油反应,才能使碳氢化合物重组分裂化成轻组分的碳氢化合物。如重油的轻化、润滑油加氢精制等,必须使用氢气压缩机,通常压力为$(90\sim320)\times10^5$ Pa。由此可知,压缩机是石油化工行业的心脏设备。

4.压缩气体用于远距离输送

在石油、化工生产中,常利用管道输送气体,需用压缩机增压,以克服流动过程中的管道阻力损失,如仅次于长江三峡工程的又一重大投资项目"西气东输"工程。我国西部地区的塔里木盆地、柴达木盆地、四川盆地和陕甘宁蕴藏着丰富的天然气资源和石油资源,约占全国陆上天然气资源的87%,把西部的资源和东部的市场连接起来,必将推动我国的经济发展。采用输气管道将西部的资源输送到东部,该管道全长4167 km,设计天然气年输气能力120亿 m^3,输气压力为100×10^5 Pa,共设工艺站场31座,加气站17座,分输站10座,而压缩机就是该工程中提高天然气压力的关键和核心设备。另外,远程输送气体,要利用有限的容积输送较多体积的气体,可利用压缩机将气体压力提高后以较小体积注入气瓶,达到装瓶输送气体的目的。如天然气在常压下冷却约至$-162\ ℃$时,使天然气由气态变为液态,称为液化天然气(liquefied natural gas),简称为LNG。同质量的天然气比同质量的LNG的体积大约625倍,因此,LNG可以很方便地使用交通工具进行大气量的运输,这就需要LNG压缩机。气体装瓶输送用压缩机的压力视其装瓶压力而定,氧气装瓶压力为150×10^5 Pa,氯气、乙烯气装瓶压力为$(100\sim150)\times10^5$ Pa,二氧化碳装瓶压力为$(50\sim60)\times10^5$ Pa,石油液化气装瓶压力为$(5\sim15)\times10^5$ Pa。因此,在气体远距离输送中,压缩机是必不可少的重要设备。

5.压缩空气用于医疗护理

压缩空气具有安全、操作方便、无污染和可压缩性等特点,在医疗护理方面得到广泛应用,如近年来在心血管疾病治疗方面取得的一项新技术——体外反搏。体外反搏是一种无创伤性的治疗措施,在人的四肢扎上气囊,利用与心脏同步的原理,在心脏舒张期,对四肢气囊加压,让四肢的血液回流至心脏,形成心脏舒张期冠状动脉血流增加,增加心肌的供血,改善心肌缺血。气囊加压的设备就是压缩机,一般压力为0.5×10^5 Pa。另外,可使用压缩空气将轮椅进行升降,为伤残人士提供了极大的方便。病人的床和床垫,可以使用压缩空气作为动力来代替电动升降托起装置,其冲击力小、噪声小,为病人提供良好的环境。医院的手术室使用压缩空气过滤杀菌、康复医疗、针灸等,其使用压力一般为$(2\sim10)\times10^5$ Pa。

综上所述,压缩机的用途极广,几乎遍布于国民经济的各个部门。

1.2 压缩机的分类及性能特点

1.2.1 压缩机分类及工作原理

压缩机的种类繁多,其分类方法各异。按照压缩气体的方式不同,采用国家标准 GB/T4976—1985(等同于国际标准 ISO5390—1977)对压缩机进行了分类,如图 1 - 1 所示。压缩机通常分为两大类,一类是容积式压缩机,另一类是动力式压缩机。在我国的行业划分中,压缩机是指容积式压缩机,包括往复式压缩机和回转式压缩机(螺杆压缩机、滑片压缩机、涡旋压缩机等)两大类。

1.动力式压缩机

动力式压缩机依靠高速旋转的叶轮使气体获得很高的速度,随后在扩压器中急剧地降速,使气体的动能转化为压力能。典型的速度式压缩机有轴流式压缩机和离心式压缩机两种。

(1)轴流式压缩机。图 1 - 2 为 Z3250 - 46 轴流式压缩机剖面图,压缩机为九级,由燃气轮机驱动。它主要由在转盘上均布的动叶片组成。每一列动叶与其后的静叶(导流器)组合在一起称为一级,动叶的功用是将转子上的旋转机械功传给气体,以增加气体的动能,使气体产生很高的速度。而随后在位于动叶后的导流器(静叶)中使气体的流动速度降低,将气体动能转化为压力能。另一方面,导流器又使气流在下一级动叶前有一定的速度和方向。轴流式压缩机大多数是多级串联工作,可使气流逐级压缩到所需要的压力,因为气体在压缩机内大致沿转轴的平行方向流动,所以称为轴流式压缩机。

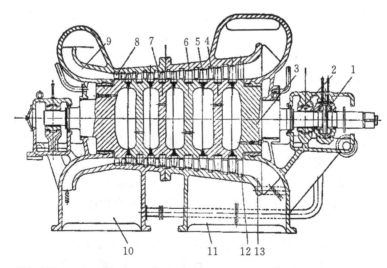

1—止推轴承;2—径向轴承;3—转子;4—导流器;5—动叶;6—前气缸;7—后气缸;
8—出口导流器;9—扩压器;10—出气管;11—进气管;12—进气导流器;13—收敛器
图 1 - 2 Z3250 - 46 轴流式压缩机剖面图

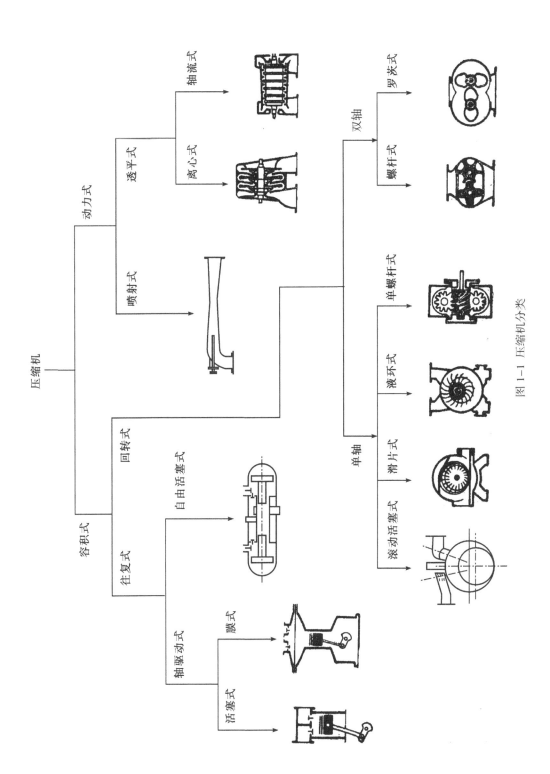

图 1-1 压缩机分类

(2)离心式压缩机。图1-3为氨离心式压缩机105-J气缸剖面图,图1-4为离心式压缩机中间级简图。气体由进气口进入叶轮的中心,由于叶轮的转动使得气体被加速运动到叶轮的外缘,然后进入扩压器。在扩压器中改变了流动方向,造成了减速。这种减速作用把动能转换成压力能。如果气体还要进一步压缩,可用回流器改变扩压器出口气流的方向,到依次排列的下一个叶轮进口。由于气体在压缩机内大致沿离心方向(或半径方向)流动,所以称为离心式压缩机,有时也称为径流式压缩机。

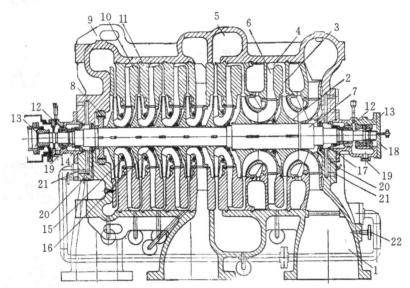

1—进气口;2—叶轮;3—扩压器;4—弯道;5—回流器;6—机壳;7—主轴;8—平衡盘;
9—气缸;10、11—隔板;12—轴承;13—卡环;14—轴封;15—隔板密封;16—轮盖密封;
17—支撑轴承;18—联轴器;19—径向轴承排油;20—缓冲气进口;21—密封胶油排出口;
22—缓冲气回路

图1-3 氨离心式压缩机105-J气缸剖面图

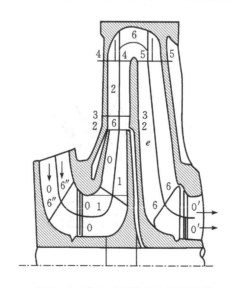

图1-4 离心式压缩机中间级简图

2.容积式压缩机

容积式压缩机依靠活塞(转子)在气缸中的往复运动(回转运动),使气体的容积缩小,从而提高气体的压力。常用的容积式压缩机包括:往复活塞式压缩机、斜盘式压缩机、滑片式压缩机、旋叶式压缩机、螺杆压缩机、涡旋压缩机和同步回转式压缩机。

(1)往复活塞式压缩机。往复活塞式压缩机简称活塞式压缩机,它是一种发展历史最长和应用范围最广的容积式压缩机。图1-5表示了活塞式压缩机原理和机构简图,它由气缸、活塞和活塞杆以及驱动活塞运动的十字头、连杆和曲轴(曲柄连杆机构)、控制气体进出的进、排气阀组成。曲轴旋转时,通过连杆的摆动以及十字头的导向,使曲轴的回转运动改变为活塞的往复运动,活塞两侧的工作容积则会发生周期性变化。对于盖侧,当活塞从外止点开始向右运动时,气缸内的工作容积逐渐增大,这时,气体沿着进气管,推开进气阀进入气缸,直到工作容积变得最大时(即活塞到达了内止点)为止。当活塞到达内止点时,进气阀关闭即进气结束,这时气缸的工作容积达到最大。活塞再由内止点向左运动,这时气缸内工作容积缩小,气体压力升高,当气缸内压力达到并略高于排气压力时,排气阀打开,气体排出气缸,直到活塞运动到达外止点,排气阀关闭,排气结束。当活塞再次由外止点向右运动时,上述过程重复出现,曲轴旋转一周,活塞则往返一次,气缸内相继实现进气、压缩、排气的过程,完成一个工作循环。轴侧的工作方式与盖侧相同,它们的进、排气过程是交替发生的。

活塞式压缩机是我国石油化工领域中的重大装备。图1-6为沈阳申元气体压缩机有限责任公司生产的8M80氮氢气压缩机。该机单机年产8万t合成氨,机型采取八列对称平衡式布置,单列活塞力达80 t。

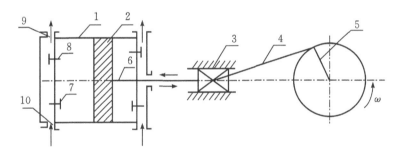

1—气缸;2—活塞;3—十字头;4—连杆;5—曲轴;6—活塞杆;7—进气阀;8—排气阀;9—排气管;10—进气管

图1-5 双作用活塞式压缩机原理和机构简图

图1-6 8M80氮氢气压缩机

（2）斜盘式压缩机。斜盘式压缩机可以是单向或者双向往复式活塞结构，相应称为单向或者双向斜盘式，结构如图1-7所示。图1-8表示了斜盘式压缩机的工作原理，它是将活塞式压缩机的曲柄连杆机构用斜盘的定轴转动来代替。由图可见，当装在主轴上的斜盘作定轴回转运动时，它驱动装在斜盘两侧的活塞沿轴向作往复运动。以斜盘的主轴为中心，在同一圆周上均布了三个（或五个）活塞，各活塞是通过斜盘两端面的滑履和钢球装配的，活塞的两侧均布置气缸，即前气缸和后气缸，因而一个活塞运行在一个双作用的气缸中，整个压缩机相当于六缸（或十缸）的作用。

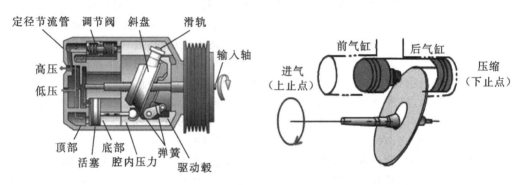

图1-7　斜盘式压缩机　　　　　　　　图1-8　斜盘式压缩机原理简图

斜盘式压缩机具有结构紧凑、重量轻的特点，但是因尺寸不宜做得过大而只能用于微、小型压缩机中，特别在汽车空调中使用得居多。

（3）滑片式压缩机。滑片式压缩机如图1-9所示。圆筒形气缸内偏心地安置一个圆柱形转子，从而使气缸内壁与外表面间构成一个月牙形空间，转子中配有若干径向滑动的滑片，转子转动时，滑片在离心力作用下压向气缸内壁，月牙形的空间被滑片分隔成若干个扇形的基元容积，随着转子的转动，滑片被气缸内壁持续向内挤压，基元容积连续减少，气体被压缩而使其基元容积中的压力提高。当基元容积中的压力到达排气压力时，基元容积的前一滑片正好到达排气孔的

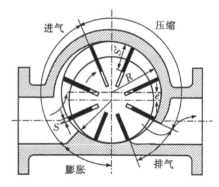

图1-9　滑片式压缩机简图

上边沿，基元容积与排气孔相通，即压缩结束而排气开始，当组成基元容积的后一滑片越过排气孔的下边沿时，排气结束，基元容积处于最小值。转子继续旋转，基元容积则再由小到大开始下一循环，即进气、压缩和排气。在转子的每一转中，每一个基元容积均会实现一次工作循环，基元容积数等于滑片数。滑片式压缩机结构紧凑、体积小，便于在狭小的空间使用，但由于滑片与转子、气缸之间的摩擦磨损较为严重，因此效率和寿命较低，它们在对安装空间要求严格的地方应用较多，如汽车空调或者船用领域。

（4）旋叶式压缩机。旋叶式压缩机是近30多年来发展起来的一种比滑片式压缩机效率更高、体积更小的一种新型回转式压缩机，并且也广泛用于汽车空调系统中。旋叶式压缩机主要

部件有气缸、转子、叶片和前后端盖(或称前后轴承座)。气缸内壁近似呈椭圆形,转子与气缸为同心配置,叶片有对心式和偏置式两种布置方式,如图1-10所示。转子上装有五片对心或者偏置配置的铝制叶片,叶片在转子槽中可以做往复运动。转子与气缸内壁有两个接触点,将气缸容积划分为两个月牙形空间,每个月牙形空间都设有吸气孔口和排气阀,因此气缸是双作用形式。转子旋转后叶片在离心力作用下甩出,使其叶片上端部紧贴气缸内壁,月牙形空间又被分隔成若干扇形空间,这就是旋叶式压缩机的基元容积。随着转子的旋转,每个基元容积完成吸气、压缩和排气过程,转子旋转一周,基元容积完成两次吸气、压缩和排气过程,图中转子旋转一周可以实现十次吸、排气及压缩过程。旋叶式压缩机与滑片式压缩机的最大区别是转子与气缸是同心配置,转子的旋转惯性力完全平衡,所以转速可以很高,最高转速可达9000 r/min。提高转速后可以使相对泄漏量减少,也使机器的尺寸和质量减小。特别当叶片斜置时,叶片上端部与气缸内壁间的摩擦力及叶片两侧与槽间的摩擦力减小,其效率也有明显的提高。

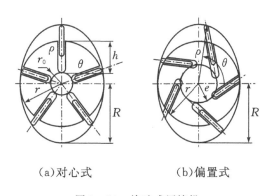

(a)对心式　　　　　(b)偏置式

图1-10　旋叶式压缩机

(5)螺杆压缩机。螺杆压缩机分为双螺杆压缩机和单螺杆压缩机,图1-11为双螺杆压缩机结构简图。图1-12为单螺杆压缩机结构简图。

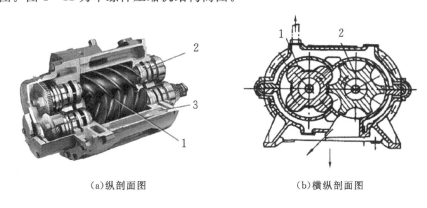

(a)纵剖面图　　　　　　　　　　(b)横纵剖面图

1—阳转子;2—阴转子;3—气缸

图1-11　双螺杆压缩机结构简图

双螺杆压缩机的气缸截面呈"8"字形,在气缸中平行配置一对相互啮合的螺旋形转子,分为阳转子和阴转子,阳转子与电动机连接,带动阴转子转动。在机体两端分别开设一定形状和大小不同的孔口,一个为吸气孔,另一个为排气口。螺杆式压缩机依靠一对转子在气缸内作回转运动,从而实现对气体的吸入、压缩和排出的过程。

而单螺杆压缩机仅有一个转子,两边有两个与螺杆转子相啮合且成对称分布的星轮,转子带动两个叶轮旋转,螺槽和气缸内壁构成封闭的基元容积,使气体达到所需要的压力。与双螺杆相比,单螺杆压缩机具有制造成本低、结构简单、理想的力平衡性、没有余隙容积的特点。

(6)涡旋压缩机。涡旋压缩机主要由动盘、静盘、机壳、十字滑环和主轴组成,图1-13表示了涡旋压缩机的结构简图。涡旋盘中气体的压缩由动盘(图中的深色)和静盘的互动形成。图1-14表示其工作原理。当动盘在主轴的驱动

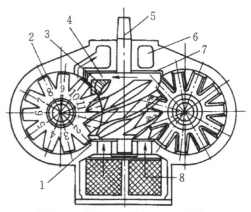

1—机壳;2—星轮;3—排气口;4—螺杆;
5—主轴;6—排气腔;7—吸气腔;8—气缸
图1-12　单螺杆压缩机结构简图

和十字滑环的相位保持下作圆周平动时,设置在静盘外侧面的一对吸气口则逐渐张开,如图(b)所示,气体随之吸入工作腔内,进入的气体随转角的增大而增加,最后由动盘的外侧面和静盘的内侧面形成封闭的月牙形基元容积,完成一次吸气过程,如图(c)所示。当主轴继续旋转,动盘犹如一个活塞,把气体自外圈向中心推移,被封闭的基元容积逐渐缩小,气体的压力则不断提高,如图(c)和图(b)所示。当气体被推到涡旋中心腔时,基元容积中的压力也到达了设计压力,基元容积达到最小,这时开始排气,如图(d)所示。当主轴继续旋转,中心腔基元容积的气体被全部排出,如图(e)和图(f)所示。由图可见,涡旋压缩机各基元容积的工作压力是逐步提高的,因此各基元容积的压力差小,泄漏量小,容积效率高。

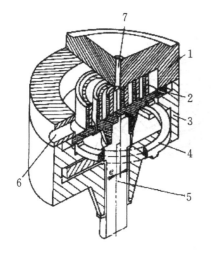

1—动盘;2—静盘;3—机壳;4—十字滑环;
5—偏心轴;6—进气口;7—排气口

图1-13　涡旋压缩机结构简图

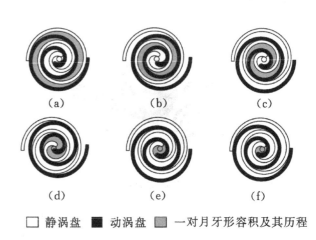

(a)　　　(b)　　　(c)

(d)　　　(e)　　　(f)

□ 静涡盘　■ 动涡盘　▨ 一对月牙形容积及其历程

图1-14　涡旋压缩机工作原理图

涡旋压缩机是 20 世纪 80 年代才商业化的一种小型压缩机,理论上动、静盘的侧面处于似接触非接触的临界状态,因此它具有体积小、重量轻、摩擦磨损小和结构简单的特点,现在成为制冷空调领域的主要机型。

(7)同步回转式压缩机。同步回转式压缩机主要由气缸、转子、滑板和主轴组成,图 1-15 和图 1-16 分别表示了同步回转式压缩机的结构和工作原理。由图所示,圆筒形气缸内偏心地安置一个圆柱形转子,转子外壁面和气缸内壁面构成一个月牙形空间,滑板将月牙形的空间分割为进气腔和压缩腔,在主轴的驱动下,转子作定轴旋转,转子则通过滑板带动气缸绕气缸的中心转动,它们转动一周的时间完全相同,同步回转压缩机由此得名。当转子转动时,进气腔的基元容积不断扩大,气体由旋转的进气口吸入,而压缩腔的基元容积则逐渐缩小,气体被压缩,压力不断提高。转子继续旋转,进气腔不断扩大而压缩腔则不断缩小,当压缩腔基元容积中的压力达到系统所设定的压力后,气体通过转子上的排气口由轴向排出。当压缩腔基元容积的气体被全部排出后,进气腔基元容积已经被气体再次充满。转子继续旋转,这时进气腔变成了压缩腔,而原来的压缩腔则成为吸气腔。在同步回转压缩机中,进、排两个工作腔交替工作,以实现吸气、压缩和排气循环。

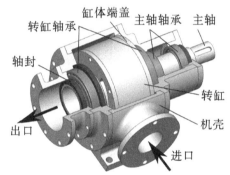

图 1-15 同步回转式压缩机结构　　　　图 1-16 同步回转式压缩机工作原理

同步回转式压缩机是近年发展起来的一种新型机械。同步回转式压缩机由于转子与气缸均是绕自己的回转中心定轴转动,无不平衡的惯性力,机器振动小,转速高,体积小。因为进气口和排气口均随着气缸和转子一起旋转,所以气缸与转子之间的相对运动速度低,降低了摩擦磨损;同时也延长了进气的时间,又避免了其它类型的回转式压缩机过压缩和压缩不足的问题。它不仅可以在带有杂质的气液多相流体的原油加压输送中使用,也可以在空气动力、制冷空调等领域使用。

对于容积式压缩机,除了以上介绍的几种型式外,还有许多其它的类型,如自由活塞式、电磁振动式、膜片式、液环式、滚动活塞式和罗茨鼓风机等型式。

1.2.2　压缩机常用压力与排气量范围

在实际使用中为了选型和设计方便,通常根据压缩机结构型式差异进行分类,表1-1给出了压缩机结构的分类以及各种压缩机压力和容积流量的使用范围。

表 1-1 压缩机的结构分类及常用压力和容积流量使用范围

				图例	一般排气量应用范围/(m³·min⁻¹)	一般压力应用范围/10⁵Pa
压缩机	容积式	活塞式	往复式	活塞式	$0.1 \sim 100$	$1 \sim 1000$
				膜片式	$0.1 \sim 1.5$	$1 \sim 1000$
				自由活塞式	$0.1 \sim 1.0$	$1 \sim 10$
		回转式	单轴	涡旋式	$0.1 \sim 2.0$	$1 \sim 12$
				单螺杆式	$2 \sim 60$	$7 \sim 20$
				滚动活塞式	$0.1 \sim 0.6$	$1 \sim 10$
				滑片式	$1 \sim 20$	$7 \sim 10$
				液环式	$1 \sim 100$	$1 \sim 3$

压缩机				图例	一般排气量应用范围/(m³·min⁻¹)	一般压力应用范围/10⁵Pa
压缩机	容积式	回转式	单轴 同步回转式		0.1～3.0	1～30
		双轴	螺杆式		2～60	7～20
			罗茨式		0.15～1200	0.01～1.0
	动力式	离心式			50～5000	1～600
		轴流式			500～10000	1～40
	热力式	单级喷射器			0.3～6.0	0.9～5
		多级喷射器			0.3～6.0	0.9～6

1.2.3　压缩机性能比较

各类压缩机由于工作原理和结构特点不同,都有各自的优缺点,其运转特性和热力性能有较大的差异。

1.结构优缺点与运转特性比较

表1-2给出了各类压缩机的运转特性,并对各类压缩机的结构进行了比较。

表1-2　各种压缩机特性比较

机型		特性	优点	缺点
容积式压缩机	活塞式压缩机	高压、中小流量;密封特性好;易于做成有油和无油润滑两种;气量调节时,排气压力可以维持不变	(1)从低压到高压,适用压力范围广; (2)热效率高; (3)适应性强,排气量范围大,且不受压力高低的影响	(1)转速低,体积大; (2)易损件多,连续无故障运行时间短; (3)排气不连续,气流脉动大; (4)单列时往复惯性力平衡困难
	螺杆压缩机	低压、大流量和可靠性高	(1)结构简单,维修方便,无故障连续运转时间长; (2)排气连续,运转平稳且无气流脉动; (3)对气体带液有一定的要求	(1)型线加工精度要求高; (2)密封困难; (3)效率低、噪声大; (4)对润滑油要求高
	涡旋压缩机	中压、小流量,工作腔无磨损,效率和可靠性高	(1)结构简单,体积小,重量轻;摩擦磨损小,效率高; (2)无气阀,阻力小,易于实现大范围的流量调节; (3)进、排气连续,无气流脉动;多个腔同时工作,转矩均匀	(1)型线加工精度要求高; (2)密封困难; (3)流量小,排气压力低,排气压力一般小于3.0 MPa; (4)工作腔难于实现外冷却
	同步回转压缩机	中压、小流量,工作腔无磨损,效率和可靠性高	(1)结构简单、体积小、重量轻;摩擦磨损小、效率高; (2)无进气阀,连续进气时间长,流动阻力小; (3)对气体中含油、水比例无要求,压缩机和油泵同机共用;不会出现过压缩和压缩不足的问题; (4)作为混输泵抗泥沙能力强	(1)密封较为困难; (2)流量小,排气压力低,一般小于4.0 MPa; (3)工作腔难于实现外冷却方式

机型		特性	优点	缺点
速度型压缩机	离心式压缩机	低压、大流量，出口压力过高将导致机组发生喘振	(1)转速高，体积小，重量轻； (2)结构简单，维修方便，可靠性高； (3)排气平稳，无气流脉动	(1)排气量和排气压力的适应性差，最小流量和最高压力不能同时满足； (2)热效率低； (3)运转状况不稳定，工作性能随工作条件变化大； (4)气体性质的影响较大，难以实现变型与变工况
	轴流式压缩机	低压、大流量，但当流量超过一定限度时，流道会发生气流阻塞	(1)气流流动摩擦损耗较离心式压缩机小，因而效率较高； (2)流量大，且易于调节	(1)稳定工作范围小； (2)对气体中的灰尘污染较敏感； (3)气体动力引起的振动易于造成叶片的损坏

2. 热力性能比较

容积式压缩机与速度式压缩机也有着较大的差异。活塞式压缩机由于密封性能好，所以容积效率高，图 1-17 表示了其容积效率曲线。与活塞式压缩机比较，回转式压缩机虽然转速高、气体流动均匀、气流脉动小，但由于密封困难而效率较低。图 1-18 表示了离心式压缩机效率曲线。

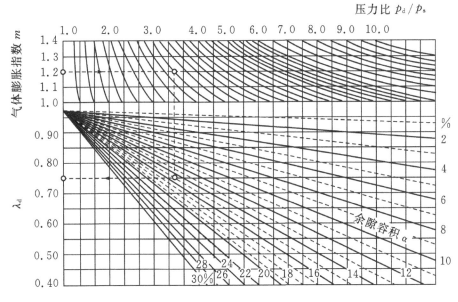

图 1-17　活塞式压缩机的容积效率曲线

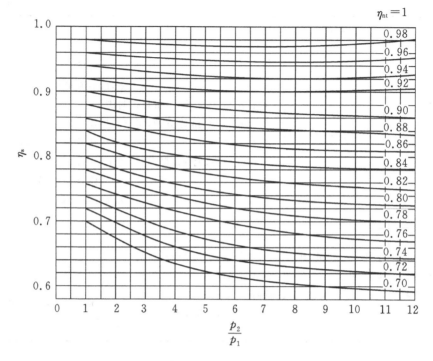

η_s—定熵效率；η_{nt}—多变效率

图 1-18 离心式压缩机的效率曲线

1.2.4 活塞式压缩机分类

本书主要是讨论往复活塞式压缩机的原理与结构。为了研究方便，常将活塞式压缩机按其热力性能及结构特点分成以下各类型。

1.依据所达到的排气压力

依据所达到的排气压力将活塞式压缩机分为以下几类，如表 1-3 所示。

表 1-3 活塞式压缩机依据所达到的排气压力分类

名称	排气压力/10^5Pa
鼓风机	<3
低压压缩机	3~10
中压压缩机	10~100
高压压缩机	100~1000
超高压压缩机	>1000

2.依据容积流量范围

依据容积流量范围将活塞式压缩机分为以下几类，如表 1-4 所示。

表 1-4 活塞式压缩机依据容积流量范围分类

名称	容积流量范围(按进气状态)/($m^3 \cdot min^{-1}$)
微型压缩机	<1
小型压缩机	1~10
中型压缩机	10~60
大型压缩机	>60

3.依据气缸的排列方式

依据气缸的排列方式将活塞压缩机分为以下几类,如表1-5所示。

表1-5 活塞压缩机依据气缸的排列方式分类

名称		结构代号	气缸中心线与地面的相对位置
立式压缩机		Z	气缸中心线垂直于地面(图1-19(a))
卧式压缩机	一般卧式压缩机	P	气缸的中心线平行于地面(图1-19(b)、(c)、(d))
	对动式压缩机	D	气缸分布在曲轴两侧,且两列对称平衡(图1-19(c))
	对置式压缩机	DZ	气缸分布在曲轴两侧,但两侧活塞运动不对称(图1-19(d))
	H型压缩机	H	在对动或者对置压缩机中,电机位于两列气缸之间
	M型压缩机	M	在对动或者对置压缩机中,电机位于两列气缸一侧(图1-6、图1-20、图1-21)
角度式压缩机			气缸中心线与地面成一定角度(图1-19)
	L型压缩机	L	气缸中心线呈立卧结合分布(图1-19(e))
	V型压缩机	V	气缸中心线呈V型分布(图1-19(f))
	W型压缩机	W	气缸中心线呈W型分布(图1-19(g))
	扇型压缩机	S	气缸中心线呈扇型分布(图1-19(h))
	星型压缩机	X	气缸中心线呈放射型分布(图1-19(i))

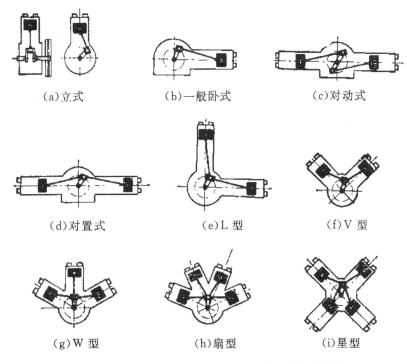

(a)立式 (b)一般卧式 (c)对动式

(d)对置式 (e)L型 (f)V型

(g)W型 (h)扇型 (i)星型

图1-19 气缸中心线相对于地面不同位置的各种配置

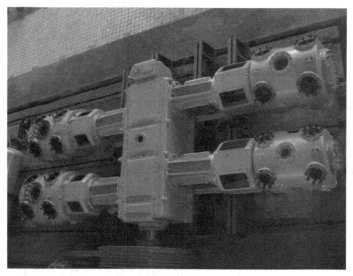

图 1-20 H 型压缩机

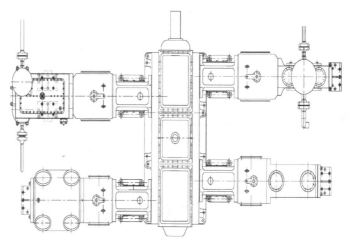

图 1-21 高压二氧化碳压缩机

4.依据气体达到终了时的压力所需要的级数

依据气体达到了终了时的压力所需要的级数将活塞式压缩机分为以下几类,如表 1-6 所示。

表 1-6 活塞式压缩机依据气体达到终了时压力所需的级数分类

名称	级数特点
单级压缩机	气体经一级压缩到达终压
两级压缩机	气体经二级压缩到达终压
多级压缩机	气体经三级以上压缩到达终压

5.依据气缸利用方式

依据气缸利用方式将活塞式压缩机分为以下几类,如表 1-7 所示。

表 1-7 活塞式压缩机依据气缸利用方式分类

名称	级数特点
单作用压缩机	仅在活塞的一侧形成工作容积(图 1-22(a)、(c))
双作用压缩机	在活塞的两侧均能形成工作容积(图 1-22(b))
级差式压缩机	大小活塞组合在一起形成不同级次的工作容积 (图 1-22(c)、(d)、(e))

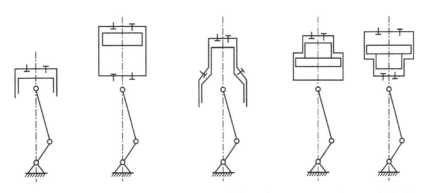

(a)单作用式　(b)双作用式　(c)级差式(单作用式)　(d)级差式　(e)级差式

图 1-22 活塞式压缩机依据气缸的利用方式的分类

1.3 活塞式压缩机的命名标准

根据国家标准 JB/T2589—1999,对(除制冷压缩机以外的)容积式压缩机命名作了统一规定,以方便压缩机的设计和选择。

1.编制方法

容积式压缩机型号由大写汉语拼音的第一个字母和阿拉伯数字表示。其表示方法如图 1-23所示。

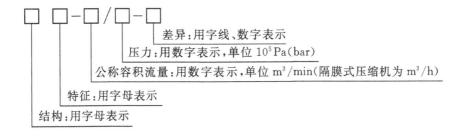

差异:用字线、数字表示
压力:用数字表示,单位 10^5 Pa(bar)
公称容积流量:用数字表示,单位 m³/min(隔膜式压缩机为 m³/h)
特征:用字母表示
结构:用字母表示

图 1-23 型号编制方法

2.结构代号

(1)往复压缩机的结构代号按形状或大写汉语拼音的第一个字母表示,如表 1-8 所示。

(2)隔膜式压缩机的结构代号用 G(隔)表示,当隔膜式压缩机由机械机构直接驱动时用 GJ(隔——GE,机——JI)表示。

表 1-8　往复压缩机结构代号

结构代号	含义	来源	结构代号	含义	来源
V	V 型	V——V	M	M 型	M——M
W	W 型	W——W	H	H 型	H——H
L	L 型	L——L	D	两列对称平衡型	D——DUI（对）
S	S 型	S——SHAN（扇）	DZ	对置型	D——DUI（对），Z——ZHI（置）
X	星型	X——XING（星）	ZH	自由活塞型	Z——ZI（自），H——HUO（活）
Z	立式（气缸中心线垂直水平面）	Z——ZHI（直）	ZT	整体摩托压缩机	Z——ZHENG（整），T——TI（体）
P	卧式（气缸中心线与水平面平行，且气缸位于曲轴同侧）	P——PING（平）			

（3）螺杆压缩机结构代号用 LG（螺——LUO,杆——GAN）表示。

（4）蜗杆压缩机结构代号用 OG（蜗——WO,杆——GAN）表示。

（5）滑片压缩机结构代号用 HP（滑——HUA,片——PIAN）表示。

（6）涡旋压缩机结构代号用 OX（涡——WO,旋——XUAN）表示。

（7）液环压缩机结构代号用 YH（液——YE,环——HUAN）表示。

（8）回转活塞或摇摆活塞压缩机的结构代号用 HY（回——HUI,摇——YAO）表示。

（9）螺杆活塞串联压缩机的结构代号用 LHC（螺——LUO,活——HUO,串——CHUAN）表示。

（10）固定风冷容积式压缩机代号均应在结构代号后注明 F（风——FENG）,但微型压缩机除外。微型压缩机指额定功率不超过 15 kW,公称容积流量不超过 2.5 m³/min,额定排气表压力不超过 $1.4×10^5$ Pa 的容积式压缩机。

（11）移动的容积式压缩机组应在结构代号后加注 Y（移——YI）,而车装压缩机机组应在结构代号后加注 C（车——CHE）,但移动式压缩机机组中的压缩机本身皆不加 Y。

3.特征代号

具有特殊使用性能的容积式压缩机,其特征代号按表 1-9 规定,如需标多项特征代号时,应按表 1-9 中的先后顺序标注。

表 1-9　特征代号

特征代号	代号的含义	代号来源
W	无润滑	W——WU（无）
WJ	无基础	W——WU（无）　J——JI（基）
D	低噪声罩式	D——DI（低）
B	直联便携式	B——BIAN（便）

4.公称容积流量

型号中的公称容积流量指压缩机排出的气体在标准排气位置的实际容积流量,该流量应换算到标准吸气位置的全温度、全压力及组分(例如湿度)的状态。

5.压力

吸气压力为常压时,型号中压力一项仅示出压缩机公称排气压力的表压力值;增压压缩机、循环压缩机和真空压缩机均应示出其公称吸、排气压力的表压力值(当吸气压力低于常压时,则以真空度表示,同时其前冠以负号),且吸、排气压力之间以符号"-"隔开。

6.结构差异

为了便于区分容积式压缩机品种,必要时可以使用型号的最末项"差异",但应避免全部由数字表示。

7.容积式压缩机的全称

容积式压缩机的全称由两部分组成:第一部分即型号,第二部分用汉字表示压缩机特性或者压缩机介质,凡属于"增压""循环""真空""联合"性质的压缩机以及喷液或干螺杆压缩机均应表明其特性。

8.示例

(1)VD - 0.25/7 型空气压缩机 往复活塞式,V 型,低噪声罩式,公称容积流量 0.25 m³/min,公称排气表压力 $7×10^5$ Pa。

(2)WWD - 0.8/10 型空气压缩机 往复活塞式,W 型,无润滑,低噪声罩式,公称容积流量 0.8 m³/min,公称排气表压力 $10×10^5$ Pa。

(3)D - 100/7 型空气压缩机 往复活塞式,对称平衡型,公称容积流量 100 m³/min,公称排气表压力 $7×10^5$ Pa。

(4)P - 3/285 - 320 氮氢气循环压缩机 往复活塞式,卧式,公称容积流量 3 m³/min ,公称吸气表压力 $285×10^5$ Pa,公称排气表压力 $320×10^5$ Pa。

(5)LGFD - 20/7 喷油螺杆压缩机 螺杆压缩机,风冷,低噪声罩式,公称容积流量 20 m³/min,公称排气表压力 $7×10^5$ Pa。

(6)LHC - 20/250 型螺杆活塞串联空气压缩机 螺杆活塞串联型,公称容积流量 20 m³/min,公称排气表压力 $250×10^5$ Pa。

1.4 压缩机的发展现状和趋势

1.4.1 容积式压缩机当前发展的水平

我国压缩机行业经过 60 多年的发展,设计、制造加工能力有了较大提高。特别在改革开放以来,伴随着国民经济的发展,压缩机制造行业在积极引进国外先进技术、管理理念和管理制度的基础上,结合我国国情进行消化吸收和再创新,自主创新能力不断增强。近年来,由于我国经济持续高速发展,特别是基础建设、矿山、冶金与石油工业的迅速发展,为压缩机提供了广阔的市场空间,压缩机产业的生产技术日臻完善,制造规模不断扩大,已经形成 L、D、DZ、H、M、HM 型等数十个系列的数百种产品,产品已经基本满足国内需求。

在大吨位、大功率的压缩机研发中取得了实质性的突破,大型往复式压缩机的最大活塞力达到 150 t 以上,轴功率突破了 16000 kW。沈鼓集团研发的 4M150 机组是目前使用的最大的往复式压缩机,技术指标达到国际同类机组先进水平。另外该公司的 4M80 型大型氢气压缩机实现了国产化,进、出口压力为 2.2/19.6 MPa,轴功率达到 3250 kW,成功应用在茂名 200 万 t/a 渣油加氢脱硫装置中。随后又研制了 2D125 大型往复式氢气压缩机并应用到金陵石化 260 万 t/a 蜡油加氢装置,设备长期运行平稳,得到用户肯定。特别值得一提的是 2012 年该企业成功研制国产首台大型 4M150 新氢压缩机,用于中化泉州 1200 万 t/a 炼油项目中的 330 万 t/a 渣油加氢裂化装置中,该机额定流量为标况下 83000 m³/h,排气压力为 20.15 MPa(A),其额定功率为 8600 kW,4M150 机组的成功研制,不仅满足了国际、国内化工装置发展的需要,而且技术指标达到国际同类机组先进水平,其稳定性、可靠性、经济性与进口机组相同,实现大型机组国产化,填补国内空白,替代进口,使我国成为国际上极少数可以生产该类机组的国家之一,在行业的发展史上具有划时代的意义。7M50 系列氮氢气压缩机由沈阳申元气体压缩机有限责任公司研制成功并投产,用于单机年产 5 万 t 合成氨系统的心脏设备,在此基础上,又成功研制了用于单机年产 8 万 t 合成氨的大型设备 8M80 系列氮氢气压缩机,该机采取八列对称平衡式布置、单列 80 t 活塞力,是目前国内最大的往复式压缩机之一,在世界上也具有领先水平,该机的成功研制改写了我国六列、50 t 活塞力往复式压缩机的历史,是我国大型往复式压缩机设计、制造史上的一次革命性创新。宝鸡博磊化工机械责任有限公司开发研制出煤化工十列大型对称平衡高、低压一体往复压缩机,其排气量为 600～620 m³/min,进气压力为 0.03 MPa,排气压力为 15～26 MPa,使用该机使得甲醇、合成氨两种工艺流程在同一个整体压缩机中完成,也可以单独用于其中一种工艺流程。该机械使用灵活、十列对称布局,活塞力均匀,惯性力自动平衡,机器运转平稳,可靠性高,节省了投资。

　　迷宫式压缩机是一种无油润滑而又具有良好密封性能的往复式机械,由于采用非接触式密封的方式,所以具有很高的可靠性,它广泛用于乙烯、丙烯和焦炉煤气等含有粉尘、颗粒气体的处理工艺领域。目前世界上仅有少数公司如瑞士苏尔寿布克哈德公司具有大型迷宫式压缩机的设计制造能力。沈阳远大压缩机制造股份有限公司成功研制开发出十三种不同系列的迷宫式压缩机,其中 6K375MG－190/2.8－34.1 型制冷式压缩机是目前国内最大的迷宫式压缩机,最大功率为 3800 kW,用于 LNG 生产工艺中。特大型的迷宫式系列压缩机的研制成功,实现了高端技术的历史性跨越,产品达到了国际同类产品水平,并代替了进口。大型往复压缩机组的研制成功,打破了国外厂商长期垄断我国炼油化工用大型往复压缩机市场的局面,使同种机组的市场价格下降了 50% 以上,标志着中国的大型往复式压缩机的高端制造能力已迈进国际先进行列。

　　在 20 世纪 80 年代后期,由四川石油管理局引进了第一台成套天然气加气和车辆改装设备后,国内生产 CNG 压缩机的企业纷纷兴起,截至 2010 年,我国已经建成了不同类型的天然气加气站数千座,天然气加气站的发展为天然气压缩机研究、制造提供了机遇,国内 CNG 压缩机设计、制造总体水平有了较大的提升,部分品种的设计、制造质量和运行业绩已经达到国外先进产品水平。目前主要推广应用于撬装式机组和大排量、小体积、少油润滑、全自动运行、风冷技术等方面。四川金星压缩机制造有限公司研制的油田伴生气回收运动工作站,针对了偏远地区油田伴生气、低产井天然气,这种高效、节能的集成设备直接利用井口气为动力源,通过对井口气的增压实现了低成本回收与处理。

　　高压大排量压缩机具有很高技术水平,它广泛用于国防、航天及石油化工等领域,8412 厂研制的 LHC－8/400 压缩机组,克服了一系列关键技术,与目前正在服役的进口产品比较,其综合性能有了较大的提高。重庆气体压缩机厂有限责任公司自主研发了 W－8/350 高压大排量型压缩机,采用了三维高效冷却管技术和撬装、水冷 5 级设计,结构造型美观、安装方便、振动小、操作简单,逐渐替代了进口产品。

近年来西安交通大学提出和研发了同步回转式压缩机,由于其独特的运动方式和结构不仅延长了进气的时间,减少了进气压力损失,又避免了其它类型回转式压缩机过压缩和压缩不足的技术问题,同时具有压缩机和泵的功能,可以一机多用,既可使用在各种空气动力压缩机、制冷空调压缩机,也可用于各种多相混输油泵。同步回转机械用于油气混输也取得了显著的成就,其性能达到油气混输国际先进水平,不仅节省了能源,减少了环境污染,而且消灭了火炬,真正实现了油田的绿色开采。

隔膜式压缩机具有压缩比大、密封性能好、压缩介质不受润滑油和其它固体杂质所污染的特点,因此适用于压缩高纯度、稀有贵重、易燃易爆、有毒有害、具有腐蚀性以及高压气体。目前我国在隔膜式压缩机研究和制造方面,已经接近国际先进水平,所达到的最大功率为160 kW,最高排气压力为 200 MPa,达到的最大功率与最高排气压力均与国外相当,满足了核电、国防及石化等国民经济领域的需求。

在回转压缩机领域,2010 年我国研制的轴功率为 2324 kW、转子直径为 816 mm 的大型螺杆压缩机是目前国际上转子直径最大的螺杆压缩机,已经成功应用于百万吨级乙烯深加工的大型石化、煤化工领域。单螺杆压缩机研究也取得了新的突破。单螺杆压缩机在理论上是一种性能非常优越的压缩机,它具有螺杆受力自行抵消,星轮轴受力极小,能耗低,运行可靠,噪声和振动小,制造成本低等一系列优点。但该压缩机问世 50 多年以来,在国际上的发展起伏跌宕,难成主流,其重要原因是传统星轮-螺杆摩擦副为单棱线啮合。近年来由西安交通大学研发的多圆柱复合包络星轮型面,实现了星轮-螺杆摩擦副的液悬浮无接触啮合,解决了传统星轮摩擦磨损大的问题,国内多家企业采用该多圆柱复合包络新技术研发出来的多种样机,通过工业试验和试用,样机表现出磨损小,高效率,高可靠性等优良特性。复合包络型面的单螺杆加工专机和星轮加工专机也已经逐步发展成熟,形成了全新的单螺杆压缩机技术及其制造装备工艺的完整产业链,可以预测将在空气动力、石油化工、制冷低温和国防军工领域全面推广应用。

天然气压缩机、高压大气量的膜片式压缩机、活塞-螺杆串联压缩机等均已经取得了突破,已经形成了一批装备加工手段齐全、制造技术水平较高的压缩机制造企业。广阔的应用领域为压缩机的发展提供了市场,加工装备和制造水平的提高为压缩机性能的改进奠定了基础。

我国已经成为世界压缩机生产基地,据统计全国共有压缩机生产企业约 400 家,其中中国通用机械工业协会压缩机分会会员单位 128 家,除少数科研院所外,绝大部分为主机、配套件等制造企业,按照股份制划分,国有企业与集体企业数量仅占会员总数的 3%;股份制企业占50%以上;民营企业、合资与独资企业有较大幅度的增长,占 45%以上。在国内压缩机行业发展的同时,国外压缩机行业看到我国压缩机市场持续增长和投资低的优势,纷纷设立合资或独资企业,如美国寿力公司、英格索兰、瑞典的阿特拉斯公司、德国曼股份公司等。跨国公司的进入给国内带来了先进的制造技术,同时也加剧了压缩机低端领域的淘汰,我国日益成为国际压缩机生产和出口基地。

1.4.2 容积式压缩机发展趋势

随着国家工业 4.0 的推进,以及工业化、信息化两化融合的不断推进,容积式压缩机未来研发、制造的发展趋势必走向智能化、人性化。只有关注未来,才能把握未来。那么,压缩机行业的未来发展趋势是什么? 总体来说,应该集中在以下几个方面。

(1)节能环保。无论是从减轻环境负担,还是打破对外贸易壁垒等方面考虑,节能环保之路都将成为压缩机发展的主流趋势。自 2011 年以来,行业对压缩机能效等级的追求进入新层次,不再仅仅满足于能效达标、合格,而是追求更高要求。这不仅与国家的节能环保要求和对于能效的鼓励与扶持政策有关,也与陡然变差的压缩机市场形势关系极大。可以预见,节能环保将会是逐渐成熟的压缩机行业未来永久的发展方向。

(2)模块化设计。模块化设计是指,在对一定范围内的不同功能或相同功能的不同性能、不同规格的产品进行功能分析的基础上,划分并设计出一系列功能模块,通过模块的选择和组合可以构成不同的产品,以满足市场不同需求的设计方法。其最终原则是力求以少数模块组成尽可能多的产品,并在满足要求的基础上使产品精度高、性能稳定、结构简单、成本低廉,且模块结构应尽量简单、规范,模块间的联系尽可能简单。

(3)智能化。对于压缩机企业来说,市场竞争程度和应用需求难度在不断加大,配套件的核心技术与国外相比,仍有较大的差距。因此,要突破行业发展瓶颈,追赶上国际化步伐,国内厂商不仅要扩大市场份额,更要获得更高端的技术,才能屹立于世界压缩机之林。智能化无疑成为压缩机制造厂商的最佳选择,智能不仅仅是操作方便,更是一种节能方式。

(4)以人为本,实现人机交互。人机交互是人通过操作界面对机器进行交互的操作方式,即用户与机器相互传递信息的媒介,其中包括信息的输入和输出。好的人机界面美观易懂、操作简单且具有引导功能,使用户感觉舒适、愉悦,从而提高使用效率。

对于容积式压缩机不同的类型,其未来发展趋势如下。

1.往复活塞式压缩机

压缩机的应用历史悠久,最早广泛应用的是活塞式压缩机,经过不断的改进和技术积累,活塞式压缩机的生产技术日趋成熟,活塞式压缩机主要应用在高压和中、小流量领域。

目前国内外在活塞式压缩机结构设计方面,正朝着大容量、高压力、结构紧凑、能耗低、噪声小、效率和可靠性高方面发展,普遍采用了撬装无基础、全罩低噪声设计,大大节约了安装、基础和调试费用,加快了制造周期。在易损件的设计研究方面,不断开发变工况条件下的新型气阀,提高气阀的适应范围,延长气阀的使用寿命。在产品设计方面,应用压缩机热力学、动力学计算软件以及压缩机工作过程模拟软件等,提高了计算准确度,通过综合模拟预测压缩机在实际工况下的性能参数,以提高新产品开发的成功率。在控制方面,压缩机产品不断强化机电一体化,采用计算机自动控制,自动显示各项运行参数,实现优化节能的运行状态,优化联机运行,运行参数异常显示、报警与保护,产品设计重视工业设计和环境保护,压缩机的外型更加美观,更加符合环保要求。

2.螺杆压缩机

螺杆压缩机由于没有进、排气阀及其它易损件,因此具有 20000~50000 h 的运转周期,甚至可达 100000 h,据统计在 3000 h 的运转期间,活塞式压缩机的故障为螺杆压缩机的 10 倍左右,在 12000 h 的运转期间,活塞式压缩机的故障为螺杆压缩机的 4 倍左右,经过多年的发展,我国在螺杆压缩机的设计制造技术方面得到了长足的发展与应用。

(1)双螺杆压缩机。目前双螺杆压缩机的研究主要集中在两个方面,一方面集中在高性能的螺杆齿型和结构优化研究,以提高压缩机的效率;另一方面集中在控制,特别是用于石化生产中的螺杆压缩机均要求配备微机处理装置,以实现自动监视、保护和控制,实现机电一体化。目前生产数量较大的双螺杆压缩机生产厂家主要集中在亚洲、北美洲和欧洲。

(2)单螺杆压缩机。单螺杆压缩机具备了双螺杆压缩机的一切优点,并且受力平衡,轴承负荷小,但多年来星轮的磨损问题成为制约单螺杆压缩机发展的瓶颈。随着基础工艺的进步与发展,国内成功研制了多圆柱复合包络星轮型面,实现了星轮-螺杆摩擦副的液悬浮无接触啮合,解决了传统星轮摩擦磨损大的问题,掌握了单螺杆压缩机啮合型线及其加工方法,研制了星轮的加工技术,使得其加工效率和可靠性有了较大的提高。目前国外生产单螺杆压缩机的制造厂家仅有英国霍尔,美国麦克维尔国际、Vilter,日本大金和三菱电机等几家公司。它们生产的单螺杆压缩机的大尺寸滚动轴承的设计寿命达 100000 h,采用了高强度纤维星轮材料,同时对转子啮合面进行了特殊的涂层处理。

(3)CNG 压缩机。CNG 压缩机是天然气加气站的核心设备,无论是设计理念、材质、热处理技术以及加工精度都必须达到较高的水平。国内 CNG 压缩机设计制造总体水平较高,部分产品的设计、制造质量和运行业绩已经达到国外先进水平,目前主要向成撬机组和大排量机组发展,使得安装方便、快捷而且占地面积小。设计研究中一般采用少油润滑、全自动运行和风冷技术,减少加气站的投入,同时更加注重整套机器设备具有更大的灵活性,通过替换缸套和活塞适应不同地区的输入压力,适应道路加气站和车队加气站等不同类型气站的要求。压缩机由电机或者天然气内燃机驱动,以满足各种地区的需求。

(4)隔膜式压缩机。隔膜式压缩机独特的压缩方式使其对被压缩的气体没有二次污染,且具有压缩比大、密封性能好、压缩气体不受固体杂质污染等优点,适合于高纯度、稀有贵重气体、易燃易爆、有毒有害、放射性气体。目前隔膜式压缩机已经发展到从真空泵到最高排气压力为 200 MPa,其设计、制造与国际先进水平接近。其趋势是朝着超高压、大排量发展;在设计中应用计算机技术进行热力计算、动力分析、冷却器、分离器及整个管路布局;在控制中应用启停自动卸载、油压和气压监测、膜片破裂报警与自检等自动控制技术,实现无人操作。

(5)螺杆活塞串联压缩机组。螺杆活塞串联压缩机组是由螺杆压缩机和活塞式压缩机通过合理的设计组合,在气体流程上表现为串联关系而形成的一种压缩机组,也称为复合式压缩机。复合式压缩机在 20 世纪 80 年代后期,由奥地利 LMF 公司开发并引入我国海洋石油地质勘探,此后我国开始了复合式压缩机的研制。复合式压缩机完全吸收了螺杆压缩机的排量大、可靠性高和活塞式压缩机高压力的优点,组合成为大排量高压压缩机组。其特点为排气量大、可靠性好、排气压力高和体积小等,主要应用于油田注气用车装高压、大排气量空气压缩机,排气量在 20~40 m³/min 之间,排气压力介于 15~40 MPa,但使用在 25 MPa 的居多。目前主要对化肥工艺用的串联机组进行研究和探索,同时根据用途研究开发固定式、撬装式和车装移动式。

1.5 压缩机发展中存在的问题、发展机遇及挑战

1.5.1 压缩机发展中存在的主要问题

我国经过多年的发展,尽管压缩机产业的生产技术日臻完善,制造规模不断扩大,已经形成 L、D、DZ、H、M、HM 型等数十个系列的数百种产品,基本满足国内需求,但是在设计、制造和研究等方面还存在一些问题。

1.设计中的主要问题

压缩机的基础理论研究是提高性能的基础,而压缩机的优化设计、CAE 分析、CFD 分析、寿命分析、可靠性分析等先进的设计手段和准确的计算软件是产品性能和可靠性的保证,通过基础研究,在新材料、新工艺方面有所突破,达到高效率、高功能和高技术的制造,以及"绿色"化、智能化运行的新水平,并且要拓宽它们使用的新领域,以提高整体设计水平。目前许多企业虽然在设计中应用了 CAD 技术,但在压缩机性能参数的最佳搭配,运行特性和配合特性的

最优选择上还缺少必要的手段。在结构分析、材料选择、参数确定以及制造工艺方面缺少现代工业设计手段，使得产品性能的稳定性和可靠性不高，外观质量也相对较差。另外，原创性技术和核心技术少，产品缺少竞争力。目前由于有些企业追求增速、扩大投资和扩大规模，另外也随着竞争的加剧和利润的降低，导致企业宁愿低水平复制生产能力，却不愿对技术和人力资源进行投入，宁愿引进、再引进，持续跟踪模仿，也不愿苦下功夫完成一次性技术学习和技术跨越过程，走消化吸收和再创新之路。

2.加工设备的主要问题

先进的加工设备是决定产品性能的基本条件。压缩机生产企业经过多年的技术改造，添置了部分先进的加工设备，使工艺装备得到了较大的提高。但从整体上看，工艺制造水平不高，通用设备多，专用设备少，特别缺少高、精、尖关键设备，实验检测手段不完善，致使加工精度和质量难以保证。同时企业的管理水平相对较低，质量保证体系不完善，缺少全员质量意识，致使部分压缩机产品性能不稳定，可靠性差，难以满足工况复杂、连续化生产和追求高效益的使用要求。

3.基础理论研究的主要问题

企业是自主创新的主体，由于使用要求与工况的不同，企业应深入研究新机型，使用新材料，探讨导致压缩机可靠性较差的原因，解决有关的技术问题。

往复式压缩机主要的研究内容：解决基础件的开发、大直径活塞、填料密封环研究；气体管线振动的评估与控制以及零部件工艺性实验研究；优化设计计算程序的开发、远程检测与控制、空冷换热器优化研究；气缸铸造的工艺研究和高速压缩机曲轴扭振分析。

工艺用螺杆压缩机研究的主要内容：螺杆型线的开发；螺杆加工工艺研究；轴封系统研究以及同步齿轮研究。高压无油和喷水螺杆压缩机主要解决主轴轴封结构、高效转子型线的研究，主机转子及壳体等关键零件的材料和压缩机调节系统的研究。

迷宫压缩机研究的主要内容：大直径迷宫式压缩机结构及迷宫活塞材料研究；低温材料与隔冷结构、高温材料和隔热材料的研究；大直径迷宫活塞部件稳定性研究；气缸、曲轴箱及各列同心度保证研究；大轴径动密封技术研究；加工工艺研究。

大型煤化工装置及工艺流程压缩机研究的主要内容：核心设计平台软件开发；压缩机系统稳定性研究；高压无油润滑密封结构技术研究；活塞力、反向角和振动计算分析研究及易损件寿命的研究。

大型 BOG 超低温天然气压缩机的主要研究内容：适合于超低温工况下的热力学、动力学研究；超低温工况下易损件设计研究；超低温密封技术的研究以及机组安全防护与控制保护系统的研究。

在压缩空气系统的研究中，主要研究内容：能耗评定及节能降噪、远程运行参数的检测；优化数据分析；主动降噪与被动降噪的综合分析研究。

1.5.2 容积式压缩机发展机遇与前景

1.创新会创造发展机遇

现代压缩机的产品与传统意义上的机械产品不同，将会是一个全新的概念，它是一个技术含量高、加工精细、精度控制和集成化制造的产品，设计工作中会将自然科学、社会科学、人类工程学，以及各种艺术融合在一起且将机械与电子技术融为一体，形成技术密集型的高科技现代产品。随着炼油、乙烯、化肥、天然气、太阳能、煤炭、矿山等行业的高速发展，大型压缩机在这些领域的使用占产品总量的 53％，这是一个极具活力和潜力的市场，对压缩机的发展也是一个强大的动力，既是挑战，也是求得发展的极好机遇。但这些应用领域对压缩机的可靠性要求极高，新世纪压缩机的发展只有创新才能求得更好的发展。

新技术、新材料、新工艺将为压缩机的发展带来新的机遇。现代设计方法发展很快，计算机技术、现代设计理论、现代计算方法、知识工程、图形学等多个学科、多种技术的交叉、融合，出现了计算机辅助设计、优化设计、可靠性设计、有限元设计、工业造型设计、模块化设计等设计方法。计算、分析方面的现代技术方法，使这些设计理论与方法在压缩机设计中的应用成为可能，进而发展概念设计、虚拟设计，使设计更趋合理、更加完善，达到设计最佳化，这是压缩机技术今后发展的重要方面。当前已经实现并已应用的这些设计理论和方法，必将推动压缩机技术的进步和发展，今后压缩机的设计将会是一个全新的概念和全新的内容。21 世纪将是复合材料的新时代，复合材料是指由两种或两种以上不同物质以不同方式组合而成的材料，它可以发挥各种材料的优点，克服单一材料的缺陷，扩大材料的应用范围。由于复合材料具有重量轻、强度高、加工成型方便、弹性优良、耐化学腐蚀好等特点，已经部分使用在压缩机设计中。例如，为降低压缩机噪声，目前正在开发两层冷轧板间粘附热塑性树脂的减振钢板；为满足压缩机向高速、高压和高负荷方向发展的要求，活塞、连杆、轴瓦、气阀阀片、填料和活塞环等已开始应用金属基复合材料。近年来陶瓷材料在压缩机制造中有了较大的利用，使用陶瓷材料制造的滑片压缩机的滑片，具有摩擦磨损小和抗腐蚀性强等优点。使用陶瓷硬化处理工艺对大型压缩机的活塞杆进行等离子喷涂，改善了活塞杆的耐磨性和抗腐蚀性。可以预见，随着高性能树脂先进复合材料的不断成熟和发展，金属基特别是金属间化合物基复合材料和陶瓷基复合材料的实用化，以及微观尺度的纳米复合材料和分子复合材料的发展，必将会有越来越多的新型复合材料被应用到压缩机的制造业中。

2.提高经济性与可靠性是压缩机发展的主题

进入 21 世纪，经济性与可靠性将仍然是压缩机发展面临的两大主题。在目前能源短缺，石化、电力、冶金等行业迅速发展的形势下，寻求提高经济性和可靠性的技术途径将是压缩机研究的主要任务，以保持压缩机新的发展活力，同时也为压缩机的创新研究提供了更大的空间。

代表世界先进水平的美国库伯公司 DPC 系列压缩机，在天然气领域使用寿命超过 20 a，关键的易损件寿命超过 10000 h。工艺用往复压缩机的易损件寿命通过新材料、新工艺和新的设计方法，已经达到 2 a，有的机型甚至已经达到了 5 a，且在流量节能调节方面已经实现了自动无级调节。而在回转式压缩机中，英国霍尔、美国麦克维尔、日本大金等公司的单螺杆压缩机滚动轴承寿命已达到 10 万 h，星轮材料采用高强度纤维且对转子表面进行了特殊的涂层处理，确保 5 a 以上不间断运行。

3.创新是压缩机"中国制造"发展的核心

压缩机是一个消耗功率的机械，在"十一五"期间我国每年平均生产各类气体压缩机 6824 万台，用来驱动压缩机装置所消耗的电量约占总发电量的 20％。经过几个五年计划的技术改造，引进和添置了国内外先进设备，使工艺装备水平得到了较大的提高。但整体上看在制造中应用通用型设备多，专用型设备少，缺少高、精、尖关键设备，工艺制造水平不高，致使产品的加工精度和质量难以保证，部分产品性能不稳定，可靠性差，易损件寿命短，特别对于可靠性要求极高的一些石化、电力、冶金等行业，国产压缩机的使用还较少。因此，应该坚持把创新摆在制造业发展全局的核心位置，完善有利于创新的制度环境，推动跨领域、跨行业协同创新，突破一批重点领域关键共性技术,促进制造业数字化、网络化、智能化,走创新驱动的发展道路。通过原始创新、集成创新和引进消化吸收再创新,以标志性的高效、智能、节能环保高端重大装备及关键核心部件的技术突破为重点,缩小与国际先进水平差距,在填补国内空白、替代进口的同时,以龙头骨干企业为载体,搭建基于未来国际化发展的业务管理和运行平台,积极"走出去",走国际化发展道路。通过提升产品技术水平和质量,搭建全球营销服务网络体系,推动高附加值产品出口,逐步形成我国压缩机品牌优势,全面提升行业水平。

1.5.3 我国压缩机发展的机遇与挑战

经过几十年的快速发展,我国制造业规模跃居世界第一位,建立起门类齐全、独立完整的制造体系,成为支撑我国经济社会发展的重要基石和促进世界经济发展的重要力量。我国目前大力发展城市轨道交通、现代物流、新兴产业,增强制造业核心竞争力。这对压缩机企业来说,无疑是个利好消息,意味着新一轮的发展机遇已经到来。

城市轨道交通是利民的重大工程,预计到 2020 年,北京、上海、广州、深圳等城市将建成较为完善的轨道交通网络,南京、重庆、武汉、成都等城市建成轨道交通基本网络。城市的发展,势必有能源的需求。轨道交通的建设和投用都离不开压缩机的身影,其建设和维护运营,将会带来压缩机等装备制造业的消耗。近年来,一些压缩机企业纷纷投身城市轨道交通建设中,将轨道交通作为主营业务之一,积极参与城市的轨道交通建设中。

物流业是支撑国民经济发展的基础性、战略性产业。互联网及电子商务的迅猛发展,让现代物流不得不与时俱进,强化与互联网的融合。但是,我国物流业供应链并不完整,末端配送存在一定缺失。压缩机技术的发展,或将为此难题提供解决之道。如国家鼓励发展纯电动、天然气等新能源汽车,将给压缩机产业带来新的机遇。

国家战略性新兴产业基本上都直接或间接与能源行业产生关联。有了政策的支持,压缩机行业积极投身于新兴产业,可以预见在未来将得到更为长足的发展。压缩机产业作为我国装备制造业的必备产业之一,将在世界上投产垃圾发电站项目和高铁建设项目。

增强制造业核心竞争力,这是"中国制造'2025'"战略的重要体现。而其中的核心,便是主打"中国装备"。目前,中国装备制造业持续健康发展,规模不断增加,技术装备水平不断增强。从国际合作领域看,我国已经从过去的一般加工业、一般产品的贸易出口,逐步转向技术、资金、装备的集成化出口,高铁、核电等高端装备正在进入国际市场。

"君子藏器于身,待时而动"。四个新的重大工程出台之时,便是"藏器万千"的压缩机企业大展宏图之时。当然,机遇往往也伴随着风险与挑战,压缩机行业必须紧紧抓住当前难得的战略机遇,积极应对挑战,加强统筹规划,突出创新驱动,制定特殊政策,发挥制度优势,动员全社会力量奋力拼搏,更多依靠中国装备、依托中国品牌,实现中国制造向中国创造的转变,中国速度向中国质量的转变,中国产品向中国品牌的转变,完成中国制造由大变强的战略任务。

由此,压缩机工业的发展需要众多的科技人才服务于它们的研制开发、创新设计、绿色和智能化的运行、经济性和可靠性的提升。可以预测,经过众多的科技工作者和该领域的企业家不懈的努力,也伴随着我国材料工业的发展,压缩机工业界一定会在不远的将来全面跻身于世界先进水平的行列。

第2章 压缩机工作过程的理论循环

压缩机工作过程的循环,指压缩机从吸气、压缩到排气各个过程的总和。对活塞式压缩机而言,压缩机曲轴旋转一周,活塞由外止点运动到内止点后又返回至外止点,压缩腔内的气体所经历的各过程的总和,就是工作过程的循环。所谓工作过程的理论循环指压缩机在没有任何容积损失和能量损失的状况下完成从吸气、压缩到排气整个的理想过程。研究压缩机工作过程理论循环的目的就是为衡量压缩机的热力性能建立一个比较基准,揭示其能量转化和传递的基本规律,找出压缩机的性能和一些基本参数之间的普遍联系,分析影响性能指标的各种因素,为进一步完善热力过程、提高性能指出方向或提出有效的具体措施。

2.1 理想气体的性质与过程功

压缩机的工作介质为气体,所以气体的性质对压缩机的热力性能有着重要的影响。本节简单介绍一下理想气体的性质和过程方程式。

2.1.1 理想气体的性质

所谓理想气体是指气体分子本身不占体积,分子之间没有作用力的假想气体,遵循克拉珀龙(Clapeyron)状态方程的气体。但大量实验表明,压力较低或温度较高情况下的气体可作为理想气体处理。

1.理想气体的状态方程、热容、内能、焓及熵

理想气体在平衡态下的三个参数(压力 p、比体积 v 和温度 T)之间存在着简单的关系,为

$$pv = RT \tag{2-1}$$

$$pV = mRT \tag{2-2}$$

$$pV = NR_0 T \tag{2-3}$$

式中:m 为气体的质量(kg);N 为物质的量(摩尔数)(mol),$N = m/\mu$,其中 μ 为分子量;p 为气体的压力(Pa);R 为气体常数(J/(kmol·K));R_0 为通用气体常数(J/(kmol·K)),$R_0 = \mu R = 8314.3$ J/(kg·K);T 为气体温度(K);v 为比体积(m³/kg);V 为体积(m³)。

理想气体的内能和焓是温度的单值函数

$$du = c_v dT \tag{2-4}$$

$$dh = c_p dT \tag{2-5}$$

理想气体的熵则表示为

$$ds = c_v \frac{dT}{T} + R \frac{dv}{v} = c_p \frac{dT}{T} - R \frac{dp}{p} = c_v \frac{dp}{p} + c_p \frac{dv}{v} \tag{2-6}$$

式中:c_v、c_p 分别称为定容比热容和定压比热容,应用焓的定义及理想气体状态方程式,得出 c_v 和 c_p 的关系式为

$$c_p - c_v = R \tag{2-7}$$

定压比热容 c_p 与定容比热容 c_v 之比称为比热容比或绝热指数,以符号 k 表示

$$k - \frac{c_p}{c_v} \qquad (2-8)$$

比热容比 k 是一个重要的热力参数,在过程计算中经常用到,k 值永远大于 1,且是温度的函数。尽管实际上气体的比热容随温度的升高而增大,是温度的复杂函数,但是当气体温度较低且变化范围不大时,或者在精度要求不高时,工程上为了简化计算,比热容可近似地当作定值,因此比热容比 k 就通常取为定值,在标准状态时,单原子气体取 $k=1.67$;双原子气体取 $k=1.40$。

联立式(2-7)和式(2-8),对于理想气体,定压比热容 c_p 与定容比热容 c_v 由以下两式表示

$$c_p = \frac{k}{k-1}R \qquad (2-9)$$

$$c_v = \frac{1}{k-1}R \qquad (2-10)$$

同样,内能、焓及熵与温度的关系可以表示为

$$u_2 - u_1 = c_v(T_2 - T_1) \qquad (2-11)$$

$$h_2 - h_1 = c_p(T_2 - T_1) \qquad (2-12)$$

$$s_2 - s_1 = c_v \ln \frac{T_2}{T_1} + R \ln \frac{v_2}{v_1} = c_p \ln \frac{T_2}{T_1} - R \ln \frac{p_2}{p_1}$$
$$= c_v \ln \frac{p_2}{p_1} + c_p \ln \frac{v_2}{v_1} \qquad (2-13)$$

2.理想气体的混合物

工程中应用的气体,特别是石油、化工生产中的原料气、合成气等都是由多种单一气体组成的混合气体,它们之间处于无化学反应的稳定态。如果各组分都具有理想气体的性质,则这种气体称为理想气体的混合物,该气体的混合物在总体上也具有理想气体的一切特性,如各组分单独处于混合气体的温度 T、容积 V 下所呈现的关系式仍然可以使用式(2-1),但式中的 p 是混合气体中各组分气体的分压力之和,即服从道尔顿定律,而 R 则为混合气体的平均气体常数或者折合气体常数。

(1)理想气体混合物的成分。各组分在混合气体中所占的数量比率称为混合气体的成分。基于所用物质单位的不同,有三种成分表示法,即质量成分、摩尔成分和容积成分。

质量成分:第 i 种组分的质量 m_i 与总质量 m 之比称为该组分的质量成分,以符号 x_i 表示

$$x_i = \frac{m_i}{m} = m_i / \sum_{i=1}^{n} m_i \qquad (2-14)$$

摩尔成分:第 i 种组分的摩尔数 N_i 与总摩尔数 N 之比称为该组分的摩尔成分,以符号 y_i 表示

$$y_i = \frac{N_i}{N} = N_i / \sum_{i=1}^{n} N_i \qquad (2-15)$$

容积成分:各组分分容积 V_i 与总容积 V 之比称为该组分的容积成分,以符号 r_i 表示

$$r_i = \frac{V_i}{V} = V_i / \sum_{i=1}^{n} V_i \qquad (2-16)$$

（2）三种成分之间的关系。根据各种成分的定义与状态方程,三种成分之间有如下的关系式

$$
\left.\begin{array}{l}
r_i = y_i \\
x_i = y_i \dfrac{\mu_i}{\mu} \\
y_i = x_i \dfrac{R_i}{R}
\end{array}\right\} \tag{2-17}
$$

式中:μ_i、R_i 为各组分气体的分子量和气体常数,其中 $\mu = \dfrac{\sum N_i \mu_i}{N}$,$R = \sum x_i R_i$。

（3）混合气体的比热容、内能、焓、熵及绝热指数。根据定义,理想气体混合物的比热容、内能、焓、熵及绝热指数由下式给出

$$
\left.\begin{array}{l}
c = \sum x_i c_i \\
u = \sum x_i u_i \\
h = \sum x_i h_i \\
s = \sum x_i s_i
\end{array}\right\} \tag{2-18}
$$

$$
\frac{1}{k-1} = \sum \frac{r_i}{k_i - 1} \tag{2-19}
$$

式中:k_i 为 i 组分气体的绝热指数;r_i 为 i 组分气体的容积分数。

2.1.2　理想气体的过程方程及过程功

压缩机中热能和机械能的相互转换是通过工质的状态变化过程实现的。只有研究热力过程才能弄清楚热能和机械能相互转换的实际情况和影响它们转化的因素。当然压缩机中的实际过程是很复杂的,它们都是不可逆过程,不容易找出状态参数的变化规律,故实际过程很难进行理论分析,但我们可以根据热力过程的特点,对实际的热力过程进行抽象和简化,从而可以在理论上使用比较简单的方法进行分析和计算来确定过程中状态参数的变化规律和能量转换关系。所得结果,不但可以合理地对压缩机的工作情况作定性的评价,而且在数量上也往往能与实际过程相接近,其偏差可通过经验系数加以校正。

1.过程方程

气体在压缩和膨胀过程中,状态参数的变化符合能量守恒定律,其内能、过程功及热量之间的关系为

$$
\left.\begin{array}{l}
dq = du + dw \\
dw = p\,dv
\end{array}\right\} \tag{2-20}
$$

以理想气体和多变过程为例,讨论过程方程。

在多变过程中

$$
dq = c_n\,dT \tag{2-21}
$$

式中:c_n 为多变过程比热。

将式(2-4)代入上式,即

$$
c_n\,dT - c_v\,dT = p\,dv \tag{2-22}
$$

将式(2-4)、式(2-5)及式(2-21)代入式(2-20)整理有

$$c_n \mathrm{d}T - c_p \mathrm{d}T = -v\mathrm{d}p \qquad (2-23)$$

式(2-23)除以式(2-22)得

$$\frac{c_n - c_p}{c_n - c_v} = -\frac{v}{p}\frac{\mathrm{d}p}{\mathrm{d}v} \qquad (2-24)$$

令

$$n = \frac{c_n - c_p}{c_n - c_v} \qquad (2-25)$$

将式(2-25)代入式(2-24)并积分,有

$$pv^n = C \quad \text{或} \quad pV^n = C \qquad (2-26)$$

式中:n 为多方过程指数。

同理可推导等温和绝热过程方程,它们与式(2-26)具有相同的表达形式,但式中的多方过程指数 n 则为不同的值,但均为大于 1 的任何常数。显然,当 n 取不同的数值时,状态参数的变化过程不同,而过程的性质也不同。式(2-26)代表了无穷多个性质不同的过程,这类过程统称为多变过程。当多方过程指数 n 为某些特定的值时,则多变过程便为某些典型的热力过程,即

当 $n=0$ 时,$p=$ 定值,即为等压过程;

当 $n=1$ 时,$pv=$ 定值,即为等温过程;

当 $n=k$ 时,$pv^k=$ 定值,即为绝热过程;

当 $n \to \pm\infty$ 时,$p^{\frac{1}{n}}v = p^0 v = v =$ 定值,即为等容过程。

2.过程中状态参数变化规律

根据过程方程 $pv^n=$ 常数及状态方程 $pv=RT$ 可得各热力参数之间的关系

$$\left.\begin{array}{ll} pv^n = 常数 & \dfrac{p_2}{p_1} = \left(\dfrac{v_1}{v_2}\right)^n \\[3mm] Tv^{n-1} = 常数 & \dfrac{T_2}{T_1} = \left(\dfrac{v_1}{v_2}\right)^{n-1} \\[3mm] \dfrac{T}{p^{\frac{n-1}{n}}} = 常数 & \dfrac{T_2}{T_1} = \left(\dfrac{P_1}{P_2}\right)^{\frac{n-1}{n}} \end{array}\right\} \qquad (2-27)$$

3.过程功及热量传递

(1)过程功。压缩机所进行的热力循环,既可能是等温过程,也可能为非等温过程,我们分两种情况来讨论热力过程中的过程功和热量。绝热过程属于非等温过程的特例。

当 $n \neq 1$ 时,即非等温过程,该过程包括绝热过程和多变过程,将过程方程式(2-26)代入式(2-20)。如果是绝热过程,则将过程指数换为 k 即可。过程功的表达式为

$$w_{is} = \frac{1}{n-1}(p_1 v_1 - p_2 v_2) = \frac{1}{n-1}R(T_1 - T_2) \qquad (2-28)$$

将式(2-26)代入上式,则在非等温过程中,过程功可以表示为式(2-29)和式(2-30)另一种表达方式。由此可知过程功的大小不仅与状态参数有关,还取决于过程指数值。

以压缩过程为例,如图 2-1 所示,气体从状态 1 压缩到状态 2,单位质量气体的过程功为

$$w_{is} = p_1 v_1 \frac{1}{n-1} \left[1 - \left(\frac{p_2}{p_1} \right)^{\frac{n-1}{n}} \right] \tag{2-29}$$

对于 m kg 气体

$$W_{is} = p_1 V_1 \frac{1}{n-1} \left[1 - \left(\frac{p_2}{p_1} \right)^{\frac{n-1}{n}} \right] \tag{2-30}$$

当 $n=1$，即等温过程，则 $pv=$ 定值，将此过程方程式代入式(2-20)，过程功的表达式为

$$w_{is} = p_1 v_1 \ln \frac{v_2}{v_1} = p_1 v_1 \ln \frac{p_1}{p_2} \tag{2-31}$$

对于 m kg 气体

$$W_{is} = p_1 V_1 \ln \frac{V_2}{V_1} = p_1 V_1 \ln \frac{p_1}{p_2} \tag{2-32}$$

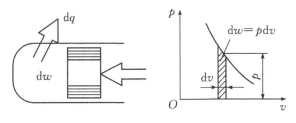

（a）控制容积　　　　（b）压缩过程 p-v 图

图 2-1　压缩过程中的能量关系

（2）热量。当 $n=1$ 时为等温过程，由式(2-20)得其热量为

$$q = w \tag{2-33}$$

上式说明在等温过程中的热交换量 q 与过程功 w 相等，且正负号相同，即在压缩过程中，外界对气体所做的功全部转换为热量向系统外传出；而在膨胀过程中，气体对活塞所做的功则全部来自于外界对系统加入的热量值。

当 $n \neq 1$ 时，若取定比热容，由式(2-4)、式(2-20)和式(2-28)，热量为

$$q = c_v (T_2 - T_1) + \frac{1}{n-1} R (T_2 - T_1)$$
$$= \left(c_v - \frac{R}{n-1} \right) (T_2 - T_1) \tag{2-34}$$

由于 $\frac{c_p}{c_v} = k$，同时根据迈耶方程 $c_p - c_v = R$，上式可以改写为

$$q = \frac{n-k}{n-1} c_v (T_2 - T_1) = c_n (T_2 - T_1) \tag{2-35}$$

式中：$c_n = \frac{n-k}{n-1} c_v$，$c_n$ 称为多变比热容，显然

$$\left. \begin{array}{ll} n=0, & c_n = c_p \\ n=1, & c_n = \infty \\ n=k, & c_n = 0 \\ n=\infty, & c_n = c_v \end{array} \right\} \tag{2-36}$$

由式(2-35)，可以得出在多变过程中热量与多变指数、绝热指数及温度之间的关系为

$$\mathrm{d}q = \frac{n-k}{n-1}c_v\mathrm{d}T \qquad (2-37)$$

由式(2-37)可以看出在不同热力过程中热量的传递方向。压缩过程中,由于 $\mathrm{d}T>0$,当 $1<n<k$ 时,热量为负值,即热量从系统传到外界,该压缩过程伴随着热量放出;当 $n>k$ 时,热量为正值,即热量从外界传入系统,则该过程在压缩时伴随着吸热。膨胀过程是一个降温的过程,所以 $\mathrm{d}T<0$,热量的传递方向正好与压缩过程相反。

在压缩机循环中,主要有三种典型的热力过程,为便于参考,将其公式汇总在表2-1中。

表2-1 气体三种典型的热力过程

	等温过程	绝热过程	多变过程
过程指数 n	1	k	n
过程方程式	$pv=$ 定值	$pv^k=$ 定值	$pv^n=$ 定值
初、终状态参数之间的关系	$T_2=T_1$;$\dfrac{p_2}{p_1}=\dfrac{v_1}{v_2}$	$\dfrac{p_2}{p_1}=(\dfrac{v_1}{v_2})^k$;$\dfrac{T_2}{T_1}=(\dfrac{v_1}{v_2})^{k-1}$;$\dfrac{T_2}{T_1}=(\dfrac{p_2}{p_1})^{\frac{k-1}{k}}$	$\dfrac{p_2}{p_1}=(\dfrac{v_1}{v_2})^n$;$\dfrac{T_2}{T_1}=(\dfrac{v_1}{v_2})^{n-1}$;$\dfrac{T_2}{T_1}=(\dfrac{p_2}{p_1})^{\frac{n-1}{n}}$
过程功 $w=\int p\mathrm{d}v$ /(J·kg^{-1})	$p_1v_1\ln\dfrac{p_2}{p_1}$;$p_1v_1\ln\dfrac{v_2}{v_1}$;$RT_1\ln\dfrac{v_2}{v_1}$	$p_1v_1\dfrac{1}{k-1}[1-(\dfrac{p_2}{p_1})^{\frac{k-1}{k}}]$	$p_1v_1\dfrac{1}{n-1}[1-(\dfrac{p_2}{p_1})^{\frac{n-1}{n}}]$
内能(Δu)/(J·kg^{-1})	0	$c_v(T_2-T_1)$	$c_v(T_2-T_1)$
焓(Δh)/(J·kg^{-1})	0	$c_p(T_2-T_1)$	$c_p(T_2-T_1)$
熵(Δs)/(J·kg^{-1})	$R\ln\dfrac{v_2}{v_1}$;$R\ln\dfrac{p_2}{p_1}$	0	$c_v\ln\dfrac{T_2}{T_1}+R\ln\dfrac{v_2}{v_1}$;$c_p\ln\dfrac{v_2}{v_1}+c_v\ln\dfrac{p_2}{p_1}$
热量(q)/(J·kg^{-1})	w	0	$c_n(T_2-T_1)$

4.基本热力过程在 $p-v$ 图和 $T-s$ 图中的表示

将四个基本过程同时表示在 $p-v$ 图及 $T-s$ 图上,通过比较各过程线的斜率,就能很容易地确定多变指数不同时,过程线在坐标图上的相对位置及变化规律,如图2-2所示。

由式(2-20)得多变过程线的斜率为

$$\frac{\mathrm{d}p}{\mathrm{d}v} = -n\frac{p}{v} \qquad (2-38)$$

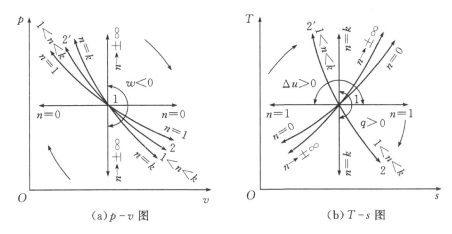

（a）p-v 图   （b）T-s 图

图 2-2　多变过程在 p-v 图和 T-s 图中的位置

从相同的状态点出发,对于不同的多变指数,其过程线不同。

当 $n=0$ 时,　$\dfrac{\mathrm{d}p}{\mathrm{d}v}=0$,即等压线为一水平线;

当 $n=1$ 时,　$\dfrac{\mathrm{d}p}{\mathrm{d}v}=-\dfrac{p}{v}<0$,即等温线为一斜率为负的等边双曲线;

当 $n=k$ 时,　$\dfrac{\mathrm{d}p}{\mathrm{d}v}=-k\dfrac{p}{v}<0$,即绝热过程为一高次双曲线,相同状态下,绝热线斜率的绝对值大于等温线,因而在 p-v 图上绝热线比等温线更陡;

当 $n\to\pm\infty$时,　$\dfrac{\mathrm{d}p}{\mathrm{d}v}\to\infty$,即等容过程为一垂直线。

另外,由式(2-38)知,当 $n<0$ 时,$\mathrm{d}p/\mathrm{d}v>0$,表明 $\mathrm{d}p$ 与 $\mathrm{d}v$ 为同号,过程线必然分布在第一和第三象限内。而当 $n>0$ 时,$\mathrm{d}p/\mathrm{d}v<0$,表明 $\mathrm{d}p$ 与 $\mathrm{d}v$ 的符号相反,过程线必然分布在第二和第四象限内。由于压缩过程与膨胀过程指数均大于零,所以进行的过程均位于第二和第四象限内。

同样在 T-s 图中,过程线的斜率可以由 $\mathrm{d}q=T\mathrm{d}s=c_n\mathrm{d}T$ 得出,$\mathrm{d}T/\mathrm{d}s=T/c_n$,过程线的斜率也随着过程指数 n 变化。

当 $n=0$ 时,　$\dfrac{\mathrm{d}T}{\mathrm{d}s}=\dfrac{T}{c_n}>0$,即等压线为一斜率为正的对数曲线;

当 $n=1$ 时,　$\dfrac{\mathrm{d}T}{\mathrm{d}s}=0$,即等温线为一水平线;

当 $n=k$ 时,　$c_n=0$,　$\dfrac{\mathrm{d}T}{\mathrm{d}s}\to0$,即绝热线为一垂直线;

当 $n\to\pm\infty$时,　$\dfrac{\mathrm{d}T}{\mathrm{d}s}=\dfrac{T}{c_v}>0$,即等容线为一斜率为正的对数曲线。相同温度下,由于 $c_p>c_v$,所以等容线斜率比等压线斜率大,即在 T-s 图中等容线比等压线更陡。

从图 2-2(a)可见,多变指数 n 是按顺时针方向逐渐增大的。利用此规律,就能确定一个任意的多变过程在参数坐标图上的相对位置。例如对于任意一个 $1<n<k$ 的多变过程,根据多变指数在图上的变化规律,就能很容易地知道此过程大体位置应在 $n=1$（等温过程）和 $n=k$

(绝热过程)之间,如图中的 1—2 及 1—2′所示。当任意一个多变过程在图上的相对位置确定以后,就很容易判断出此过程中状态参数的变化规律以及相应的能量转换情况。要判断过程中的热量(q)及内能(Δu)、焓值(Δh)的正负,应用图 2-2(b)$T-s$ 图较为方便,因一切自左向右进行的过程,熵均增加,即 $\Delta s>0$,而 T 总是正值,有 $\mathrm{d}q=T\mathrm{d}s>0$,必然是一加热过程。相反,一切自右向左的过程,熵均减小,q 为负值,必然是一放热过程。在 $T-s$ 图上一切自下而上的过程,$\mathrm{d}T>0$,理想气体的 $\Delta u>0$,$\Delta h>0$;相反一切自上而下的过程 $\mathrm{d}T<0$,则 $\Delta u<0$,$\Delta h<0$。要判断膨胀功的正负,则用 $p-v$ 图较为方便。以等容线为界,向右进行的过程,比体积增加($\Delta v>0$),工质膨胀对外做功;向左进行的过程,比体积减小($\Delta v<0$),工质被压缩。

压缩机是一个消耗功率的机械,为计算方便起见,通常假定活塞对气体所做的功为正值,气体对活塞所做的功为负值。因此,以等容线为界,向左进行的过程,例如气体自状态 1 开始,若此过程沿 1—2′方向变化,在此过程中,气体的压力提高($\Delta p>0$),比体积减少($\Delta v<0$),即压缩过程,可知活塞对气体做功($w>0$),而温度提高($\Delta T>0$),熵减少($\Delta s<0$),由此气体的内能和焓均增加(即 $\Delta u>0$,$\Delta h>0$),热量为负,即气体向外散热($q<0$)。此过程如果沿 1—2 进行,即膨胀过程,$\Delta p<0$ 和 $\Delta v>0$,可知气体对活塞做功,即功为负值($w<0$)。

2.2 实际气体的性质与过程功

对于压力较低、温度较高、距液态很远的气体,可近似按理想气体处理。然而,工程实际中,工质常在特殊的状态下工作,如超高压聚乙烯装置中的介质压力达几百兆帕;在深冷工程中,介质温度只有绝对温度几十度。蒸汽机的工作介质为水蒸气,冰箱中的工作介质为氟里昂或其替代物,冷库的工作介质为氨等。对于这些中、高压和高临界温度的气体均不能再按理想气体处理,必须按照实际气体处理。

2.2.1 实际气体的状态方程

针对理想气体的两个假设,范德瓦耳斯根据分子运动论,在理想气体状态方程基础上,考虑了实际气体分子本身的体积以及分子之间的引力的影响,对理想气体状态方程式引进两项修正,从而最早提出了一个著名的实际气体状态方程式,称为范德瓦耳斯方程式。

$$p=\frac{RT}{v-b}-\frac{a}{v^2} \tag{2-39a}$$

或者

$$\left(p+\frac{a}{v^2}\right)(v-b)=RT \tag{2-39b}$$

式中:a、b 称为范德瓦耳斯常数,其值随气体的不同而异。

范德瓦耳斯方程常数 a、b 值可以由具体的 p、v、T 数据拟合,也可以根据在临界点的温度 T_c 和压力 p_c 应满足

$$\left(\frac{\partial p}{\partial v}\right)_{T_c}=0 \qquad \left(\frac{\partial^2 p}{\partial v^2}\right)_{T_c}=0$$

即

$$\left(\frac{\partial p}{\partial v}\right)_{T_c}=\frac{-RT_c}{(v_c-b)^2}+\frac{2a}{v_c^3} \qquad \left(\frac{\partial^2 p}{\partial v^2}\right)_{T_c}=\frac{2RT_c}{(v_c-b)^7}+\frac{6a}{v_c^4}$$

与式(2-39)联立求解,从而得出

$$a=\frac{27}{64}\frac{R^2 T_c^2}{p_c}, \quad b=\frac{RT_c}{8p_c}$$

或者
$$p_c = \frac{a}{27b^2} \qquad v_c = 3b \qquad T_c = \frac{8a}{27bR}$$

所以临界压缩性系数为

$$Z_c = \frac{p_c v_c}{RT_c} = \frac{(a/27b^2)(3b)}{R(8a/27Rb)} = 0.375$$

式中：Z_c 称为临界压缩性系数，按照范德瓦耳斯方程 $Z_c = 0.375$，即对于所有物质都有相同的值。而实际上不同的气体有不同的临界压缩性系数 Z_c，各种气体实际的临界压缩性系数 Z_c 在 $0.23 \sim 0.29$ 范围内，约比 0.375 低 30%，这说明范德瓦耳斯方程在接近临界区是不准确的。

但如果范德瓦耳斯常数是根据 $p\text{-}v\text{-}T$ 实验数据，用曲线拟合的方法求出 a、b 值，这种方法所确定的常数计算精度较高，但不宜推广到拟合数据的范围之外。

表 2-2 列出了一些物质的范德瓦耳斯常数 a、b 值。

表 2-2　一些物质的范德瓦耳斯常数

气体	空气	一氧化碳	正丁烷	氟里昂 12	甲烷
a /10^5Pa·$(\text{m}^{-3} \cdot \text{kmol}^{-1})$	1.358	1.463	13.80	10.78	2.258
b /$(\text{m}^3 \cdot \text{kmol}^{-1})$	0.0364	0.0394	0.1196	0.0998	0.0427

2.2.2　对比态原理及通用压缩性系数

1.对比态原理

针对范德瓦耳斯方程在接近临界区时的局限性，迄今为止已经提出了数百种实际气体状态方程式，其中绝大多数是纯经验性的，或者有一定的使用限制。

对多种流体的实验数据分析显示，接近各自的临界点时，所有流体都显示出相似的性质，因此产生了用相对于临界参数的对比值代替压力、温度和比体积的绝对值，并用它们导出普遍适用的实际气体状态方程的想法，这就是对比态原理。我们把各状态参数与临界状态的同名参数的比值称为对比参数

$$p_r = \frac{p}{p_c} \qquad T_r = \frac{T}{T_c} \qquad v_r = \frac{v}{v_c}$$

式中：p_r、T_r 和 v_r 分别称为对比压力、对比温度和对比比体积。对比参数均是无因次量，它表明物质所处状态偏离其本身临界状态的程度。

根据对比态原理，范德瓦耳斯对比态方程可以表示为下列形式

$$\left(p_r + \frac{3}{v_r^2}\right)\left(v_r - \frac{1}{3}\right) = \frac{8}{3}T_r \qquad (2-40)$$

由式（2-39a）知，服从范德瓦耳斯方程的各种气体有各自的常数 a、b 值，所以不同气体处于相同压力 p 和温度 T 时，它们的比热容 v 并不相同，但是从式（2-40）看出，方程中已不含有与气体性质有关的常数，故一切服从范德瓦耳斯方程的气体具有完全相同的对比态方程，即不同气体当 p_r、T_r 相同时，v_r 必定相同，因此具有对任意气体都适用的通用性。

2.通用压缩性系数

工程计算中，常采用一个总的修正系数即压缩性系数 Z 来修正理想气体状态方程，以便

能满足实际气体的状态方程,这既具有理想气体状态方程简单的特点,把影响气体非理想性的一切因素都集中在压缩性系数 Z 上,同时又有一定的准确度。即

$$pv = ZRT \qquad (2-41)$$

气体的压缩性系数 Z,其值与气体性质、压力和温度有关,它需由实验求得,图 2-3 为氮气在不同温度下的压缩性系数 Z 随压力的变化曲线。

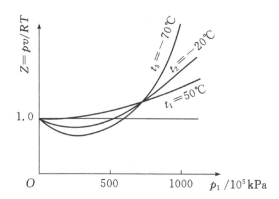

图 2-3 氮气压缩性系数随压力的变化曲线

为了便于理解压缩性系数 Z 的物理意义,我们将式(2-41)改写为

$$Z = \frac{pv_i}{RT} = \frac{v}{RT/p} = \frac{v}{v_i} \qquad (2-42)$$

式中:v_i 和 v 分别为理想气体和实际气体的比体积。由于实际气体的比体积 v 考虑了分子之间的吸引力,所以通常 $v < v_i$,好像气体被压缩了一样,称为压缩性系数。

很显然,如果 $Z > 1$,说明该气体的比体积比将比作为理想气体在同温同压下计算而得的比体积大,也说明实际气体较之理想气体更难压缩;反之,若 $Z < 1$,则说明实际气体可压缩性大。所以 Z 是从比体积的比值或从可压缩性大小来描述实际气体对理想气体的偏离的。

有了压缩性系数 Z,在确定 p、v、T 之间关系时如同理想气体那么简单,但 Z 并非常数,而是与状态有关的复杂函数。工业中使用实际气体的种类繁多,要通过实验画出各种气体在不同温度下的压缩性系数 Z 的变化曲线,其工作量难以想象,用起来也很不方便。因此,需要寻求一种具有普遍性的方法,这就是改进的对比态参数法。

由压缩性系数 Z 和临界压缩性系数 Z_c 的定义可得

$$\frac{Z}{Z_c} = \frac{pv/RT}{pv_c/RT_c}$$

$$Z = Z_c \frac{p_r v_r}{T_r} \qquad (2-43)$$

根据对比态原理,上式可改写成 $Z = f_1(p_r, T_r, Z_c)$。对于大多数气体,临界压缩性系数变动范围并不大,如将其当作一个常数,式(2-43)可以简化为 $Z = f_2(p_r, T_r)$,它适用于多种气体,此式为编制通用压缩性系数图提供了理论基础,所以称为通用压缩性系数图。

有了压缩性系数图,就可应用它利用式(2-41)计算实际气体的状态参数。它既保留了理想气体状态方程形式简单的优点,又使计算有一定的精度,为实际气体的热力计算提供了一种简便的通用方法,尤其是用于预测那些既缺乏足够的实验数据,又无相应可用的状态方程的气体性质,具有特殊的价值,因而在工程上得到了广泛使用。图 2-4 为超低压区段通用压缩性

系数图,图 2-5 为低压区段通用压缩性系数图,图 2-6 为中压区段通用压缩性系数图。

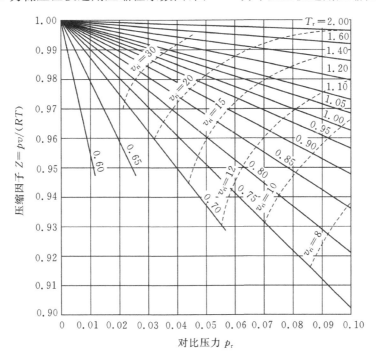

图 2-4 超低压区段压缩性系数图

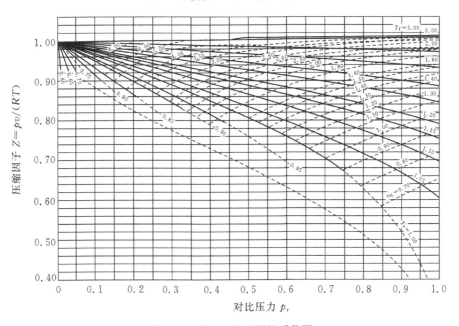

图 2-5 低压区段压缩性系数图

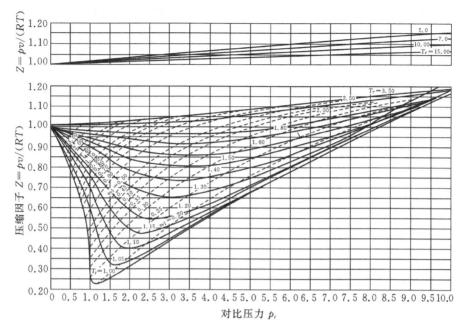

图 2-6   中压区段压缩性系数图

大多数气体,特别是烃类气体,临界压缩系数处于 $Z_c=0.23\sim0.29$,故图 2-4、图 2-5、图 2-6 中 Z 是按 $Z_c=0.27$ 作出的,对于 $Z_c\neq0.27$ 的气体,应用时有误差,但误差不大于 5%。对于氢、氦、氖、氚,可以用虚拟的临界压力和虚拟的临界温度得到较高的准确度,如式(2-44)所示。

$$p'_c=p_c+8.106\times10^5 \atop T'_c=T_c+8 \Bigg\} \tag{2-44}$$

式中:温度的单位为 K,压力的单位为 Pa。

对于氨及水蒸气,因为它们的分子非球形,正负电荷的中心并非处于分子的几何中心,因此具有极性,要产生附加的引力,不能使用此通用 Z 值曲线,而应该绘制出专用的压缩性系数图。

2.2.3   实际气体的热力性质

确定了实际气体状态方程后,不仅能够比较准确、简练地计算出实际气体的常用状态参数,还能够准确地推算出实际气体的内能、焓、熵、比热等热力参数。

由状态方程和比热方程并考虑到麦克斯韦关系式,内能的一般表达式为

$$\mathrm{d}u=c_v\mathrm{d}T+\left[T\left(\frac{\partial p}{\partial T}\right)_v-p\right]\mathrm{d}v \tag{2-45}$$

上式的适用条件是实际气体及准静态过程。在等容过程中,上式可以简化为:$\mathrm{d}u=c_v\mathrm{d}T$。

同理可以得出焓的表达式为

$$dh = c_p dT + \left[T \left(\frac{\partial v}{\partial T} \right)_p - v \right] dp \tag{2-46}$$

上式的适用条件也是实际气体及准静态过程。在等压过程中，上式简化为：$dh = c_p dT$。

如果以 v、T 为独立变量，即 $s = f(v, T)$，考虑到麦克斯韦关系式和 c_v 的定义，则熵一般表达式为

$$ds = \left(\frac{\partial p}{\partial T} \right)_v dv + \frac{c_v}{T} dT \tag{2-47}$$

如果以 p、T 为独立变量，即 $s = f(p, T)$，考虑到麦克斯韦关系式和 c_p 的定义，则熵的变化有另一种表达式为

$$ds = \frac{c_p}{T} dT - \left(\frac{\partial v}{\partial T} \right)_p dp \tag{2-48}$$

由定压比热容 c_p 和定容比热容 c_v 的定义，并考虑到麦克斯韦关系式，其一般表达式为

$$\left. \begin{array}{l} \left(\dfrac{\partial C_p}{\partial T} \right)_T = -T \left(\dfrac{\partial^2 v}{\partial T^2} \right)_p \\[3mm] \left(\dfrac{\partial C_v}{\partial P} \right)_T = T \left(\dfrac{\partial^2 P}{\partial T^2} \right)_v \end{array} \right\} \tag{2-49}$$

定比热差的一般表达式为

$$c_p - c_v = -T \left(\frac{\partial v}{\partial T} \right)_p^2 \Big/ \left(\frac{\partial v}{\partial T} \right)_T \tag{2-50}$$

绝热指数的表达式为

$$k = \frac{c_p}{c_v} = 1 - \left(\frac{\partial T}{\partial v} \right)_s \left(\frac{\partial v}{\partial T} \right)_p \tag{2-51}$$

由式(2-49)~(2-51)可见，要求定压比热容 c_p 和定容比热容 c_v 以及差值均要求对实际气体状态方程求解二阶偏导数，计算精度要差一些。因此在计算实际气体热力性质时，往往采用另一种方法，即先计算理想气体的比热容值，实际气体的比热容为理想气体的比热容与相应值的修正值，即

$$\left. \begin{array}{l} c_p = c_{p0}^* + \Delta c_p \\ c_v = c_{v0}^* + \Delta c_v \end{array} \right\} \tag{2-52}$$

式中：c_{p0}^*、c_{v0}^* 分别为大气压力下理想气体在相应温度时的定压比热容和定容比容热；Δc_p、Δc_v 为考虑到压力、温度后的修正值，其值由图 2-7 和图 2-8 查出。

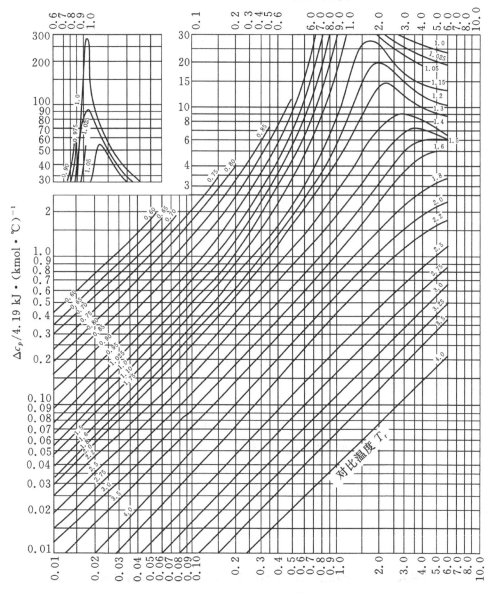

图 2-7　按 p_r、T_r 确定 Δc_p

　　对于定容比热容 c_v 的确定，一般采用先根据图 2-8 求出其 c_p 与 c_v 的差值即 $\Delta c = c_p -$ c_v，然后再求出定容比热容 c_v。实际气体的比热容比则由下式给出

$$k = \frac{c_p}{c_v} = \frac{c_p}{c_p - \Delta c} = \frac{c_{p0}^* + \Delta c_p}{c_{p0}^* + \Delta c_p - \Delta c} \qquad (2-53)$$

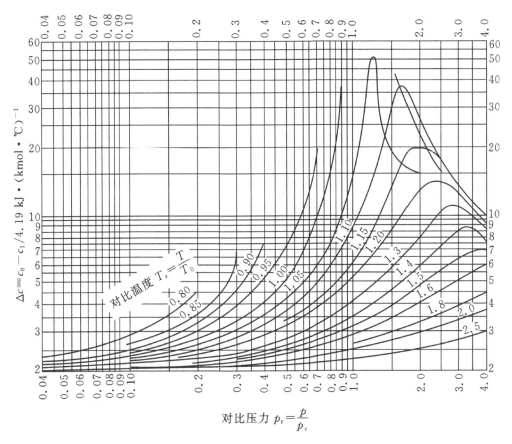

图 2-8 按 p_r、T_r 确定 Δc

2.2.4 实际气体的过程方程式、过程指数及过程功

根据实际气体过程进行的特点,在符合状态方程及热力学定律的条件下,求出状态参数之间的变化规律即过程方程式,进而讨论过程中功的变化。

1.实际气体的过程方程式及过程指数

在实际气体热力过程中,多变过程的通用表达式为

$$\begin{cases} pv^{n_v} = 常数 \\ \dfrac{p^{\frac{n_T-1}{n_T}}}{T} = 常数 \end{cases} \tag{2-54}$$

式中:n_v 为容积过程指数,其通用表达式为

$$\begin{aligned} n_v &= \frac{Z}{Z_p - \dfrac{RZ_T}{c_p}[Z(e-1)+Z_T]} \\ &= \frac{Z}{Z_p - \dfrac{n_T-1}{n_T}Z_T} \end{aligned} \tag{2-55}$$

n_T 为温度过程指数,其通用表达式为

$$\frac{n_T-1}{n_T}=\frac{R}{c_p}[Z(e-1)+Z_T] \tag{2-56}$$

式中：e 为多变过程的特征比，微小过程的熔变与最大可用技术功之比，反映了系统与外界的能量交换特征及不可逆因素的影响程度，其通用表达式为

$$e=\frac{\mathrm{d}h}{v\mathrm{d}p} \tag{2-57}$$

导数压缩性系数 Z_T 和 Z_p 的表达式为

$$\begin{cases} Z_p=Z-p\left(\dfrac{\partial Z}{\partial p}\right)_T \\ Z_T=Z+T\left(\dfrac{\partial Z}{\partial T}\right)_p \end{cases} \tag{2-58}$$

当过程为可逆时，多变过程的可逆比 e 简化为

$$e=1+\frac{\mathrm{d}q}{v\mathrm{d}p} \tag{2-59}$$

由式(2-55)、式(2-56)可知多变过程指数 n_v、n_T 与 Z、Z_p、Z_T、c_p 有关，而 Z、Z_p、Z_T、c_p 均与状态参数有关，所以严格地说，多变指数 n_v、n_T 是变量。

由上述表达式可知，当过程为可逆时，多变过程指数仅由所处状态决定，而与多变过程特征比无关。但当过程为不可逆时，多变过程指数不仅与所处状态有关，还与多变过程特征比有关。

若实际气体所经历热力过程的多变指数不是定值，通常要先按实际气体多变过程指数表达式计算过程初、终点的多变指数值，再求出多变指数的算术平均值。当初、终态间过程性质没有剧烈变化时，也可以根据以下两式进行简单计算。

$$\frac{n_T-1}{n_T}=-\frac{\lg\dfrac{T_2}{T_1}}{\lg\dfrac{p_2}{p_1}} \tag{2-60}$$

$$n_v=-\frac{\lg\dfrac{p_2}{p_1}}{\lg\dfrac{v_1}{v_2}} \tag{2-61}$$

实际气体的温度绝热指数 k_T 和容积绝热指数 k_v 还可以用下式求出

$$\frac{k_T-1}{k_T}=\frac{ZR}{c_p}(1+X) \tag{2-62}$$

$$k_v=\frac{k}{Y} \tag{2-63}$$

其中，X、Y 值与压力和温度有关，按照对比态关系绘出曲线图，即为图 2-9 和图 2-10。

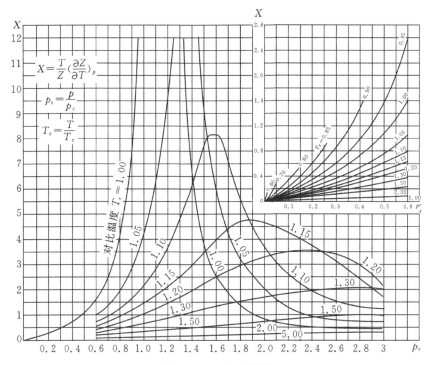

图 2-9　X 值曲线图

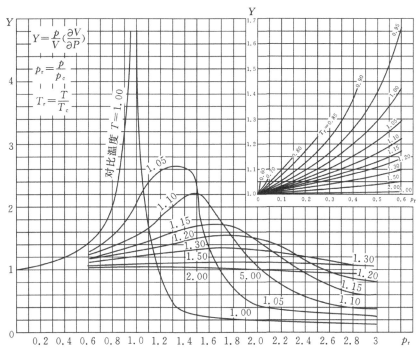

图 2-10　Y 值曲线图

　　容积绝热指数随温度和压力的变化较大，实际应用起来很不方便，一般避免使用它。而温度绝热指数随温度的变化不大，一般情况下先根据温度绝热指数 k_T 求出温度 T，然后再求出容积 v。

根据实际气体过程指数的通用表达式(2-55)、式(2-56),同时考虑具体过程的表达式,就可以确定压缩机工作循环中实际气体两个典型的过程指数表达式。

(1)可逆绝热过程。在可逆过程中,e 仅仅反映了过程中系统与外界间的能量交换特征。由式(2-59)知,对于可逆的绝热(等熵)过程 $e=1$,则容积过程指数 n_v 和温度过程指数 n_T 分别称为容积绝热指数和温度绝热指数并由 k_v 和 k_T 表示,其表达式为

$$\begin{cases} \dfrac{k_T-1}{k_T}=\dfrac{R}{c_p}Z_T \\ k_v=\dfrac{Z}{Z_p-\dfrac{RZ_T^2}{c_p}} \end{cases} \quad (2-64)$$

对于理想气体,可逆绝热(等熵)过程,利用式(2-9)、式(2-10)及式(2-58),则容积绝热指数 k_v 和温度绝热指数 k_T 可以表示为

$$\begin{cases} \dfrac{k_T-1}{k_T}=\dfrac{k-1}{k} \\ k_v=\dfrac{1}{1-\dfrac{R}{c_p}}=k \end{cases} \quad (2-65)$$

由此可见,理想气体的温度绝热指数 k_T 和容积绝热指数 k_v 相等,并均等于理想气体的比热比 k,即 $k_T=k_v=k$。

(2)等温过程。等温过程的特点为 $\mathrm{d}T=0$,实际气体可逆的多变过程指数表达式为

$$\begin{cases} n_v=\dfrac{Z}{Z_p} \\ \dfrac{n_T-1}{n_T}=0 \end{cases} \quad (2-66)$$

对于理想气体,可逆等温过程指数为

$$\begin{cases} n_v=1 \\ \dfrac{n_T-1}{n_T}=0 \end{cases} \quad (2-67)$$

由此对于理想气体的等温过程,则过程方程式为 $pv=$ 常数。

2.典型热力过程功

对于可逆的绝热过程,单位质量的气体过程功为

$$w_{iad}=\int_1^2 p\,\mathrm{d}v=\dfrac{1}{k_v-1}Z_1RT_1\left[1-\left(\dfrac{p_2}{p_1}\right)^{\frac{k_v-1}{k_v}}\right] \quad (2-68)$$

可逆的等温过程,气体过程功为

$$w_{is}=\int_1^2 p\,\mathrm{d}v=p_1v_1\lg\dfrac{p_2}{p_1} \quad (2-69)$$

可逆的多变过程,气体的过程功为

$$w_{ipol}=\int_1^2 p\,\mathrm{d}v=\dfrac{1}{n_v-1}Z_1RT_1\left[1-\left(\dfrac{p_2}{p_1}\right)^{\frac{n_v-1}{n_v}}\right] \quad (2-70)$$

2.2.5 实际气体混合物

解决实际混合气体的问题,除了必须采用恰当的、能足以表述实际气体热力性质的状态方程外,还必须确定合适的足以反映各组成气体间关系的实际混合规则,这在解决石油、化工机械压缩机中实际气体的热力计算时有着十分广泛的应用。所谓"混合规则",就是指实际混合气体的"虚拟"参数与各有关单纯组分气体相应参数以及各组分气体之间的关系。但必须注意"虚拟临界参数",并非实际混合气体的真实临界参数。"虚拟临界参数"纯粹是为了计算实际混合气体热物性而提出的概念,而实际混合气体的真实的临界参数,则是可以通过实验的途径直接测出的。

目前已提出的比较常用或比较有意义的实际混合规则由表 2-3 给出。

表 2-3 实际气体混合规则

	Kay 法则	$P-G$ 法则(prausnitze - gunn)	Virial 法则(Reduced virial)
	1	2	3
T'_c	$T'_c = \sum_{i=1}^{n} r_i T_{ci}$	$T'_c = \sum_{i=1}^{n} r_i T_{ci}$	$T'_c = \left[\sum_{i}^{n} r_i \frac{T_{ci}}{p_{ci}^{\frac{1}{2}}} \Big/ \sum_{i}^{n} r_i \left(\frac{T_{ci}}{p_{ci}}\right)^{\frac{1}{2}} \right]^2$
p'_c	$p'_c = \sum_{i=1}^{n} r_i p_{ci}$	$p'_c = \dfrac{RZ'_c T'_c}{V'_c}$ $V'_c = \sum_{i=1}^{n} r_i V_{ci}$	$p'_c = \dfrac{T'_c}{\left[\sum_{i=1}^{n} \left(\frac{T_{ci}}{p_{ci}}\right)^{\frac{1}{2}} \right]^2}$
Z'_c	$Z'_c = \sum_{i=1}^{n} r_i Z_{ci}$	$Z'_c = \sum_{i=1}^{n} r_i Z_{ci}$	$Z'_c = \sum_{i=1}^{n} r_i Z_{ci}$

注:表中 r_i 为混合气体中各组分气体的容积成分;p_{ci}、T_{ci}、Z_{ci} 分别为混合气体中各组分气体的临界压力、临界温度和压缩性系数;p'_{ci}、T'_{ci}、Z'_c 分别为混合气体的虚拟临界压力、临界温度和压缩性系数。

在所列的几种混合规则中,选用的原则如下。

(1)若混合气体中任意两组分气体的临界温度和临界压力处于 $0.5 < (T_{ci}/T_{cj}) < 2$ 和 $0.5 < (p_{ci}/p_{cj}) < 2$ 时,一般选用规则(1);

(2)对于石油、化工机械中的实际气体($p_c < 10, 0.9 < T_c < 4$),可选用规则(3);

(3)如果 T_{ci}/T_{cj} 不处于 $0.5 \sim 2$ 之间,可选用规则(2)。

当各组分的临界温度和临界压力之间的关系超出上述范围时,则需用更复杂的规则,可查有关物性计算的书籍。

2.3 压缩机级的理论循环

压缩机是一个提高压力的机械,气体从低压到高压往往要经过多级压缩,所谓压缩机的级,就是指气体被连续压缩的单元。压缩机级的循环指压缩机中一个级从吸气、压缩到排气的整个过程的总和。对活塞式压缩机而言,压缩机曲轴旋转一周,活塞由外止点运动到内止点后又回至外止点。压缩机每级的工作过程相同,研究每级的循环就可以更清楚地了解压缩机的工作过程的特点。

首先对压缩机的工作过程进行一些假设,即压缩机级的理论循环。虽然压缩机级的理论循环不可能实现,但研究理论循环的目的是设置一个压缩机性能评价的基准,判断实际压缩机经济性完善的程度和改进的潜力;用较为简单的公式表明各热力参数之间的关系,明确提高效率的途径;有利于比较各种循环的经济性,因此它也是研究压缩机工作原理的基础。

　　压缩机理论循环需满足以下假设:①被压缩气体能全部排出气缸;②气缸内与管道中气体状态完全相同(即进、排气系统无阻力、无气流脉动、无热交换);③压缩容积绝对严密,无气体泄漏;④气体在压缩过程中无论是否存在热交换,其过程指数均为定值。

　　图 2-11 是压缩机理论循环指示图。图中点 A 称为外止点(最靠近缸盖端的位置),点 E 称为内止点(距气缸盖最远的位置),当活塞由外止点向内止点移动时,气体以压力 p_1 进入气缸,过程 4—1 被称为进气过程,当到达内止点 1 时,活塞走过了一个行程 S。活塞再由内止点向外止点移动,气缸内的气体被压缩且气体压力不断升高,过程 1—2 被称为压缩过程,当气体压力升至 p_2 后,气体被活塞推出气缸,过程 2—3 被称为排气过程;然后,活塞重新自外止点向内止点移动,周而复始地重复进气、压缩、排气三个过程,并构成压缩机级的理论循环,过程线 4—1—2—3—4 为理论循环指示图。其中 p_1、p_2 分别为压缩机的名义进、排气压力。在上述进气、压缩和排气过程中,仅有压缩过程是热力过程,过程中气体状态参数发生了变化,进气和排气过程是质量迁移过程,气体状态不发生变化。因此,压缩机级的循环不是一个热力循环。

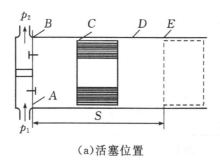

(a)活塞位置

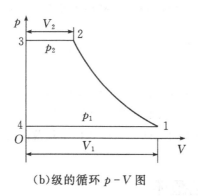

(b)级的循环 p-V 图

A—缸盖;B—外止点;C—活塞;D—气缸;E—内止点

图 2-11　级理论循环指示图

2.3.1　热力过程中压力、温度和容积间的相互关系

1.理想气体

对于理想气体自状态 1 压缩到状态 2,根据式(2-27)它们之间的关系由下式表示

$$V_2 = V_1 \left(\frac{p_1}{p_2}\right)^{\frac{1}{n}} \tag{2-71}$$

$$T_2 = T_1 \left(\frac{p_2}{p_1}\right)^{\frac{n-1}{n}} \tag{2-72}$$

式中：T_1、T_2 分别为压缩机的进、排气温度；p_1、p_2 分别为压缩机的进、排气压力；n 为多变过程指数，对于等温过程，$n=1$，绝热过程 $n=k$。k 为气体的绝热指数，单原子气体 $k=1.667$；双原子气体 $k=1.4$；三原子气体 $k=1.333$。常压下各种气体的 k 值由附录 1 查得。

混合气体的 k 值为

$$\frac{1}{k-1} = \sum \frac{r_i}{k_i - 1}$$

式中：k_i 为混合气体中某组分的绝热指数；r_i 为混合气体中某组分气体的容积成分。

2. 实际气体

对于实际气体自状态 1 压缩到状态 2，根据式（2-54）它们之间的关系由下两式表示

$$V_2 = V_1 \left(\frac{p_1}{p_2}\right)^{\frac{1}{n_v}} \tag{2-73}$$

$$T_2 = T_1 \frac{Z_1}{Z_2} \left(\frac{v_1}{v_2}\right)^{n_v - 1} \tag{2-74}$$

已知容积过程指数 n_v，就可以依据式（2-73）和式（2-74）求出不同状态压力、容积和温度之间的关系。表 2-4 给出了氮气在温度为 25℃时的容积过程指数。

表 2-4　氮气的 n_v 值（温度为 25℃时）

压力/10^5Pa	1	300	600	800	1000
n_v	1.41	2.39	3.30	3.80	3.90

由于表 2-4 容积绝热指数 n_v 随压力和温度的变化较大，计算时应先求得两个状态的 n_v，然后取其平均值，但是状态 2 的参数又是待求项，因此直接应用式（2-73）式（2-74）有困难，而温度过程指数 n_T 受温度和压力的影响较小，所以在工程实际中一般应用温度过程指数 n_T 来求状态 2 的参数。

由式（2-54）可知

$$T_2 = T_1 \left(\frac{p_2}{p_1}\right)^{\frac{n_T - 1}{n_T}} \tag{2-75}$$

$$V_2 = V_1 \frac{Z_2}{Z_1} \left(\frac{p_1}{p_2}\right)^{\frac{1}{n_T}} \tag{2-76}$$

表 2-5 给出了常见气体的温度绝热指数 n_T。

表 2-5　几种气体的温度绝热指数 n_T

气体名称	温度 /℃	压力 $p/10^5$Pa						
		1	100	200	300	600	800	1000
氮	20	1.410	1.416	1.400	1.379	1.345	1.340	1.346
	100	1.406	1.419	1.426	1.419	1.377	1.372	1.373
	200	1.400	1.409	1.409	1.408	1.387	1.380	1.374

气体名称	温度 /℃	压力 p /10^5 Pa						
		1	100	200	300	600	800	1000
氢	25	1.404	1.407	1.408	1.407	1.402	1.394	1.390
	100	1.398	1.399	1.400	1.401	1.396	1.393	1.388
	200	1.396	1.397	1.398	1.399	1.396	1.394	1.392
二氧化碳	25	1.400	1.433	1.414	1.394	1.349	1.344	1.341
	100	1.400	1.422	1.424	1.422	1.395	1.390	1.390
	200	1.399	1.407	1.415	1.422	1.408	1.403	1.398
甲烷	25	1.320	1.360	1.280	1.240	1.220	1.210	1.210
	100	1.270	1.300	1.300	1.280	1.250	1.230	1.220
	200	1.230	1.260	1.250	1.250	1.240	1.240	1.230
氨	150	1.271	1.335	1.086	1.073	1.079	1.083	1.094
	300	1.234	1.252	1.286	1.286	1.216	1.187	1.179
氮氢混合气 $N_2 + 3H_2$	25	1.405	1.407	1.406	1.404	1.397	1.393	1.395
	100	1.399	1.397	1.402	1.403	1.400	1.396	1.395
	200	1.398	1.400	1.402	1.407	1.403	1.398	1.395

2.3.2 压缩机级的理论进气量

如图 2-11 所示,活塞由 4 点到 1 点的一个行程 S 中所扫过的气缸容积 V_h 被称为行程容积,其值为

$$V_h = A_p S \tag{2-77}$$

式中:A_p 为活塞面积(m^2);S 为活塞行程(m)。

理论循环中,在进气压力 p_1 和进气温度 T_1 的状态下,活塞在一个行程中所吸入的气体容积 V_1 被定义为级的理论进气量,其值为

$$V_1 = A_p S \tag{2-78}$$

显然,级的理论进气量等于该级的行程容积,它也是压缩机气缸能吸入的最大气体量。

2.3.3 压缩机理论循环指示功

压缩机完成一个理论循环所消耗的功(指示功)为进气过程功、压缩过程功、排气过程功之和,可用图 2-12 所示的循环图面积 4—1—2—3—4 表示。

在压缩机计算中规定,活塞对气体所做功为正值,气体对活塞做功为负值。

进气过程功 W_s:活塞在进气压力 p_1 的作用下移动了一个行程,因此,进气过程功 W_s 为负值,其值为 $W_s = -p_1 A_p S = -p_1 V_1$,可用理论循环指示图中的面积 4—1—1′—0—4 表示。压缩过程功 W_p:活塞压缩气体做

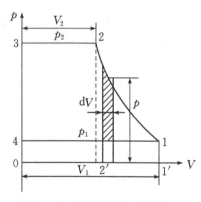

图 2-12 理论循环指示功图

功,压缩过程功为正值。其值可通过对微小位移的积分得到,其值为 $W_p = -\int_1^2 p \, dV$,式中的负号是因为在压缩过程中微小位移 dV 的增量为负值。在理论循环指示图中以面积 1—2—2′—1′—1 表示;排气过程 W_d:活塞推动气体排出气缸,排气过程功为正值,其值为 $W_d = p_2 V_2$,以图中面积 2—3—0—2′—2 表示。理论循环指示功为三者之和,其值为

$$W_i = W_s + W_p + W_d$$

$$= -p_1 V_1 - \int_1^2 p \, \mathrm{d}V + p_2 V_2 \tag{2-79}$$

$$= \int_1^2 \mathrm{d}(pV) - \int_1^2 p \, \mathrm{d}V = \int_1^2 V \, \mathrm{d}p$$

其值在理论循环指示图中以面积 4—1—2—3—4 表示。理论循环指示功也称为压缩过程技术功,它是压缩机完成一次循环所消耗的最小功。由式(2-79)可以看出,当压缩机的结构参数及工况一定时,其大小取决于压缩过程的特征。

1.理想气体理论循环指示功

将理想气体的过程方程式(2-26)代入式(2-79),并假设过程为可逆过程,即过程指数为定值,由此得到理想气体的多变过程理论循环指示功为

$$W_i = \frac{n}{n-1} p_1 V_1 \left[\left(\frac{p_2}{p_1} \right)^{\frac{n-1}{n}} - 1 \right] \tag{2-80}$$

并以图 2-13 中 4—1—2_n—3—4 的面积表示。

对于等温过程,过程指数 $n=1$,将过程方程式 $V = V_1 \dfrac{p_1}{p}$ 代入式(2-79)得到等温过程理论循环指示功 W_{is},并以图 2-13 中 4—1—2_T—3—4 的面积表示,为

$$W_{is} = \int_1^2 V \, \mathrm{d}p = \int_1^2 V_1 \frac{p_1}{p} \mathrm{d}p$$

$$= p_1 V_1 \ln \frac{p_2}{p_1} \tag{2-81}$$

绝热过程的过程指数 $n=k$,将式(2-80)的过程指数取为 k,则有绝热过程的理论循环指示功(W_{iad})表达式,并以图 2-13 中 4—1—2_s—3—4 的面积表示,为

$$W_{iad} = \frac{k}{k-1} p_1 V_1 \left[\left(\frac{p_2}{p_1} \right)^{\frac{k-1}{k}} - 1 \right] \tag{2-82}$$

由图 2-13 可以看出,理想气体理论循环中,等温过程最省功,绝热过程功率消耗最大,而多变过程介于其中。这就是为什么要在压缩过程中对气体进行强化冷却的原因。

2.实际气体理论循环指示功

将实际气体多变过程的状态参数之间的关系式(2-76)代入式(2-79),得到实际气体理论循环指示功为

$$W_i = \int_1^2 V \, \mathrm{d}p = \int_1^2 \frac{V_1}{Z_1} p_1^{\frac{1}{n_T}} Z p^{-\frac{1}{n_T}} \mathrm{d}p$$

$$= p_1^{\frac{1}{n_T}} \frac{V_1}{Z_1} \int_1^2 Z p^{-\frac{1}{n_T}} \mathrm{d}p \tag{2-83}$$

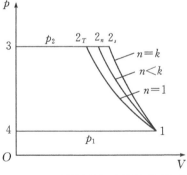

图 2-13　不同压缩过程的指示功

式中:Z 为实际气体的压缩性系数,其值是压力和温度的函数,工程计算中为了简化往往取状态 1 和状态 2 的平均值(即 $Z = \dfrac{Z_1 + Z_2}{2}$)或 $Z = \sqrt{Z_1 Z_2}$,实际气体的多变压缩理论循环指示功为

$$W_{ipol} = p_1 V_1 \frac{n_T}{n_T - 1} \left[\left(\frac{p_2}{p_1} \right)^{\frac{n_T - 1}{n_T}} - 1 \right] \frac{Z_1 + Z_2}{2Z_1} \qquad (2-84)$$

或者

$$W_{ipol} = p_1 V_1 \frac{n_T}{n_T - 1} \left[\left(\frac{p_2}{p_1} \right)^{\frac{n_T - 1}{n_T}} - 1 \right] \sqrt{Z_2 / Z_1} \qquad (2-85)$$

以平均压缩性系数计算实际气体理论循环指示功误差不大于1%。

对于实际气体的绝热过程理论循环指示功的计算,只要将式(2-84)和式(2-85)中的温度多变过程指数 n_T 换成温度绝热过程指数 k_T 即可

$$W_{iad} = p_1 V_1 \frac{k_T}{k_T - 1} \left[\left(\frac{p_2}{p_1} \right)^{\frac{k_T - 1}{k_T}} - 1 \right] \frac{Z_1 + Z_2}{2Z_1} \qquad (2-86)$$

或者

$$W_{iad} = p_1 V_1 \frac{k_T}{k_T - 1} \left[\left(\frac{p_2}{p_1} \right)^{\frac{k_T - 1}{k_T}} - 1 \right] \sqrt{Z_2 / Z_1} \qquad (2-87)$$

对于实际气体等温过程理论循环指示功,考虑到实际气体多变过程的状态参数之间的关系式(2-76)并代入式(2-79),得到实际气体的等温过程理论循环指示功(W_{is})表达式为

$$W_{is} = p_1 V_1 \left(\ln \frac{p_2}{p_1} \right) \frac{Z_1 + Z_2}{2Z_1} \qquad (2-88)$$

或者

$$W_{is} = p_1 V_1 \left(\ln \frac{p_2}{p_1} \right) \sqrt{Z_2 / Z_1} \qquad (2-89)$$

2.3.4 常质量与变质量压缩过程的偏离

在压缩机理论循环中,我们假设压缩容积是绝对严密(即无气体泄漏)的,但实际上在压缩过程中总是有工质向外泄漏,如图2-14所示。因此,当取工作容积中的工质为热力系统时,在压缩过程中除了工质的热力状态参数发生变化外,工质的量也在变化,这就是一个变质量的热力系统。按照一般工程热力学的分析方法只能对漏气暂且不做考虑,而是依据常质量系统计算热力过程。在压缩机的研究设计中则常常依据经验引入泄漏系数来对漏气加以修正。但这样的处理则完全忽略了工质数量变化对热力过程特性的影响,从而完全无法了解这种变质量实际过程的特点。因此,有必要采用变质量系统热力学来处理有漏气的压缩过程。

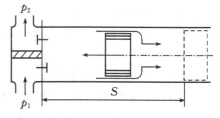

图2-14 有漏气压缩过程的模型

为了简单起见,引入热力过程指数并导出确定过程指数的公式,就可以分析漏气对热力过程产生什么样的影响。

1.变质量系统过程方程的一般表达式

对于变质量系统,状态方程表示了四个参数间的函数关系,可以写成以下形式

$$p = f(S, m, V)$$

根据状态方程和能量方程可推导出适用于理想气体的变质量过程方程的一般表达式为

$$\mathrm{d}p = \left(\frac{\partial p}{\partial S}\right)_{V,m} \mathrm{d}S + \left(\frac{\partial p}{\partial V}\right)_{S,m} \mathrm{d}V + \left(\frac{\partial p}{\partial m}\right)_{V,S} \mathrm{d}m \tag{2-90}$$

对于理想气体,式中三个偏导数表示如下。

当 V、m 不变时,过程的热力基本关系式简化为 $\mathrm{d}U = T\mathrm{d}S$,由理想气体状态方程可以得到

$$\mathrm{d}T = \frac{V}{mR}\mathrm{d}p$$

将内能表示为 $\mathrm{d}U = \mathrm{d}(mu) = mc_v\mathrm{d}T$,因此

$$c_v m \frac{V}{mR}\mathrm{d}p = T\mathrm{d}S$$

由此

$$\left(\frac{\partial p}{\partial S}\right)_{V,m} = \frac{p}{mc_v} \tag{2-91}$$

对于 S、m 不变的过程,$\mathrm{d}U = -p\mathrm{d}V$

由此

$$c_v m \mathrm{d}(\frac{pV}{mR}) = c_v m \frac{1}{mR}(p\mathrm{d}V + V\mathrm{d}p) = -p\mathrm{d}V$$

因而

$$\left(\frac{\partial p}{\partial V}\right)_{m,S} = -k\frac{p}{V} \tag{2-92}$$

式中:$k = \frac{c_p}{c_v}$。

对于 S、V 不变过程,$\mathrm{d}U = (h - TS)\mathrm{d}m$

则

$$c_v m \mathrm{d}T + c_v T \mathrm{d}m = (h - TS)\mathrm{d}m$$

而

$$\mathrm{d}T = \mathrm{d}(\frac{pV}{mR}) = \frac{V}{R}\frac{m\mathrm{d}p - p\mathrm{d}m}{m_2}$$

故

$$\left(\frac{\partial p}{\partial m}\right)_{T,S} = \frac{p}{m}(k - \frac{S}{c_v}) \tag{2-93}$$

将式(2-91)、式(2-92)及式(2-93)代入式(2-90)有

$$\mathrm{d}p = \frac{p}{mc_v}\mathrm{d}S - k\frac{p}{V}\mathrm{d}V + (k - \frac{S}{c_v})\frac{p}{m}\mathrm{d}m \tag{2-94}$$

积分上式有

$$\frac{pV^k}{m^k}\mathrm{e}^{-\frac{S}{c_v}} = 常数 \tag{2-95}$$

或

$$\frac{p_1 V_1^k}{m_1^k}\mathrm{e}^{-\frac{S_1}{c_v}} = \frac{p_2 V_2^k}{m_2^k}\mathrm{e}^{-\frac{S_2}{c_v}} \tag{2-96}$$

也可以表示为

$$\ln\frac{p_2}{p_1} + k\ln\frac{V_2}{V_1} - k\ln\frac{m_2}{m_1} - \frac{S_2 - S_1}{c_v} = 0 \tag{2-97}$$

式(2-95)～(2-97)就是过程方程的一般表达式,这与我们讨论过的常质量理想气体过程方程式(2-26)和实际气体过程方程式(2-54)有着明显的差异。它所表示的函数关系为 $f(p,V,m,S)=0$,以上各式当然适用于各种特例,常质量系统的过程方程就可由此式导出。

对常质量可逆绝热过程,$m_1=m_2$,$S_1=S_2$,代入式(2-97)有

$$\ln \frac{p_2}{p_1}+k\ln \frac{V_2}{V_1}=0$$

$$pV^k=常数 \tag{2-98}$$

同样可由此式来推出常质量多变过程方程式,在式(2-35)中曾用 c_n 表示多变过程比热容,$c_n=c_v\dfrac{n-k}{n-1}$,n 表示多变过程的过程指数。当 $m_1=m_2$ 时,由式(2-96)得

$$p_1V_1^k \mathrm{e}^{-\frac{S_1}{c_v}}=p_2V_2^k \mathrm{e}^{-\frac{S_2}{c_v}} \tag{2-99}$$

$$\left(\frac{p_2}{p_1}\right)\left(\frac{V_2}{V_1}\right)^k=\mathrm{e}^{\frac{S_2-S_1}{c_v}}=\mathrm{e}^{\frac{c\ln\frac{T_2}{T_1}}{c_v}}$$

$$=\mathrm{e}^{\frac{n-k}{n-1}\ln\frac{T_2}{T_1}}=\mathrm{e}^{\frac{n-k}{n-1}\ln\frac{p_2V_2}{p_1V_1}}$$

$$\ln\left(\frac{p_2}{p_1}\right)\left(\frac{V_2}{V_1}\right)^k=\frac{n-k}{n-1}\ln\frac{p_2V_2}{p_1V_1}$$

$$\left(\frac{p_2}{p_1}\right)^{\frac{k-1}{n-1}}=\left(\frac{V_1}{V_2}\right)^{\frac{n(k-1)}{n-1}}$$

整理后有

$$\left(\frac{p_2}{p_1}\right)=\left(\frac{V_1}{V_2}\right)^n$$

或者

$$pV^n=常数 \tag{2-100}$$

同样,对于等温过程,由式(2-96)可以得出等温过程的过程方程式。

2.多变过程指数

假设过程的终了与初始状态压力比为 p_2/p_1,初、终状态的质量比为 M_1/M_2,传热量已经确定,由式(2-97)推导出有漏气时的过程方程式为

$$\begin{cases} pV^{\frac{k}{1+mk-n}}=常数 \\ Tp^{\frac{k}{k-1+n}}=常数 \end{cases} \tag{2-101}$$

式中:m,n 为有漏气时的过程指数,其表达式为

$$\begin{cases} m=\dfrac{\ln\left(\dfrac{M_1}{M_2}\right)}{\ln\left(\dfrac{p_2}{p_1}\right)} \\ \\ n=\dfrac{\ln\left(\dfrac{Q}{M_1c_vT_1}+1\right)}{\ln\dfrac{p_2}{p_1}} \end{cases} \tag{2-102}$$

过程指数 m、n 分别表示了过程中工质变化量的影响及传热量的影响,当为绝热过程时,$Q=0$,因此,式(2-102)表达为

$$\begin{cases} m = \dfrac{\ln(\dfrac{M_1}{M_2})}{\ln(\dfrac{p_2}{p_1})} \\ n = 0 \end{cases} \tag{2-103}$$

过程方程式为

$$\begin{cases} pV^{\frac{k}{1+mk}} = 常数 \\ Tp^{\frac{k}{k-1}} = 常数 \end{cases} \tag{2-104}$$

将上式与常质量绝热过程方程式(2-26)比较,有漏气时的过程指数是常质量过程指数的 $1/(1+mk)$ 倍。

3.理论循环指示功与压缩机过程功

将过程方程式(2-101)代入式(2-79)有理论循环指示功的表达式为

$$\begin{aligned} W_i &= \int_1^2 V\mathrm{d}p \\ &= \frac{k}{k(1-m)+n-1}p_1V_1\left[\left(\frac{p_2}{p_1}\right)^{\frac{k(1-m)+n-1}{k}}-1\right] \end{aligned} \tag{2-105}$$

过程方程式(2-101)代入压缩机过程表达式,得到压缩过程功为

$$\begin{aligned} w_i &= \int_1^2 p\,\mathrm{d}V \\ &= \frac{1+mk-n}{k(1-m)+n-1}p_1V_1\left[1-\left(\frac{p_2}{p_1}\right)^{\frac{k(1-m)+n-1}{k}}\right] \end{aligned} \tag{2-106}$$

如果过程为绝热过程,则根据式(2-103),$n=0$,只要将式(2-105)与式(2-106)过程指数 n 取为零则分别得到绝热过程的理论循环指示功和压缩功为

$$\begin{aligned} W_{iad} &= \int_1^2 V\mathrm{d}p \\ &= \frac{k}{k(1-m)-1}p_1V_1\left[\left(\frac{p_2}{p_1}\right)^{\frac{k(1-m)-1}{k}}-1\right] \end{aligned} \tag{2-107}$$

$$\begin{aligned} w_{iad} &= \int_1^2 p\,\mathrm{d}V \\ &= \frac{1+mk}{k(1-m)-1}p_1V_1\left[1-\left(\frac{p_2}{p_1}\right)^{\frac{k(1-m)-1}{k}}\right] \end{aligned} \tag{2-108}$$

4.有漏气与理论循环过程的比较

在绝热过程中,如果气体自气缸漏出,对于压缩过程,由式(2-103)可知,$M_1>M_2$,$p_2>p_1$,则 $m>0$,所以 $\dfrac{k}{1+mk}<k$,即有漏气时的绝热过程指数小于理论循环的绝热过程指数。如图 2-15 所示,1—2 为理论循环的绝热过程,1—2″为有漏气时的绝热压缩过程,很显然要达到同样的压力比(p_2/p_1),有漏气时排出的容积 V_2' 要小于无漏气时的容积。如果要达到同样的

压缩比(V_1/V_2)，有漏气时的排气压力p_2'要低于p_2。

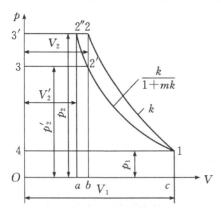
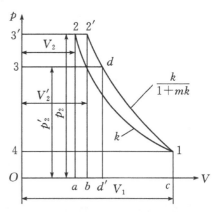

图 2-15　气体漏出气缸的压缩过程示意图　　　图 2-16　气体漏入气缸的压缩过程示意图

　　如果气体由外界漏入气缸，对于压缩过程，式(2-103)可知，$M_1<M_2$，$p_2>p_1$，所以$m<0$，即有$\dfrac{1}{1+mk}>1$，故$\dfrac{k}{1+mk}>k$，即有漏入气体时的绝热过程指数大于理论循环的绝热过程指数k。如图2-16所示，1—2为理论循环的绝热过程，1—2′为有漏气时的绝热压缩过程，显然有气体漏入气缸时，要达到同样的压缩比(V_1/V_2)，有漏入时排出的压力p_d要小于理论循环时的排出压力p_2。但如果要达到同样的压缩比(p_2/p_1)，有漏入气时的排出的容积V_2'要大于V_2。

　　由式(2-107)和式(2-108)得到压缩过程功w_i与理论循环指示功W_i的比值A为

$$A=\left|\frac{w_i}{W_i}\right|=\frac{1}{k}+m \tag{2-109}$$

　　由此可以看出，当气体由缸内漏出时，对绝热压缩过程来说，如果压力比p_2/p_1确定，而$m>0$，当$m>\dfrac{k-1}{k}$时，则$A>1$，即压缩过程功大于理论循环指示功。这说明在有漏气时，当工质的k较小，而漏气量较大时，出现了压缩过程功大于理论循环指示功的情况。当$m<\dfrac{k-1}{k}$时，则理论循环指示功大于压缩过程功。当有气体漏入气缸时，由于$m<0$，当$m<\dfrac{1-k}{k}$时，$A>1$，压缩过程功大于理论循环指示功，当$m>\dfrac{1-k}{k}$时，理论循环功则大于压缩过程功。也就是说，由于气体的泄漏量对过程指数m影响很大，进而会导致压缩过程功的变化。

　　有漏气时的膨胀系数m，对于绝热过程，由式(2-103)知$m>0$，所以有气体漏出时的膨胀过程指数大于无漏气时的过程指数n，即膨胀过程线左移。而如果气体在膨胀过程漏入时，由于$m<0$，所以有气体漏入时的膨胀过程指数m比无气体漏入时的过程指数n要小，即膨胀过程线右移，减小了气缸的利用率。

2.4　压缩机不同热力过程功能的平衡关系及多变指数

　　压缩机中热能和机械能的相互转换是通过工质的状态变化过程实现的。上节研究了压缩机循环的热力过程，也清楚了压缩机循环各热力过程在$p-v$图和$T-s$图中的表示方法，为了更加清楚地了解在压缩机循环中热能和机械能相互转换的情况，现进一步研究工质在热力过程中能量变换的特性。

2.4.1　几个典型的过程

1.等容过程

等容过程是气体在容积不变或比容积保持不变的条件下所进行的热力过程。压缩机中的进气和排气终了所产生的漏气就近似于等容过程,过程中活塞静止。根据热力学第一定律 $dq = du + p\,dv$ 和熵的定义 $ds = \dfrac{dq}{T}$ 有

$$\frac{dq}{T} = \frac{du}{T} + \frac{p\,dv}{T} \qquad (2-110)$$

由于理想气体的 $du = c_v dT$ 及 $\dfrac{p}{T} = \dfrac{R}{v}$,上式可表示为

$$ds = \frac{c_v\,dT}{T} + \frac{R\,dv}{v} \qquad (2-111)$$

对式(2-111)积分,即得到等容过程中熵的过程线为

$$s_v = c_v \ln T + c \qquad (2-112)$$

上式表明等容过程在 $T\text{-}s$ 图上是一条对数曲线,该线的斜率为

$$\left(\frac{dT}{ds}\right)_v = \frac{T}{c_v} \qquad (2-113)$$

由此可见,斜率随温度的升高而增大,温度愈高,曲线的斜率在 $T\text{-}s$ 图上愈陡峭,如图 2-17 线段 1—2 所示。

等容过程中两状态之间熵的变化为

$$(s_2 - s_1)_v = c_v \ln \frac{T_2}{T_1} \qquad (2-114)$$

等容的加热过程使温度升高,因而熵增加,如线段 1—2 所示;反之放热过程使温度下降,熵减小,如线段 1—2′所示。

在等容过程中 $dv = 0$,所以无论是加热或放热过程,外界对系统均不做功,即 $w_{12} = \displaystyle\int_1^2 p\,dv = 0$,由热力学第一定律,等容过程中所加的热量仅是内能发生了变化,即 $q = u_2 - u_1 = c_v(T_2 - T_1)$ 或 $q = \displaystyle\int_1^2 T\,ds$,其热量为等容线段 1—2 下面的面积。

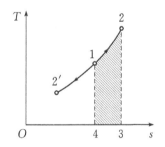

图 2-17　等容过程

2.等压过程

等压过程是气体在压力保持不变的条件下所进行的热力过程。压缩机在进气或排气时压力变化较小,近似于等压过程。

将理想气体状态方程式的全微分形式 $\dfrac{dv}{v} = \dfrac{dT}{T} - \dfrac{dp}{p}$ 及 $c_p - c_v = R$ 代入式(2-111)得出等压过程在 $T\text{-}s$ 图上的过程线

$$s_p = c_p \ln T + C \qquad (2-115)$$

上式表明等压过程线也是一条对数曲线,曲线的斜率为

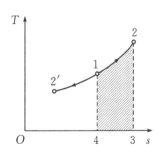

图 2-18　等压过程

$$\left(\frac{\mathrm{d}T}{\mathrm{d}s}\right)_p = \frac{T}{c_p} \qquad (2-116)$$

等压过程线也随着温度的升高而增大,如图 2-18 线段 1—2 表示。等压过程和等容过程在 $T-s$ 图上都是对数曲线,但由于 $c_p > c_v$,所以比较式(2-116)和式(2-113),可见在同一温度下

$$\left(\frac{\mathrm{d}T}{\mathrm{d}s}\right)_v > \left(\frac{\mathrm{d}T}{\mathrm{d}s}\right)_p \qquad (2-117)$$

由此可知,在 $T-s$ 图上等压线较等容线平坦一些。

等压过程中对气体所做的功为

$$w_{\mathrm{icl2}} = \int_1^2 p \, \mathrm{d}v = p(v_2 - v_1) \qquad (2-118)$$

等压过程中与外界交换的热量由热力学第一定律求出

$$\begin{aligned}
q &= c_v(T_2 - T_1) + R(T_2 - T_1) \\
&= (c_v + R)(T_2 - T_1) \\
&= c_p(T_2 - T_1) \\
&= h_2 - h_1
\end{aligned} \qquad (2-119)$$

等压过程中外界加给气体的热量全部用于改变气体的焓值,热量仍用线段 1—2 下面的阴影面积表示。由此可知在等压过程中对气体所做的功,改变了气体的焓值和内能。

3.等温过程

等温过程是气体在温度保持不变的条件下所进行的热力过程。压缩机在冷却充分并且转速极为缓慢时压缩过程就近似于等温过程。等温过程在研究压缩机的经济性和理解其它过程有关性质时具有重要意义。

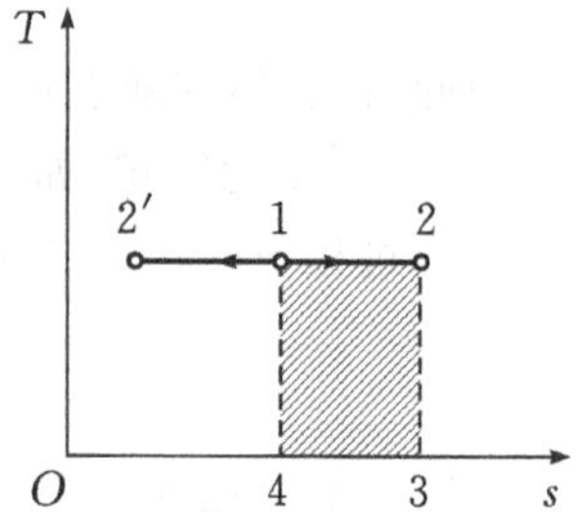

等温过程的特点是温度为常量。根据理想气体状态方程式,初、终状态各参数之间的关系式为

图 2-19　等温过程

$$T_1 = T_2 \qquad \frac{p_2}{p_1} = \frac{v_1}{v_2}$$

等温过程中气体的压力与比热容成反比。等温过程在 $T-s$ 图上应是一条水平直线,用线段 1—2 或 1—2′ 表示,如图 2-19 所示。

等温过程中对气体所做的功为

$$w_{\mathrm{is12}} = \int_1^2 p \, \mathrm{d}v = p_1 v_1 \ln \frac{v_2}{v_1}$$

等温过程 $\mathrm{d}u = 0$,根据热力学第一定律

$$q = w_{\mathrm{is12}} = p_1 v_1 \ln \frac{v_2}{v_1}$$

由上式,在等温过程中,外界对气体所消耗的功全部转换为热量散失到外界,或者加给气体的热量全部用于功,其过程中的热量为

$$q = \int_1^2 T \, \mathrm{d}s = T(s_2 - s_1) \qquad (2-120)$$

即等温过程的热量由图 2-19 中的线段 1—2 或 1—2′ 下面的阴影面积表示。

4.绝热过程

绝热过程是气体在和外界没有热量交换的条件下所进行的热力过程。压缩机在转速较高,工质与外界来不及进行热量交换或热量交换很少时,可以近似于绝热过程。绝热过程的特点是 $q=0,s=$ 常量。绝热过程在 $T-s$ 图上应是一条垂直线,用线段 1—2 或 1—2' 表示,如图 2-20 所示。

由式(2-29),假设压缩过程功为正,则绝热过程压缩过程功为

$$w_{\text{iad}12}=\int_1^2 p\,\mathrm{d}v \tag{2-121}$$

$$=pv_1\frac{1}{k-1}\left[\left(\frac{p_2}{p_1}\right)^{\frac{k-1}{k}}-1\right]$$

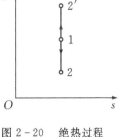

图 2-20 绝热过程

由式(2-20),在绝热过程中,外界对气体所做的功为

$$w_{\text{iad}12}=u_2-u_1 \tag{2-122}$$

即外界对气体所做的功,增加了气体的内能。

5.多变过程

上述所研究的四个热力过程中,每一个过程都有一个状态参数保持不变,所以它们是一些特殊的热力过程。实际上在一般情况下,任意一个过程往往是所有的状态参数都发生变化,但是它们的变化仍然遵循一定的规律,这就是式(2-26)所描写的多变过程,上述四个热力过程仅仅是多变指数 n 取值不同而已。

当多变指数 c_n 为常数时,由式(2-35)可知多变过程在 $T-s$ 图上的位置为

$$s_n=\int\frac{c_n\mathrm{d}T}{T}=c_n\ln T+C \tag{2-123}$$

上式表明多变过程线在 $T-s$ 图上是一条对数曲线,曲线的斜率为

$$\left(\frac{\mathrm{d}T}{\mathrm{d}s}\right)_n=\frac{T}{c_n} \tag{2-124}$$

曲线斜率的大小取决于多变指数值,图 2-21 中线段 1—2_n 表示了压缩过程。压缩过程中与外界的热量交换为

$$q=\int_1^2 T\mathrm{d}s \tag{2-125}$$

由上式,此积分就表示了线段 1—2_n 下面的阴影面积。由热力学第一定律,压缩过程功就为

$$w_{\text{ipol}12}=q-(u_2-u_1) \tag{2-126}$$

即外界对气体压缩过程中所做的功一部分散热到外界,另一部分用于气体内能的增加。

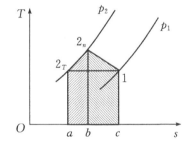

图 2-21 多变过程

2.4.2 多变过程指数

对式(2-26)进行全微分

$$v\mathrm{d}p+np\mathrm{d}v=0 \tag{2-127}$$

$$n=-\frac{v\mathrm{d}p}{p\mathrm{d}v}=\frac{\mathrm{d}W_i}{\mathrm{d}w_i} \tag{2-128}$$

由上式可知,多变指数 n 表示了压缩机微元循环指示功(技术功)$\mathrm{d}W_i$ 与微元压缩过程功 $\mathrm{d}w_i$ 的比值。

第3章 压缩机工作过程的实际循环

尽管理论循环在实际压缩机中是不可能实现的,但以理论循环为基础来进一步分析压缩机的实际循环就方便多了。在实际压缩机中,为避免活塞与缸盖相撞以及气阀结构、气阀安装的需要,在气缸端部都留有一定的间隙,称为余隙容积;在压缩机吸气和排气过程中有阻力损失以及管道中的气流脉动;气缸内存在着气体泄漏;气缸内的气体与外界存在热交换,这些因素都使实际工况要比理论工况复杂得多。

3.1 压缩机级的实际循环

压缩机级的实际循环是指实际发生在气缸工作容积中一个周期气体压力-容积的变化关系。图 3-1 表示了级的实际循环指示图。图中的 p_1 和 p_2 分别为名义的进气压力及排气压力。所谓名义进、排气压力,就是在进气接管或排气接管中的压力的平均值。图 3-1 表示的实际循环指示图与图 2-12 所表示的理论循环指示的图不同在于:

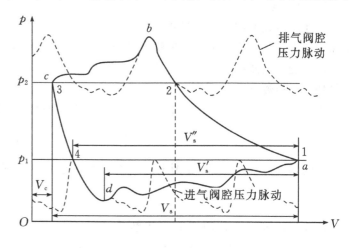

图 3-1 压缩机级的实际循环指示图

(1) 存在气体的膨胀过程线 $c—d$,即实际循环由进气、压缩、排气及膨胀过程组成;

(2) 存在进、排气压力损失及压力脉动,进气过程线 $d—a$ 低于名义进气压力线 p_1,而排气过程线则高于名义排气压力线 p_2,且进、排气过程线均呈波浪形;

(3) 由于泄漏、传热的影响,压缩过程线 $1—2—b$、膨胀过程线 $3—4—d$ 的指数并非定值。

3.2 压缩机实际循环与理论循环的差异及对实际过程的影响

如前所述,压缩机实际工作循环与理论循环不同,使级的循环指示图发生了变化,其主要原因由以下的因素引起。

3.2.1 余隙容积的影响

压缩机气缸中总是存在着余隙容积,气缸内的气体不能全部排出气缸。活塞在气缸中的位移示意图如图 3-2 所示。活塞由外止点向内止点移动时,在压缩机的实际循环指示图中出现了气体的膨胀过程 $c—d$。所谓余隙容积,是指压缩机活塞到达外止点位置时,仍残留有部分高压气体的空间。该空间是考虑到零件的热膨胀、相对运动零件间的磨损、制造误差、气体中可能含有的液体以及气阀的安装等因素必须预留的,否则就会发生"撞缸"事故。

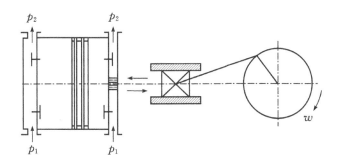

图 3-2 活塞在气缸中的位移示意图

活塞式压缩机的余隙容积包括:活塞处于外止点时,活塞顶端与气缸盖(或气缸座)之间的间隙所形成的容积 V_{01},以防止"撞缸";第一道活塞环前活塞外圆表面与气缸内圆表面之间的径向间隙形成的容积 V_{02},以防止活塞与气缸之间的磨损;气缸至气阀阀片间的通道容积 V_{03};气阀本身所具有的容积 V_{04} 等。对于双作用压缩机,还包括第一道填料前缸座与活塞杆之间的间隙,如图 3-3 所示。

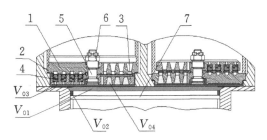

1—阀座;2—阀片;3—升程限制器;4—弹簧;5—螺栓;6—螺母;7—第一道活塞环

图 3-3 气缸余隙容积的构成示意图

由于余隙容积的存在,排气结束时仍有部分高压气体残留在压缩机气缸内而无法全部排出。当活塞反向行程时,残留在余隙容积内的高压气体先要膨胀,直至工作腔内的气体压力低于压缩机进气接管中的压力时,压缩机的进气阀才能在气缸内外压力差的作用下打开,而实现进气过程。显然余隙容积中高压气体的膨胀,使得进入压缩机气缸中的新鲜气量减小。余隙容积越大,膨胀过程越长,进入气缸的新鲜气量 V''_s 就越小。

压缩机余隙容积的影响,使得实际进入气缸中的新鲜气体量减少,减少了气缸的利用率,所以在满足设计要求的前提下应尽量减小余隙容积。

3.2.2 压力损失的影响

气体在进入气缸工作容积时要经过气阀,而气阀主要依靠气缸内外气体压力差控制启闭,只有当缸内气体膨胀到压力低于吸气管内名义压力 p_1 并足以克服流动阻力时,才能顶开吸气阀,开始吸气过程。另外,气体在进入和排出气缸前后,要经过滤清器、冷却器、管道等一系列的阻力元件,从而也产生流动阻力损失,使得进气、排气过程线分别低于和高于名义进、排气压力。吸气过程中,流动阻力损失随活塞速度的变化而变化,活塞速度越高则气体的流动阻力损失越大,活塞速度随转角不断变化,因此进、排气过程的压力有波动,即进、排气压力线不是一条水平线。图 3-1 进气压力线 4—d—1 表示了实际进气过程,而排气压力线 2—b—c 表示了实际的排气过程。

压缩机在进气过程中以气阀的阻力损失影响最大,在实际循环指示图 3-1 中,为了克服气阀弹簧力、阀片惯性力以及进气阻力损失,膨胀过程必须延续至点 d,使缸内压力低于进气腔中的名义压力 p_1,在其压力差的作用下进气阀被打开,进气过程由点 d 开始,且过程线不是一条水平线,直到进气过程结束点 a,其实际的进气量为 V'_s。

同样在排气过程中,为了克服排气阀的弹簧力、阀片惯性力以及排气阻力损失,压缩过程必须延续到点 b,使缸内气体压力高于名义排气压力 p_2,排气阀在缸内与排气管压力差作用下使得排气阀打开,排气过程由 b 点开始。因为阻力损失是一个变化的值,因此排气过程线也不是一条水平线,且排气压力始终高于名义的排气压力 p_2,直到排气过程结束点 c。

压力损失的影响,使得实际的进、排气压力分别低于和高于名义的进、排气压力 p_1、p_2,增加了功率损耗,所以在进、排气管道设计中应尽量使得管道光滑、无曲折;在气阀设计中做好弹簧力与气体力的匹配,以减少阻力损失。

3.2.3 气流脉动的影响

压缩机工作时,进、排气阀周期性的打开和关闭,导致压缩机的进、排气接管及进、排气腔中的气体压力和流速呈周期性变化,这种现象称为气流脉动。当进、排气阀打开时,气腔与气缸的工作容积相通,气流的压力脉动传至气缸中,使气缸中的压力产生波动,导致进、排气过程线呈波浪状,如图 3-1 中的 d—a 线和 b—c 线。根据进气终了压力处于波峰和波谷的位置不同,导致实际的进气终了气体的压力低于或者高于名义的进气压力,实际的排气压力点高于或低于点 b。气流的压力脉动会引起管路及系统的振动,特别是当进、排气的频率与进、排气管道及气腔中气体的自振频率接近时,会产生气柱共振现象。这种气柱共振现象引起的管道气流脉动会导致管道的损坏和功耗的增加。

气流脉动的影响不仅降低了压缩机工作的可靠性,也增加了功率损耗,所以在压缩机管道设计中,管道的自振频率应尽量避开气流脉动的频率。

3.2.4 气体泄漏的影响

压缩机的进、排气阀密封不好,活塞环、填函的密封性能不佳等都会引起气缸内气体向外泄漏或由相邻高压级向低压级气缸泄漏。气体由缸内向缸外泄漏时,压缩过程线比正常情况趋于平坦,压缩过程指数减小(见第 2 章常质量与变质量压缩过程的偏离),使得实际排出气缸的高压气体量减少,减小了气缸的利用率;而膨胀过程线变得陡直,这是因为参与膨胀的高压气体量随着气体的漏出而减少了,实际进气过程点提前,如图 3-4(a)所示。实线表示理论循环指示图,虚线表示存在气体泄漏出气缸的指示图。气体向缸内漏入时,压缩过程线变陡,过程指数增加(见第 2 章),而膨胀过程线趋于平坦,如图 3-4(b)所示。这是因为参与膨胀的气体量增加,导致膨胀过程延长,降低了气缸的利用率。

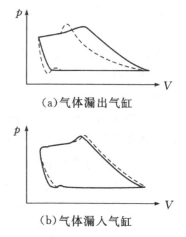

(a)气体漏出气缸

(b)气体漏入气缸

图 3-4 漏气对指示图的影响

气体泄漏的影响,降低了气缸的利用率,也增加了功率损耗,因为气体漏出气缸表面看起来循环功率减少,但实际排出的气体量也减少了,有无气体泄漏时的摩擦功率基本不发生变化,所以单位气量的功率增加了。另外,气体的泄漏,对于多级压缩机来说,会改变级间压力分布,导致某级的压力比升高,排气温度增加,引起不安全因素。

3.2.5 热交换的影响

压缩机工作时,气体的温度随着压力提高在不断发生变化,高温的气体加热了气缸壁和活塞等,由于气缸壁和活塞具有热惯性,使它们的温度处于进气温度和排气温度之间的某个温度。而进入气缸的气体温度显然低于缸壁和活塞的温度,首先从周围的气缸壁和活塞吸热,使温度大于名义进气温度,在压缩的初始阶段,气体继续吸热,为吸热压缩阶段,压缩过程指数大于绝热指数;随着气体温度的不断升高,气体与壁面间的温差不断减小,直至某一瞬时温差为零,气体与周围环境没有热交换,这时处于绝热压缩阶段;但随着气体温度的继续升高,气体开始对周围的环境放热,这时处于放热压缩阶段,压缩过程指数小于绝热指数。因此,整个压缩过程实际上经历了压缩过程指数由 $n>k$ 经 $n=k$ 到 $n<k$ 的变化(见第 2 章式(2-37))。在排气过程中,气体的温度高于缸壁和活塞的温度,气体仍然向周围放热。膨胀开始阶段,缸内残留气体的温度高于缸壁温度,气体把热量传给缸壁和活塞,这时处于放热膨胀阶段,膨胀过程指数 $n>k$;随着膨胀过程的进行,气体温度逐渐降低,气体与壁面间的温差不断减小,直至某一瞬时温差为零,这时处于绝热膨胀阶段,膨胀过程指数 $n=k$;随着膨胀过程的继续进行,气体温度不断降低,当温度低于缸壁温度时,气体从缸壁等处吸热,此时的膨胀过程为吸热膨胀阶段,过程指数 $n<k$(见第 2 章式(2-37))。整个膨胀过程实际上也经历了膨胀过程指数由 $n>k$ 经 $n=k$ 到 $n<k$ 的变化。图 3-5 表示了某压缩机循环过程指数的变化。

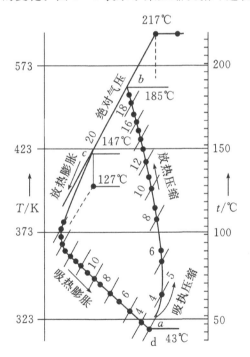

图 3-5　实际循环在 $T-s$ 图中的过程线(单位:bar)

(注:1bar＝10^5Pa)

热交换的影响,使得气缸内的状态参数之间的关系发生了变化,功率的计算存在一定的误差,也为工程实际计算带来了不便。工程计算中常常将过程指数作为常数,为了使计算既简单又能具有一定的准确性,对于过程指数的简化有两种方式。

1.等端点法

等端点法是保持指示图上各端点的位置不变,用假想的过程指数代替实际的过程指数,即从压缩过程始点 1 和膨胀过程点 3 开始,作过程指数等于常数的压缩线 1—a—2 和膨胀线 3—b—4,如图 3—6 中的虚线所示,这样得出的过程指数称为等端点过程指数。这种方法维持简化前后的端点位置不变,简化后指示图的面积 1—a—2—3—b—4 较实际指示图的面积 1—2—3—4 略有减少,但气体量未发生变化,所以这种简化通常用于计算压缩机的进气量。

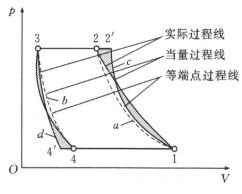

图 3—6 过程指数的简化

2.等功法

等功法简化的原则是维持指示图的面积不变。假想从压缩过程始点 1 和膨胀过程点 3 开始,作过程指数等于常数的压缩线 1—c—2' 和膨胀线 3—d—4',此线代替实际的过程线而保持指示图的面积不变。这样的过程线为当量过程线,这种简化虽然指示图的面积未发生变化,但状态点的位置发生了变化,因此,此简化方式适应于压缩机指示功的计算。

3.3 进气系数

由上述讨论可知,压缩机的实际循环与理论循环存在着较大的差异,这些影响实际循环的诸多因素使得实际进入工作容积中的气体温度、压力均发生了变化,导致实际循环的进气量发生了变化,这些影响因素均可以用进气系数进行修正。

3.3.1 级的实际循环进气量

由第 2 章可知,压缩机理论循环进气量等于在进气压力 p_1、进气温度 T_1 下活塞的行程容积 V_h,如图 3—7 所示。在压缩机实际循环中,由于余隙容积 V_0 的存在,气体膨胀占去了一部分容积,与理论循环比较,进气量减少了 ΔV_1;由于气流脉动、管道、气阀等阻力元件造成的压力损失,使进气终了 a 点的压力 p_a 与名义进气压力 p_1 不同,将其换算到名义进气压力 p_1 时,容积又减少了 ΔV_2;由于进气加热往往使得气体温度高于名义进气温度,将其换算到名义进气温度 T_1 时,容积又有所减少。上述因素的影响,使得实际进

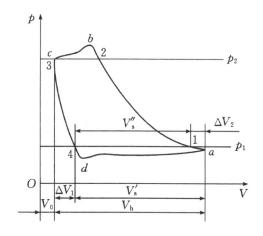

图 3—7 实际循环进气量示意图

入气缸的容积 V_s 比在理论状态下的进气量 V_h 小。将实际进入气缸的气体容积 V_s 与气缸的行程容积 V_h 的比值定义为进气系数 λ_s,即

$$\lambda_s = \frac{V_s}{V_h}$$

(3—1)

为了深入研究各因素对进气量的影响,上式也可以改写为

$$\lambda_s = \frac{V_s}{V_h} = \frac{V_s}{V''_s}\frac{V''_s}{V'_s}\frac{V'_s}{V_h} \tag{3-2}$$

令　　　　$\lambda_v = \dfrac{V'_s}{V_h}$ 为容积系数；

　　　　　$\lambda_p = \dfrac{V''_s}{V'_s}$ 为压力系数；

　　　　　$\lambda_T = \dfrac{V_s}{V''_s}$ 为温度系数；

则式(3-2)为

$$\lambda_s = \lambda_v \lambda_p \lambda_T \tag{3-3}$$

由式(3-1)和式(3-3)，实际循环的进气量为

$$V_s = \lambda_v \lambda_p \lambda_T V_h \tag{3-4}$$

下面分别讨论各系数的计算方法。

3.3.2　容积系数

1.容积系数的计算式

由定义可知

$$\lambda_v = \frac{V'_s}{V_h} \tag{3-5}$$

由图3-7所示，有

$$\lambda_v = \frac{V'_s}{V_h} = \frac{V_h - \Delta V_1}{V_h} = 1 - \frac{\Delta V_1}{V_h} \tag{3-6}$$

假设膨胀指数为 m，对于理想气体，余隙容积中残留气体的膨胀应满足过程方程式

$$p_c V_c^m = p_4 (V_0 + \Delta V_1)^m \tag{3-7}$$

因为 $p_4 = p_1$，$V_c = V_0$，近似认为 $p_c = p_2$，代入式(3-7)有

$$\Delta V_1 = V_0 \left[\left(\frac{p_2}{p_1} \right)^{\frac{1}{m}} - 1 \right] \tag{3-8}$$

式(3-8)代入式(3-6)得

$$\lambda_v = 1 - \frac{V_0}{V_h} \left[\left(\frac{p_2}{p_1} \right)^{\frac{1}{m}} - 1 \right] \tag{3-9}$$

式中：V_0 为余隙容积；m 为膨胀指数；p_2 为名义排气压力；p_1 为名义进气压力。

令 $\alpha = \dfrac{V_0}{V_h}$ 为相对余隙容积，$\varepsilon = \dfrac{p_2}{p_1}$ 为名义压力比，则式(3-9)可以写为

$$\lambda_v = 1 - \alpha (\varepsilon^{\frac{1}{m}} - 1) \tag{3-10}$$

对于实际气体，膨胀过程点应满足实际气体的状态方程式

$$\frac{p_c V_0}{Z_c T_c} = \frac{p_4 (V_0 + \Delta V_1)}{Z_4 T_4}$$

或　　　　$$V_0 + \Delta V_1 = V_0 \frac{Z_4}{Z_c} \frac{T_4}{T_c} \frac{p_c}{p_4} \tag{3-11}$$

式中：Z_4 为膨胀终了点的气体压缩性系数；Z_c 为膨胀初始点的气体压缩性系数。

近似取 $Z_c = Z_3$，膨胀过程点还应满足实际气体的过程方程式(2-54)，即

$$\frac{T_4}{T_c} = \left(\frac{p_c}{p_4}\right)^{\frac{1-m_T}{m_T}} \tag{3-12}$$

式中：m_T 为膨胀过程温度多变指数，为计算方便起见近似取理想气体的过程指数 m，并认为 c 点与3点的状态参数相同，近似认为 $p_c = p_2$，$p_4 = p_1$，式(3-11)可简化为

$$V_0 + \Delta V_1 = V_0 \frac{Z_4}{Z_3}\left(\frac{p_2}{p_1}\right)^{\frac{1}{m}}$$

将上式代入式(3-6)得到实际气体容积系数的计算式为

$$\lambda_v = 1 - \alpha\left(\frac{Z_4}{Z_3}\varepsilon^{\frac{1}{m}} - 1\right) \tag{3-13}$$

当压缩机转速较高，气体与壁面来不及进行热交换，或者在高压级中，气体与壁面的热交换较弱时，可近似认为 $T_4 = T_1$，$Z_4 = Z_1$，$m = k$，则式(3-13)改写为

$$\lambda_v = 1 - \alpha\left(\frac{Z_1}{Z_3}\varepsilon^{\frac{1}{k}} - 1\right) \tag{3-14}$$

由式(3-10)和式(3-14)可以看出，容积系数大小主要取决于相对余隙容积 α、压力比 ε、过程指数 $m(k)$ 及实际气体的压缩性系数，其中相对余隙容积 α 是三个系数中影响最大者。

2.影响容积系数的因素

讨论影响容积系数的因素，对于提高压缩机性能至关重要。

(1)相对余隙容积。由式(3-10)，在压力比和膨胀过程指数相同的条件下，相对余隙容积越大，则容积系数越小。图3-8表示了进气量随余隙容积的变化。当行程容积不变，余隙容积由 V_0 增加到 V_0' 时，进气量由原来的 V_{4-1} 减少到 $V_{4'-1}$；当余隙容积继续增加到 V_0''，膨胀过程的终点 $4''$ 与活塞的止点位置1重合，即高压气体的膨胀充满了整个气缸容积，进气量为零。

令 $\lambda_v = 1 - \alpha(\varepsilon^{\frac{1}{m}} - 1) = 0$，则有

$$\alpha = \frac{1}{\varepsilon^{\frac{1}{m}} - 1} \tag{3-15}$$

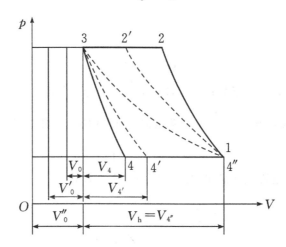

图3-8 余隙容积对进气量的影响

取 $\varepsilon = 3$，$m = 1.2$，由此，当 $\alpha = 0.667$ 时，$\lambda_v = 0$，压缩机不再进气。所以为了提高容积效

率,余隙容积应尽量小。

实际上余隙容积不能无限制地减小,它受到压缩机结构型式、气阀结构特点及级次等诸多因素的限制。一般情况下其相对余隙容积依据表 3-1 取值。

表 3-1 相对余隙容积常用取值范围

一般情况	低压级	0.07~0.12
	中压级	0.09~0.14
	高压级	0.11~0.18
特殊情况	单作用低压级气阀轴向布置在气缸盖上	0.04~0.07
	高速短行程空气压缩机	0.15~0.18
	小型压缩机高压级	< 0.20
	超高压压缩机	<0.25

(2)压力比。当膨胀指数和余隙容积一定时,随着压力比的增加,容积系数降低,图 3-9 给出了容积系数随着压力比的变化关系。当排气压力由 p_2 增加到 p_2' 时,膨胀线由 3—4 变为 3'—4',进气量由 V_{4-1} 减小到 $V_{4'-1}$;压力继续增加到 p_2'' 时,膨胀过程的终点 4″ 与活塞的止点位置 1 重合,即高压气体的膨胀至充满整个气缸容积,进气量为零。

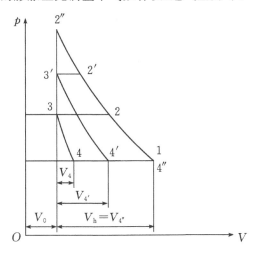

图 3-9　压力比对进气量的影响

令 $\lambda_v = 1-\alpha\left(\varepsilon^{\frac{1}{m}}-1\right)=0$,则

$$\varepsilon = \left(\frac{1}{\alpha}+1\right)^m \qquad (3-16)$$

取 $\alpha=0.1, m=1.2$,由式(3-16)有 $\varepsilon=17.8$,即当压力比为此值时,进气量为零。所以为了提高容积效率,就不能取太高的压力比,一般情况下压力比 $\varepsilon=3\sim4$,只有微小型或某些特殊压缩机压力比可在 8 以上。

事实上,对一些使用气体或者易燃、易爆气体的压缩机,压力比的选定不仅要考虑到压力比对容积系数的影响,更重要的是要考虑排气温度,以保证压缩机的安全运行。

(3)膨胀指数。当余隙容积和压力比一定时,由式(3-10)可知,膨胀指数 m 越小则容积系数 λ_v 越小。图 3-10 表示了容积系数 λ_v 随膨胀指数 m 的变化关系。当膨胀指数由 m 减

小到 m' 时,余隙容积中气体的膨胀占去气缸工作容积,余隙容积由 V_4 增加到 $V_{4'}$,膨胀指数减小到 m'' 时,气体膨胀至充满整个气缸,即膨胀的终了点 $4''$ 与活塞止点 1 的位置重合,压缩机不再进气。

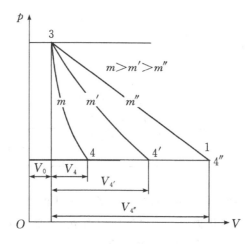

图 3 - 10 膨胀指数对容积系数的影响

膨胀指数的大小,取决于膨胀过程中传给气体热量的多少。膨胀是一个降温的过程,传给气体的热量多,膨胀过程趋于等温,膨胀指数就小;传给气体的热量少,膨胀指数大,膨胀过程趋于绝热。一般膨胀指数要比压缩过程指数小,这是因为在压缩机中,换热面积相同,但膨胀过程中气体量比压缩过程中的气体量少得多,所以膨胀过程中单位气体包含的散热面积比压缩过程中单位气体包含的散热面积大。另外,气缸接近缸盖部位及活塞表面温度都较高,膨胀过程温差大,其热交换比压缩过程强度大。膨胀指数由进气压力按经验值确定,表 3 - 2 给出了它们之间的关系式。

表 3 - 2 绝热指数与膨胀指数的关系

进气压力/10^5 Pa	膨胀指数经验公式	$k=1.4$ 时的膨胀指数
1.5	$m=1+0.5(k-1)$	1.20
1.5~4.0	$m=1+0.62(k-1)$	1.25
4.0~10	$m=1+0.75(k-1)$	1.30
10~30	$m=1+0.88(k-1)$	1.35
>30	$m=k$	1.40

膨胀指数的大小还取决于膨胀过程中是否存在漏气。由式(2 - 104),有漏气时的绝热过程方程式为

$$pV^{\frac{k}{1+mk}}=常数$$

式中:$m=\ln(\dfrac{M_3}{M_4})/\ln(\dfrac{p_4}{p_3})$。在膨胀过程中,如果气体由外界漏入气缸,这时 $M_3<M_4$,则膨胀指数 $m>0$,即 $\dfrac{k}{1+mk}<k$,这说明在不考虑热交换的情况下,有气体漏入时的过程指数小于无漏气时的过程指数。如果气体漏出气缸,这时 $M_3>M_4$,则膨胀指数 $m<0$,即 $\dfrac{k}{1+mk}>k$,说

明有气体漏出时的膨胀过程指数大于无漏气时的过程指数。

在压缩机实际工作过程中,热交换总是存在的,且热交换对膨胀过程指数的影响是主要的且起决定性的作用。

对于常用的气体,在相同的压力比 ε 和相对余隙容积 α 下,实际气体的容积系数大于理想气体的容积系数。这是因为,一般情况下压缩因子随压力的增加而增大,式(3-14)中的 $Z_3 > Z_1$。对于具有高临界温度的实际气体,在中、低压力条件下上述结论不一定正确。

3.3.3 压力系数

1.压力系数的计算式

由压力系数的定义可知

$$\lambda_p = \frac{V''_s}{V'_s} = 1 - \frac{\Delta V_2}{V'_s} \tag{3-17}$$

由图 3-7 可见,实际进气终了点 a 与名义进气压力(p_1)点 1 同处在压缩过程线上,因此应该满足压缩过程的过程方程式,即

$$\left(\frac{V_h + V_0 - \Delta V_2}{V_h + V_0}\right) = \left(\frac{p_a}{p_1}\right)^{\frac{1}{n}}$$

或

$$1 - \frac{\Delta V_2}{V_h + V_0} = \left(\frac{p_1 - \Delta p_a}{p_1}\right)^{\frac{1}{n}} \approx 1 - \frac{1}{n}\frac{\Delta p_a}{p_1}$$

即

$$\frac{\Delta V_2}{V_h + V_0} \approx \frac{1}{n}\frac{\Delta p_a}{p_1} \tag{3-18}$$

因为

$$V_h + V_0 = V_h(1+\alpha) = \frac{V'_s(1+\alpha)}{\lambda_v} \tag{3-19}$$

将式(3-19)代入式(3-18)得

$$\Delta V_2 \approx \frac{1}{n}\frac{\Delta p_a}{p_1}\frac{V'_s(1+\alpha)}{\lambda_v} \tag{3-20}$$

将式(3-20)代入式(3-17)得

$$\lambda_p \approx 1 - \frac{1+\alpha}{n\lambda_v}\frac{\Delta p_a}{p_1} \tag{3-21}$$

在压缩的初始阶段 $n > k$,在正常情况下 Δp_a 较小,取 $\alpha = 0.1$,$\lambda_v = 0.8 \sim 0.9$,则

$$\lambda_p \approx 1 - \frac{\Delta p_a}{p_1} \approx \frac{p_a}{p_1} \tag{3-22}$$

式(3-22)表示了压力系数的物理意义,即进气终了的压力与名义进气压力的比值,它反映了压力损失的大小和气缸工作容积的利用程度。利用式(3-22)近似计算的误差小于 5%。

2.气阀阀片运动规律

对压力系数的影响主要来自于气阀的阻力损失和管道的气流脉动,所以先简单讨论一下气阀运动情况。

活塞式压缩机几乎全部采用了自动阀,图 3-11 表示了自动阀的结构。如图所示,自动阀是借助气缸和阀腔之间微小的压力差而开启的,同时在进气或排气过程中,由于受到气流流经

气阀所产生的推力作用而保持在开启的位置。在气流停止流动后,它受到与气流推力方向相反的弹簧力而使其关闭。进、排气阀工作原理相同,现以进气阀为例。

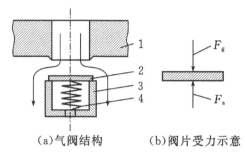

(a)气阀结构　　　　(b)阀片受力示意

1—阀座;2—启闭元件;3—升程限制器;4—弹簧

图 3-11　自动阀的结构

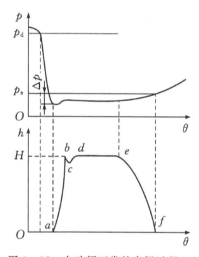

图 3-12　自动阀正常的启闭过程

在气体膨胀的终了,当气缸和阀腔形成的压力差 Δp 足以克服弹簧力和部分弹簧的重力时,阀片开启,气体通过缝隙进入缸内,并且在流入气体推力的作用下阀片继续开启直到撞至升程限制器,如图 3-12 中的 $a-b$ 线所示。若撞击的动能不能全部吸收时,则产生反弹力。若反弹力与弹簧力之和大于气流的推力,则阀片出现反弹现象,即返回阀座,如图中 $b-c$ 线所示。在正常情况下,反弹现象是轻微的,阀片又在气流推力作用下,再次贴到升程限制器上。经过一次反弹后可能出现第二次反弹,但此时的反弹力更小,气流推力又迫使阀片贴回升程限制器,如图中 $d-e$ 线所示,直到活塞接近内止点时,活塞速度降低,进气速度和气流推力也相应减小,当气流推力不足以克服弹簧力时,阀片便开始脱离升程限制器,向阀座方向运动,如图中 $e-f$ 线所示。理想的情况是活塞到达止点位置时,阀片也恰好落到阀座上,此时,吸气阀完成一次工作。面积 $a-b-c-d-e-f-a$ 称为时间截面,曲线 $abcdef$ 称为阀片的运动规律曲线。图 3-12 表示了理想的气阀工作过程。

如果弹簧力过强,正常情况下气缸和阀腔形成的压力差 Δp 不足以克服弹簧力,使气阀不能及时开启,即图中的 a 点后移,且阀片在阀座与升程限制器之间来回跳动而出现颤振现象。颤振现象不仅导致进气阻力大大增加,还会使得活塞未达到止点位置时就提前关闭,如图 3-13 所示。随着活塞继续向止点移动,被封闭的工作腔容积增大,气缸内的气体膨胀,活塞到达止点时的气缸实际压力低于气阀及时关闭时的压力。由于阀片的开启过程比正常时延缓,而关闭又较早,气阀的时间截面减小,流动阻力损失较大,且颤振也易造成弹簧和阀片的早期损坏,使气阀的工作寿命降低。

如果弹簧力过弱,阀片虽然开启迅速,阀片停留在升程限制器的时间延长,但阀片在活塞更接近止点位置时,气流达到更低一些速度时才开始关闭,导致活塞到达止点位置时阀片来不及贴合到阀座上而出现了滞后关闭现象,如图 3-14 所示。阀片延迟关闭时,一方面因活塞已经进入压缩行程,使吸入的气体倒流回进气管,导致进气量减少;另一方面阀片在弹簧力和气流推力同方向的共同作用下撞向阀座而产生噪声,造成阀片和阀座的磨损加剧,泄漏量增加,阀片寿命减小。对排气阀而言,则会使排出气体重新流入气缸,膨胀的气体量增加,减少了新鲜气体的进气量,气缸利用率减小。

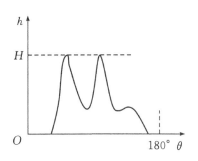

图 3-13 阀片颤振型的工作过程

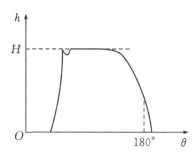

图 3-14 阀片延迟型的工作过程

3.影响压力系数的主要因素

影响压力系数的因素主要有以下两个。

(1)气阀弹簧力。当弹簧力较强时,阀片在较大的弹簧力作用下产生颤振,时间截面减小,造成较大的流动损失,进气压力线远远低于名义压力线,实际进气压力 p_a 小,λ_p 值当然就低。另外,过强的弹簧力还会使阀片提前关闭,导致气缸中的气体膨胀,使得实际进气终了的压力更低,λ_p 值进一步减小。因此,为了提高压力系数 λ_p,在气阀设计时选择合理的弹簧力,使实际进气终了值 p_a 尽量接近名义进气压力 p_1,如图 3-15 所示。

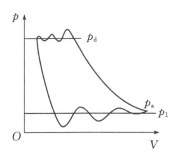

(a)进气终了气缸内压力处于波峰时

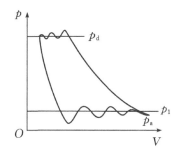

(b)进气终了气缸内压力处于波谷时

图 3-15 压力脉动对进气压力的影响

(2)管道中的气流脉动。管道中气流脉动影响着进气终了压力波的相位和波幅的大小。当进气终了压力波处于波峰时,则进气终了压力 p_a 就高,$p_a > p_1$,即起到增压的作用,压力系数 $\lambda_p > 1$,如图 3-15(a)所示;反之,若处于波谷时,进气终了的压力比名义进气压力小,即 $p_a < p_1$,这时压力系数 $\lambda_p < 1$。

一般情况下 λ_p 的取值范围:对于进气压力等于或接近大气压力的第一级,取 $\lambda_p = 0.95 \sim 0.98$,弹簧力较强、气阀通流面积较小时偏于下限;在增压压缩机的第一级和多级压缩机的第二级,因吸气压力较高,即使同样大小的压力损失,相对压力损失仍很小,这时 $\lambda_p = 0.98 \sim 1.0$;一般压缩机,从第三级开始,就可以认为 $\lambda_p \approx 1$。

由于气流脉动会导致管道的振动、引起功耗的增加以及使气阀的工作恶化等,因此一般要尽量减少压缩机中的气流脉动。

3.3.4　温度系数

1.温度系数的计算式

由温度系数的定义可知

$$\lambda_T = \frac{V_s}{V''_s}$$

由此可见,温度系数 λ_T 主要取决于进气过程中热交换对气缸进气能力的影响。进气过程中加热气体的热源主要有:① 具有较高温度的进气腔及进气通道壁面、气阀通道表面、气缸壁面及活塞顶端面;②进气过程中由于压力损失所消耗的功转化为热量传给气体。

由于影响 λ_T 的因素很多,很难用精确的公式定量地表明这些因素间的关系。工程计算中,可以采用图 3-16 来查取 λ_T 的值。图中Ⅰ区适合于具有较小绝热指数的多原子气体,由于排气温度较低,气缸壁面与进气温度差小,可以选取较高的 λ_T。Ⅱ区适合于气缸不冷却的制冷压缩机。Ⅲ区适合于进气温度低于-25℃的制冷压缩机。

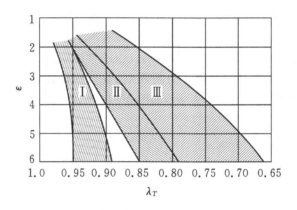

图 3-16　温度系数 λ_T 与压力比 ε 之间的关系

2.影响温度系数的因素

影响温度系数的因素很多,其主要因素是气体性质及气缸壁面的温度,而缸壁温度又与压力比及气缸冷却程度有关。

(1)气体性质的影响。导热性好的气体会促进热交换的进行,因此 λ_T 略低。如氢气、氮氢混合气及其它含有大量氢气成分的混合气体等。对于具有低绝热指数的气体,压缩终了时温度较低,因此气缸壁面温度低,λ_T 略高。

(2)压力比的影响。压力比较高时,相应的排气温度就高,导致缸壁与新鲜气体间有较大温差,故热交换强烈,使 λ_T 较低。

(3)冷却程度的影响。气缸冷却状况良好,尤其是进气腔附近冷却较好,就会使缸壁、阀腔壁面温度低,传给气体的热量就少,则 λ_T 就高些;若气阀采用组合阀时,阀腔壁面温度高,吸热的新鲜气体受到的加热量大,λ_T 就低。

(4)转速的影响。压缩机转速高,热量来不及进行充分的交换,λ_T 就高些;当转速较低时,热量有较为充分的交换,λ_T 就低些。

(5)阻力损失的影响。对于气阀和管道阻力损失大的压缩机,压力损失消耗的功转变为热量传给气体,λ_T 就低些。

(6)结构尺寸的影响。当活塞行程 S 与气缸直径 D 之比一定时,气缸直径大,单位气体量包含的换热面积小,λ_T 就大些,反之就小些。当压缩机的行程容积一定时,行程 S 增加,气缸直径 D 和活塞顶部面积减少,热交换不充分,λ_T 就大些,但如果减小行程 S,气缸直径 D 就大,活塞顶部的面积大,由于有较大的换热面积,使得热交换充分,λ_T 就小些。

3.4 级的实际循环指示功

级的实际循环指示功包括压缩气体所消耗的机械功和克服阻力所消耗的功,它可以用实际循环指示图的面积来表示。因此,对已有的压缩机,可以采用测量实际的指示图,然后用指示图的面积计算指示功的方法;对于新设计的压缩机,可以用分析法来计算指示功。

3.4.1 实际测试法

如果已经测量了压缩机实际循环指示图,如图 3-17 所示,先确定压力的比例尺 m_p(Pa/m),再确定实际指示图的面积 f_i(m^2)和图形的长度 s(m)(即活塞行程),然后求出其平均压力 p_{im}

$$p_{im} = m_p \frac{f_i}{s_i} \text{(Pa)} \qquad (3-23)$$

指示功为

$$W_i = p_{im} A_p S \text{(J)} \qquad (3-24)$$

式中:A_p 为活塞的截面积(m^2)。

当指示图为 $p-\theta$ 图时,如图 3-18 所示,先依据计算精度按照一定的转角间隔将横坐标分为 N 个等分,将每个对应转角下的压力 p_i 相加,然后根据下式求出平均压力 p_{im}

$$p_{im} = \frac{1}{N+1} \sum_{i=1}^{i=N} p_i \text{(Pa)} \qquad (3-25)$$

指示功为

$$W_i = 2 p_{im} A_p S \text{ (J)} \qquad (3-26)$$

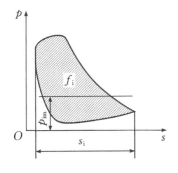

图 3-17 压缩机实际循环指示图

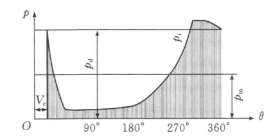

图 3-18 压力转角图

3.4.2 分析法

先将实际循环指示图 3-1 予以简化,简化时首先用平均的进、排气压力损失 Δp_s 和 Δp_d 线代替变化的进、排气过程波浪线,如图 3-19 所示。然后用恒定的过程指数代替变化的过程指数。将求出的过程指数代入式(2-70)中,求出指示功的值。

1.过程指数求取方法

恒定的过程指数求取方法如本章 3.2 所介绍的有两种,即等端点法和等功法。现分别介绍具体的求取方法。

(1)等端点法。等端点法即保持简化后的指示图各过程端点位置与实际循环指示图相同，以获取过程指数。如图 3-20 所示,压缩过程恒定过程指数根据压缩过程方程式

$$p'_s V_a^n = p'_d V_b^n$$

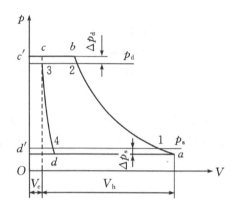

图 3-19 实际循环指示图的简化

可求出

$$n = \frac{\lg \dfrac{p'_d}{p'_s}}{\lg \dfrac{V_a}{V_b}} \tag{3-27}$$

或者

$$n = \frac{\lg \dfrac{p'_d}{p'_s}}{\lg \dfrac{p'_d}{p'_s} - \lg \dfrac{T_b}{T_a}} \tag{3-28}$$

同理,对于膨胀过程的恒定过程指数,根据膨胀过程方程式

$$p'_d V_c^m = p'_s V_d^m$$

可求出

$$m = \frac{\lg \dfrac{p'_d}{p'_s}}{\lg \dfrac{V_d}{V_c}} \tag{3-29}$$

或者

$$m = \frac{\lg \dfrac{p'_d}{p'_s}}{\lg \dfrac{p'_d}{p'_s} - \lg \dfrac{T_c}{T_d}} \tag{3-30}$$

使用等端点法求恒定过程指数时,各过程终点(a,b,c,d)是计算状态参数中的关键点,保证了各端点相等就保证了过程指数计算的准确度。但由图 3-20 看出,使用等端点计算出的指示图面积较实际指示图面积小,即计算出的指示功较实际指示功小,但进气量未发生变化,

所以这种简化也往往用于求取压缩机的进气量。

（2）等功法。等功法是保持所简化的指示图与实际指示图面积相等，以求得恒定过程指数，如图3-20所示。

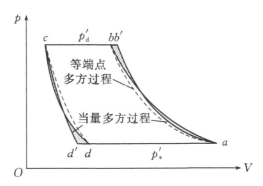

图3-20　求取恒定的过程指数

自点a和点c分别作两条定值多方过程曲线$a—b'$和$c—d'$，使过程线交叉处的两部分阴影面积相等，这种用等功法求得的指数也称为当量过程指数。为计算方便起见，取压缩过程指数n与膨胀过程指数m相等，对低压级，取$n=m=(0.95\sim0.99)k$，对中、高压级取$n=m=k$。

由图3-20可见，这种依据等功法求取过程指数的方法使过程点与实际情况有些出入，计算出的排气量较实际循环要大。

2.指示功的计算

确定了过程指数后，即可求出指示功的大小。如图3-19所示，指示图的面积$a—b—c—d—a$可以认为是面积$a—b—c'—d'—a$与面积$d—c—c'—d'—d$之差，根据式(2-71)，理想气体的循环指示功为

$$W_i = \int_a^b V\mathrm{d}p - \int_d^c V\mathrm{d}p$$
$$= p'_s V_a \frac{n}{n-1}\left[\left(\frac{p'_d}{p'_s}\right)^{\frac{n-1}{n}} - 1\right] - p'_s V_d \frac{m}{m-1}\left[\left(\frac{p'_d}{p'_s}\right)^{\frac{m-1}{m}} - 1\right] \tag{3-31}$$

因为$V_c = \alpha V_h$，$V_d = \alpha V_h \left(\frac{p'_d}{p'_s}\right)^{\frac{1}{m}}$，$V_a = (1+\alpha)V_h$。

假设压缩与膨胀过程指数相等，即$m=n$，并且令实际的压力比$\varepsilon' = \dfrac{p'_d}{p'_s}$，式(3-31)就可以简化为

$$W_{is} = p'_s V_h\left[1 - a(\varepsilon'^{\frac{1}{n}} - 1)\right]\frac{n}{n-1}(\varepsilon'^{\frac{n-1}{n}} - 1) \tag{3-32}$$

实际压力比为

$$\varepsilon' = \frac{p'_d}{p'_s} = \frac{p_d\left(1 + \dfrac{\Delta p_d}{p_d}\right)}{p_s\left(1 - \dfrac{\Delta p_s}{p_s}\right)} \tag{3-33}$$

令$\dfrac{\Delta p_d}{p_d} = \delta_d$，称为排气相对压力损失；$\dfrac{\Delta p_s}{p_s} = \delta_s$，称为进气相对压力损失。

将其代入式(3-33)，有

$$\varepsilon' = \frac{p_d'}{p_s'} = \varepsilon \frac{(1+\delta_d)}{(1-\delta_s)} \tag{3-34}$$

式中：δ_0 为进、排气过程中总的压力损失，当忽略高阶微量 $\delta_s\delta_d$ 和 δ_s^2 时，总的相对压力损失为 $\delta_0 = \delta_s + \delta_d$，即 $\varepsilon' = \varepsilon(1+\delta_0)$。

取

$$\lambda_v \approx 1 - \alpha\left(\varepsilon'^{\frac{1}{n}} - 1\right) \tag{3-35}$$

将式(3-34)和式(3-35)代入式(3-32)，则理想气体实际循环指示功计算公式为

$$W_i = (1-\delta_s)p_s\lambda_v V_h \frac{n}{n-1}\left\{\left[\varepsilon(1+\delta_0)\right]^{\frac{n-1}{n}} - 1\right\} \tag{3-36}$$

对于实际气体，考虑到压缩性系数，实际循环指示功的计算公式为

$$W_i = (1-\delta_s)p_s\lambda_v V_h \frac{n_T}{n_T-1}\left\{\left[\varepsilon(1+\delta_0)\right]^{\frac{n_T-1}{n_T}} - 1\right\}\frac{Z_s+Z_d}{2Z_s} \tag{3-37}$$

3.指示功计算误差

式(3-36)与式(3-37)是压缩机性能计算中的常用公式。在公式推导时曾作过一些简化，这些简化是造成计算误差的主要原因。

(1)压缩指数 n 与膨胀指数 m 差异形成的误差。为简化起见，仅研究理想气体实际循环指示功。式(3-36)假设了 $m=n$，但实际上，膨胀指数一般要比压缩指数小，这时余隙容积的气体膨胀所得到的循环功率为面积 3'—5—6—4—3'，而要将膨胀终点的气体再压缩到排气压力时消耗的循环功率为面积 4—3—5—6—4，如图3-21所示，显然多消耗了阴影面积所示的功率。当然多消耗的功率，即阴影面积的大小还与余隙容积值有关。假设压力比 $\varepsilon=3$，进气压力为常压，对

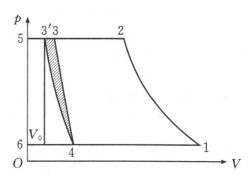

图 3-21　压缩指数与膨胀指数差异形成的误差

于介质为空气的压缩机，若相对余隙容积 $\alpha<15\%$，则由过程指数不同引起的误差小于5%。所以设计中，加强气缸的冷却条件，降低压缩指数 n，不仅可以减小功耗，还可以提高计算精度。

(2)相对压力损失的高阶微量。式(3-36)忽略了高阶微量 $\delta_s\delta_d$ 和 δ_s^2 的影响。即使在相对压力损失最大的低压级和正常压力比情况下，忽略高阶微量引起的误差不足0.1%，由此可见，高阶微量的忽略不会对计算结果产生太大影响。但相对压力损失增加会增加功耗和减少气缸的利用率。

4.相对压力损失

压缩机设计计算时，不能确定进、排气过程压力损失，根据经验公式由图3-22查取。图中的曲线是按照进、排气过程总的压力损失 δ_0 求出的，$\delta_0 = \delta_s + \delta_d$，$\delta_s = \Delta p_s/p_s$，$\delta_d = \Delta p_d/p_d$，实线为 $\delta_0 = 7.6/p^{0.3}$，虚线为 $\delta_0 = 2.67/p^{0.25}$，对于大、中型压缩机，按照虚线选取；小型压缩机按照实线选取。进气相对压力损失 $\delta_s = 0.3\delta_0$，排气相对压力损失 $\delta_d = 0.7\delta_0$。由于在排气过程中除了考虑排气阀损失外，还要考虑级间冷却器和气液分离器等设备，因此排气相对压力损失所占的百分数较进气相对压力损失要大。

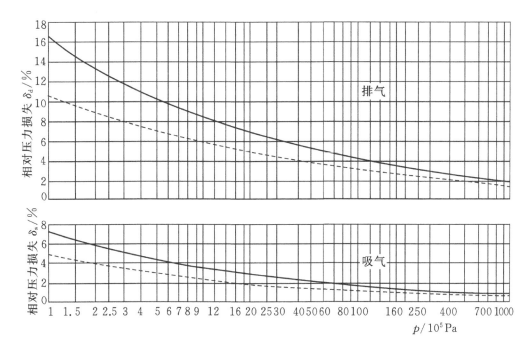

图 3-22　相对压力损失参考值

5.影响指示功的因素

由式(3-36)与式(3-37)可以看出实际循环指示功的大小与进气压力 p_s、压力比 ε、行程容积 V_h 以及压缩性系数 Z_1 和 Z_2 有关,而这些参数是由设计任务和气体性质所确定的;同时还与压力损失 δ_0、过程指数 n、压力系数和温度系数、气体泄漏等有关。

(1)压力损失的影响。进、排气过程中气体的压力损失,主要来自气阀、管道、冷却器、气液分离器、滤清器和气流脉动等。总的压力损失 δ_0 越大,则压缩机的循环指示功越大。对于进气过程中的压力损失 δ_s,由式(3-37)看出,当进气相对压力损失增加时,实际循环指示功减少,但是它的减小导致了实际进气压力 p_s' 减小,换算到进口状态的名义压力 p_1 下的气量减小,单位气量的耗功还是增加的。所以减少进、排气过程中所有阻力元件的压力损失是提高压缩机性能的一个重要因素。根据统计,一般情况下克服气阀中的阻力所消耗的功占总指示功的 4%～9%,而工作性能差的气阀所消耗的功要占到总指示功的 15%～20%,由此可看出气阀设计的关键所在。

(2)过程指数的影响。在同样的气量下,过程指数 n 大,则功耗大,而过程指数则取决于结构、气体性质和运行参数,在气体性质和运行参数一定时,加强气缸与外界的热交换是减少功耗的根本措施。

(3)压力系数及温度系数的影响。由式(3-4)和式(3-36)可知,压缩机实际循环指示功与 $\lambda_v V_h$ 成正比,但 $\lambda_v V_h$ 与进气量的关系为 $\lambda_v V_h=(V_s/\lambda_p\lambda_T)$,当进气量为定值,降低温度系数 λ_T 和压力系数 λ_p,则功耗增加;而如果 $\lambda_v V_h$ 为定值,即功耗不变,降低温度系数 λ_T 和压力系数 λ_p,则进气量下降,这意味着单位气量所消耗的功增加了,因此提高 λ_T 和 λ_p 不仅能降低功耗,还可以提高气缸的利用率。

(4)泄漏的影响。过程中总是存在气体的泄漏,由第 2 章讨论可知,当气体漏出气缸,循环指示功是减少的,但相应的排气量也下降,而摩擦磨损所消耗的功率不变,因此单位气量的耗功是增加的;当气体漏入气缸时,很明显功率是增加的,所以减少气体的泄漏是提高压缩机性能的措施之一。

3.5 多级压缩

压缩机的级是指持续完成一个循环的工作单元,多级压缩,就是将气体依次引入多个气缸,并且在进入下一级前必须经过级间冷却器进行冷却,这就是多级压缩的概念。图 3-23 表示了三级压缩的示意图。

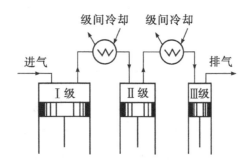

图 3-23 三级压缩示意图

3.5.1 多级压缩的理由

1.提高压缩机的经济性

由第 2 章讨论可知,气体实现等温压缩最省功,但在实际压缩机中,很难实现等温压缩。尤其对于高转速压缩机来说,压缩过程热量来不及与外界交换,所以基本趋于绝热过程。以单级压缩和两级压缩为例,比较指示功的大小。如图 3-24 所示,绝热过程和等温过程相差的功可以用两条压缩过程线之间所围成的面积表示。曲线 1—2′表示等温压缩过程线,曲线 1—2 为实际压缩过程线,曲线 1—a—a″—2‴为两级压缩回冷不完善压缩

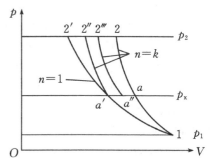

图 3-24 单级与两级压缩指示图

过程线,曲线 1—a—a′—2″为两级压缩回冷完善压缩过程线。由图可见,曲线 a—2—2‴—a″—a 所围成的面积是两级压缩回冷不完善比单级压缩节省的指示功,曲线 a—2—2″—a′—a 所围成的面积是两级压缩回冷完善比单级压缩节省的指示功。图 3-24 说明了两个事实:第一,随着压力比的增大,两级压缩比单级压缩指示功的面积小,由此也说明分级越多,压缩过程越接近等温过程,越省功;第二,省功的程度与级间冷却效果有很大的关系。一般将级间气体冷却到第一级的进气温度称为回冷完善度,大多数压缩机级间冷却后的气体温度,可比第一级的进气温度高 5~10 ℃,但随着地域与季节的变化,也可能出现冷却后的气体温度低于第一级的进气温度。理论上进气温度每增加 3℃,则压缩机下一级的耗功增加 1%。

2.降低排气温度

由式(2-72)可知,压缩机的排气温度是与压力比的 $(n-1)/n$ 次方成正比的,从压缩机安全运行的角度考虑,各种介质的压缩机对排气温度均作了严格的限制,特别对于易燃、易爆的气体,其排气温度不允许超过安全工作温度。所以,要严格限制各级的压力比,以控制各级的排气温度。

3.提高容积系数

由式(3-10)可知,容积系数 λ_v 随压力比的提高而降低。在压力比足够高时,其容积系数 $\lambda_v = 0$。如 $\alpha = 0$,$m = 1.2$,当压力比 $\varepsilon = 17.8$ 时,压缩机的进气量就为零。事实上,压力比在远没有这样大时,过高的排气温度已限制了压缩机的安全工作了。由此可见,单级压缩无法达到较高的压力,只有采用多级压缩才能发挥活塞式压缩机能达到极高气体压力的特点。

此外,由式(3-4)知,多级压缩机常常有意识地降低从常压进气的第一级压力比,使第一级的容积系数提高,以减小第一级气缸的尺寸。

4.降低作用在活塞上的气体力

级数对作用在活塞上的气体力有着很大的影响,为了说明级数和气体力的关系,图 3-25 表示了两台容积流量相同的压缩机气体力计算示意图。假设两台压缩机的转速和行程均相同,并且都将空气从 0.1 MPa 压缩至 0.9 MPa(绝对压力),其中一台为单级压缩,其压力比 $\varepsilon = 9$;另一台是两级压缩,按等压比分配,两级的压力比均为 $\varepsilon_i = 3$,并假设级间冷却完善。

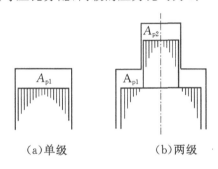

(a)单级　　　　(b)两级

图 3-25　单级和两级压缩的气体力作用示意图

单级活塞面积为 A_{p1},活塞处于上止点时,作用在活塞上的气体力为
$$F_1 = (0.9 - 0.1) \times 10^6 A_{p1} = 8 \times 10^5 A_{p1}$$

两级压缩时,第一级和第二级的活塞面积分别为 A_{p1} 和 A_{p2},按照所给定的条件,$A_{p1}/A_{p2} = \varepsilon_1 = \varepsilon_2 = 3$,活塞在上止点时,作用在活塞上的气体力为
$$F_2 = (0.3 - 0.1) \times 10^6 A_{p1} + (0.9 - 0.1) \times 10^6 A_{p2} = 4.67 \times 10^5 A_{p1}$$

显然 F_2 比 F_1 减少了约 40%。

作用在活塞上的气体力减少,也相当于减少了作用在运动机构上的作用力,使整个运动机构重量减轻,此外,通过各级压力比的合理配置,可以使运动机构受力均匀,摩擦磨损降低,提高了机械效率。

但是,过多的级数又会使机器结构复杂和笨重,且制造成本增加,易损件数量增加,压缩机的可靠性降低,级间管路增加,导致压力损失增加,耗功增加。

3.5.2　级数的选择

1.级数选择的原则

级数的多少首先以最省功为原则,尤其对于大型连续运转的压缩机而言省功尤其重要;另外要考虑到压缩机可靠性高;同时要考虑到制造成本低,尤其对于微小型压缩机;一些用于特殊气体的压缩机对排气温度要求极为严格,故级数的多少还取决于对排气温度的限制。

2.压力比对压缩机指示功的影响

理论上,当压缩机的级数增加时,压缩过程更加趋近于等温过程,即压缩过程耗功减小,但级数的增加必然会带来级间管道的压力损失,所以级数的选择要兼顾这两个因素的影响。以单级压缩机为例,说明压力比对指示功的影响,找出最佳压力比,然后确定级数。假设实际压缩过程与等温压缩过程指示功的差值以 L_Δ 表示,级间的压力损失所消耗的功以 ΔL 表示。随着级数的增加,L_Δ 增加,而每级的 ΔL 则不论级的压力比是高或低基本不变,如图 3-26 所示。所以通过比较 L_Δ 和 W_{is} 随着级数增加而增加的程度就可以确定级数的多少。

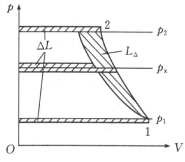

图 3-26 级数对指示图的影响

为了评价压缩机的经济性,引入等温指示效率 η_{i-is} 的概念,即级的等温压缩理论循环指示功 W_{is} 与实际循环指示功 W_i 的比值为

$$\eta_{i-is} = \frac{W_{is}}{W_i} \tag{3-38}$$

将等温指示效率表示为

$$\eta_{i-is} = \frac{W_{is}}{W_{is} + L_\Delta + \Delta L} \tag{3-39}$$

如图 3-27 所示,当压力比由图 3-27(a)增加到图 3-27(b)时,等温指示功增加 ΔW_{is},而非等温指示功增加 L'_Δ,此时,等温指示效率为

$$\eta_{i-is} = \frac{W_{is} + \Delta W_{is}}{(W_{is} + \Delta W_{is}) + (L_\Delta + L'_\Delta) + \Delta L} \tag{3-40}$$

如果压力比继续增加,如图 3-27(c)所示,等温指示功增加 $\Delta W'_{is}$,而非等温指示功增加 L''_Δ,此时,等温指示效率为

$$\eta_{i-is} = \frac{W_{is} + \Delta W_{is} + \Delta W'_{is}}{(W_{is} + \Delta W_{is} + \Delta W'_{is}) + (L_\Delta + L'_\Delta + L''_\Delta) + \Delta L} \tag{3-41}$$

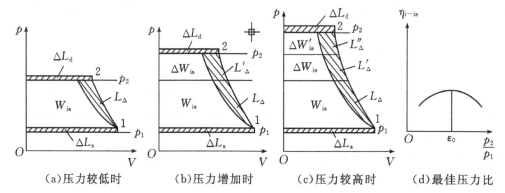

（a）压力较低时　　（b）压力增加时　　（c）压力较高时　　（d）最佳压力比

图 3-27 等温指示效率随压力比变化情况示意图

比较图 3-27 中的(a)、(b)和(c)以及式(3-39)~(3-41),可以看出等温指示效率随着压力比的变化如下。

(1)压力比较低时,L_Δ 较小,而 ΔL 相对较大,ΔL 对 W_i 影响较大,所以 η_{i-is} 较小。

(2)压力比有所增加,则 L_Δ 的影响显著了,而 ΔL 值基本不变,但此时 L_Δ 的增量 L'_Δ 却小于 W_{is} 的增量 ΔW_{is},即 $L'_\Delta < \Delta W_{is}$,所以 η_{i-is} 比低压比时增加;当压力比继续增加直到某一值时,虽然 L_Δ 也在继续增加,但其影响却相对减小,也就是说,L_Δ 增量与 W_{is} 的增量已经非常

接近,所以 η_{i-is} 已经达到最大值。

(3)压力比继续增加,L_Δ 继续增加,且 L_Δ 增量 L''_Δ 比 W_{is} 的增量 $\Delta W'_{is}$ 大,即 $L''_\Delta > \Delta W'_{is}$,而 ΔL 值基本不变,所以 η_{i-is} 开始降低。

由此,对于单级的压缩机来说,存在一个使得 η_{i-is} 为最大的压力比,即最佳压力比,如图 3-27(d)所示。

3.最佳级数的选择

(1)依据最省功原则。对于单级压缩机最佳压力比 ε_0 可以通过使($\partial\eta_{i-is}/\partial\varepsilon$)=0,为讨论简单起见,以理想气体等温过程为例,由式(2-81)和式(3-36)可知

$$W_{is} = p_1 V_1 \ln\varepsilon$$

$$W_i = (1-\delta_s) p_s \lambda_v V_h \frac{n}{n-1}\{[\varepsilon(1+\delta_0)]^{\frac{n-1}{n}} - 1\}$$

由图 3-7 和图 3-19 有 $p_1 = p_s$,$p'_s = (1-\delta_s) p_s$,$V'_s = \lambda_v V_h$,$V_1 = V''_s = \lambda_v \lambda_p V_h$,而 $p_a = p_1 \lambda_p$,$p_a = p'_s$,有 $(1-\delta_s)p_s = p_1\lambda_p$,因此 $(1-\delta_s)p_s\lambda_v V_h = p_1\lambda_p\lambda_v V_h = p_1 V_1$,将此式代入式(3-38)有

$$\eta_{i-is} = \frac{W_{is}}{W_i} = \frac{\ln\varepsilon}{\dfrac{n}{n-1}\{[\varepsilon(1+\delta_0)]^{\frac{n-1}{n}} - 1\}} \tag{3-42}$$

对式(3-42)求导,并令 $\partial\eta_{is}/\partial\varepsilon = 0$,得到最佳压力比 ε_0 应满足

$$\varepsilon_0^{\frac{n-1}{n}}(1 - \frac{n}{n-1}\ln\varepsilon_0) = \frac{1}{(1+\delta_0)^{\frac{n-1}{n}}} \tag{3-43}$$

图 3-28 是根据式(3-43)绘制的诺莫图,根据该图可以很方便地查出在不同压力损失和过程指数时的最佳压力比 ε_0。由图可以看出,当 δ_0 一定时,压缩指数小,则最佳压力比高;若压缩指数一定时,压力损失越大,则最佳压力比就越大。

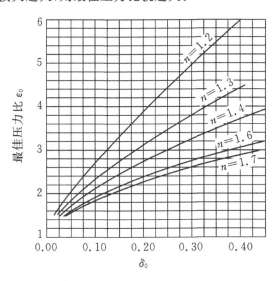

图 3-28 ε_0 与 δ_0 及 n 之间的关系

确定了最佳压力比 ε_0,然后可以根据总的压力比 ε 求出压缩机的级数

$$z = \frac{\ln\varepsilon}{\ln\varepsilon_0} \tag{3-44}$$

式中：z 为压缩机级数；ε 为总的压力比，其值由设计工况确定，即 $\varepsilon=p_d/p_s$，p_d 为最终排气压力，p_s 为第一级的进气压力。

多级压缩机也可参阅图 3-29 按照等温指示效率选取级数。该图在计算时取第一级后的冷却不完善度为 10 ℃，各级为绝热压缩，相对压力损失取图 3-22 中的平均值。

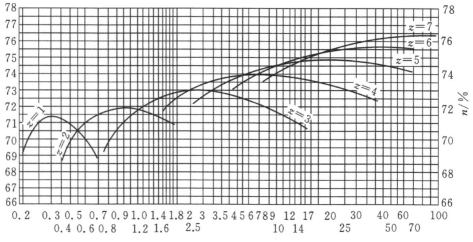

图 3-29　不同级数等温指示效率曲线

（2）依据制造成本低和结构简单原则。对于小型压缩机主要考虑成本低和结构简单为主要因素，其单级压力比允许高些，一般取 $\varepsilon=8\sim12$；实际压缩机，在考虑到各种因素后，其级数与压力之间的关系可参考表 3-3。

表 3-3　级数与排气压力关系（进气压力为 0.1 MPa）

级数	1	2	3	4	5～6	7
排气压力/MPa	0.3～1.0	0.5～6.0	1.3～15	3.6～40	15～100	80～150

（3）依据温度限制原则。对于各种气体的压缩机，由于种种原因，对排气温度有着严格的限制，其级数的选择，要根据各种气体的安全工作温度来合理选择级数，并进行各级排气温度的校核，如表 3-4 所示。

表 3-4　特殊气体压缩机排气温度限制值

气体名称			限制温度/℃	限制理由
空气	气缸有油润滑	矿物油	160	润滑油黏性降低，轻质馏分易挥发形成积炭
		合成油	200～250	合成油黏性降低，轻质馏分易挥发形成积炭
	气缸无油润滑		160	填充氟塑料活塞环变形
氮、氢混合气	有油润滑		160	润滑油黏性降低，轻质馏分易挥发形成积炭
	无油润滑		160	填充氟塑料活塞环变形
氢气			140	填充氟塑料活塞环变形
氧气			140	为无油润滑，密封材料要求，降低氧的氧化性能
氯气	干		130	电化腐蚀作用加剧
	湿		100	氧化腐蚀作用加剧

气体名称	限制温度/℃	限制理由
乙烯、乙炔	100	防止不饱和烃高温时可能分解和聚合,生成炭黑和氢
丙烷、丁烷	100	高温时会聚合成白色乳状物,阻塞气阀通道
含 C_4、C_5 等的重碳氢气	80~100	同上,如丁二烯 85 ℃时会聚合,排气温度限制为 80 ℃
氨气	145~150	防止温度高时润滑油结焦
氯化氢	110	防止温度高时腐蚀加剧

3.5.3 压力比的选择

确定级数以后,各级压力比分配原则仍以省功为主。

1.等压比分配

对于一台 z 级压缩的压缩机,假设进气压力为 p_1,排气压力为 p_d,为了理论分析的方便,假设压缩机各级的回冷完善,压缩过程为绝热压缩,压缩介质为理想气体,并忽略余隙容积影响(或认为各级余隙容积相等),则此压缩机理论循环指功应是各级的指示功之和,即

$$W_i = W_{i1} + W_{i2} + W_{i3} + \cdots + W_{iz}$$

由式(2-80)可知,理论循环指示功为

$$W_i = \frac{k}{k-1} p_1 V_1 \left[\left(\frac{p_{x1}}{p_1} \right)^{\frac{k-1}{k}} - 1 \right] + \frac{k}{k+1} p_{x1} V_{x1} \left[\left(\frac{p_{x2}}{p_{x1}} \right)^{\frac{k-1}{k}} - 1 \right] + \cdots + $$

$$\frac{k}{k-1} p_{x(z-1)} V_{x(z-1)} \left[\left(\frac{p_z}{p_{x(z-1)}} \right)^{\frac{k-1}{k}} - 1 \right] \tag{3-45}$$

式中:p_{xi} 为各级间压力,($i = 1 \sim z-1$),前一级的排气压力等于后一级的进气压力。

因为回冷完善,又是理想气体,有 $p_1 V_1 = p_{x1} V_{x1} = p_{x2} V_{x2} = \cdots = p_{xz} V_z$,代入式(3-45)整理后有

$$W_i = \frac{k}{k-1} p_1 V_1 \left[\left(\frac{p_{x1}}{p_1} \right)^{\frac{k-1}{k}} + \left(\frac{p_{x2}}{p_{x1}} \right)^{\frac{k-1}{k}} + \cdots + \left(\frac{p_d}{p_{x(z-1)}} \right)^{\frac{k-1}{k}} - z \right] \tag{3-46}$$

为了求最省功的各级压力比,将式(3-46)分别对各级间压力求一阶偏导数并令其等于零,即 $\frac{\partial W_i}{\partial p_{x1}} = 0$,有

$$\frac{k-1}{k} p_1^{-\frac{k-1}{k}} p_{x1}^{\frac{1}{k}} - \frac{k-1}{k} p_{x2}^{\frac{k-1}{k}} p_{x1}^{-\frac{2k-1}{k}} = 0 \tag{3-47}$$

将式(3-47)化简整理有

$$p_{x1}^2 = p_1 p_{x2}$$

或者

$$\frac{p_{x1}}{p_1} = \frac{p_{x2}}{p_{x1}}$$

同理对 p_{x2} 和其它各级的级间压力求导,并令 $\frac{\partial W_i}{\partial p_{xi}} = 0$($i = 2, 3, \cdots, z-1$)得到

$$p_{x2}^2 = p_{x1} p_{x3}$$

或者

$$\frac{p_{x2}}{p_{x1}}=\frac{p_{x3}}{p_{x2}}$$

$$p_{x3}^2=p_{x2}\,p_{x4} \quad \text{或者} \quad \frac{p_{x3}}{p_{x2}}=\frac{p_{x4}}{p_{x3}}$$

$$\vdots \qquad\qquad \vdots$$

$$p_{xz}^2=p_{x(z-1)}\,p_d \quad \text{或者} \quad \frac{p_{xz}}{p_{x(z-1)}}=\frac{p_d}{p_{xz}}$$

由此得出

$$\frac{p_{x1}}{p_1}=\frac{p_{x2}}{p_{x1}}=\frac{p_{x3}}{p_{x2}}=\cdots=\frac{p_{x(z-1)}}{p_{x(z-2)}}=\frac{p_d}{p_{x(z-1)}}$$

总的压力比为

$$\varepsilon=\frac{p_{x1}}{p_1}\cdot\frac{p_{x2}}{p_{x1}}\cdot\frac{p_{x3}}{p_{x2}}\cdot\cdots\cdot\frac{p_{x(z-1)}}{p_{x(z-2)}}\cdot\frac{p_d}{p_{x(z-1)}}=\frac{p_d}{p_1}$$

各级的压力比为

$$\varepsilon_1=\varepsilon_2=\cdots=\varepsilon_z=\varepsilon^{\frac{1}{z}} \tag{3-48}$$

式(3-48)说明,对于 z 级压缩的压缩机,总指示功最小的条件是各级压力比相等并等于总压力比的 z 次方根。例如,当压缩机为二级压缩时,其各级的压缩比为

$$\varepsilon_1=\varepsilon_2=\varepsilon^{\frac{1}{2}}$$

由此,对于两级压缩机,当各级的压力比相等并等于总压力比的平方根时,可获得最小的循环指示功。图 3-30 为进气压力为常压,在不同排气压力下和不同级数时的等压比分配诺莫图。

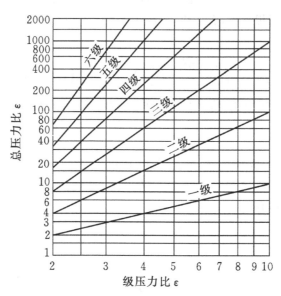

图 3-30　等压比分配图

对于实际气体进行压力比分配时,必须顾及压缩性系数 Z 的影响,压缩性系数 $Z>1$,则耗功增加,$Z<1$ 时耗功减小。Z 值取决于气体性质、对比态参数等,故只有按等压力比分配后

再进行适当调整,以求得各级指示功相等,只有各级指功相等,才能使总指示功最小。要想获得实际气体的最佳压力比分配的分析式是较困难的。

2.考虑各种因素的压力比修正

理论分析中得到的等压力比分配原则是完全理想情况,实际压缩机中存在压力损失、回冷不完善、余隙容积、热交换及介质的压缩性系数等,应在压力比分配中予以考虑。

(1)为了降低压缩机的排气温度。由于存在回冷不完善,使得其余各级进气温度高于第一级的进气温度,并且随着级数的增加和换热面积的减少而导致压缩过程更接近绝热过程。为保证其余各级的排气温度不致过高,应适当增加第一级的压力比及降低高压级压力比,第一级的压力比可取

$$\varepsilon_1 = (1.05 \sim 1.10)\sqrt[z]{\varepsilon} \tag{3-49}$$

(2)为了减小压缩机的功耗。由图 3-22 可以看出,随着压力的增加,相对压力损失 δ 值降低,若低压级取较高压力比,则中间压力就高,但相对压力损失可以减小,从而使功耗降低。因此为了减小功耗,第一级压力比可取

$$\varepsilon_1 = (1.05 \sim 1.10)\sqrt[z]{\varepsilon} \tag{3-50}$$

(3)为了提高容积效率。气体的泄漏随着压力的提高而增加,将第一级的压力比适当取小些,从而提高容积效率,减小第一级的气缸直径,通常取为

$$\varepsilon_1 = (0.90 \sim 0.95)\sqrt[z]{\varepsilon} \tag{3-51}$$

(4)考虑余隙容积调节。当采用余隙容积调节,而末级又没有设置余隙容积时,为了控制末级排气温度不致过高,末级的压力比应适当取低些,一般为

$$\varepsilon_i = (0.85 \sim 0.95)\sqrt[z]{\varepsilon} \tag{3-52}$$

(5)考虑到活塞力的平衡。为了调整各级活塞力的平衡,最大限度的利用活塞杆、连杆、曲轴等零部件的强度和刚度,必须考虑破坏等压比分配的原则,以服从各级活塞力平衡来调整各级的压力比。

第4章 压缩机的热力性能

　　活塞式压缩机的热力性能参数主要是指容积流量、排气压力、排气温度、功率和效率等。压缩机的热力性能表征压缩机的热力特性,是压缩机研究的一个重要方面。本章将介绍这些热力性能参数的定义、影响因素以及改善热力性能的方法。

4.1　容积流量

4.1.1　容积流量的定义

　　压缩机的容积流量,通常是指单位时间内,将压缩机最后一级排出的气体量换算到第一级进口状态的压力和温度时的气体容积值,习惯上也称为排气量,其单位为 m³/min 或 m³/h。

　　对于实际气体,换算时应考虑到压缩性系数的影响。

　　对于含有水蒸气的气体,经过压缩后,使水蒸气压力也提高,气体在中间冷却器中有可能凝结出水分来,并在液气分离器中分离掉;此外,在化工厂中被压缩的气体里,有些成分不是化工工艺所需要的,因此压缩到一定压力后,便要进行净化洗涤,以便把它们清洗掉,或者有些成分是压缩到一定压力后加添进去的。在计算容积流量时,也要将这部分中途分离掉的水分、净化洗涤掉的气体(或加添的气体)换算到进口状态的容积后加入(或减去)。

　　按照容积流量的定义,当在末级测得的单位时间气体排出的容积为 $q_{v,d}$ m³/min 时,则压缩机的容积流量 q_v 为

$$q_v = q_{v,d} \frac{p_d}{p_1} \frac{T_1}{T_d} \frac{Z_1}{Z_d} + q_\varphi + q_c \quad (\text{m}^3/\text{min}) \tag{4-1}$$

式中:p_d 为 $q_{v,d}$ 所对应的气体压力(Pa);T_d 为 $q_{v,d}$ 所对应的气体温度(K);p_1 为第一级进口状态下的气体压力(Pa);T_1 为第一级进口状态下的气体温度(K);Z_1 为相对应于 p_1,T_1 时的气体压缩性系数;Z_d 为相对应于 p_d,T_d 时的气体压缩性系数;q_φ 为单位时间内分离出的水分换算到第一级进口状态时的容积(m³/min),$q_\varphi = m_w p_{s1}/(\rho_{s1} p_1)$,其中,$m_w$ 为单位时间分离出的水的质量(kg/min);p_{s1} 为相对于温度 T_1 时的水蒸气饱和压力(Pa);ρ_{s1} 为相对于温度 T_1 时的饱和水蒸气密度(m³/kg);q_c 为中途清除掉的气体换算到第一级进口状态的容积(m³/min),若为中途加进的气体,则应折算后以负值代入。

　　根据国家标准,压缩机的容积流量是用流量计进行测量的,当使用空气试验时,空气由低压箱经过标准的节流装置喷嘴(或孔板)直接排入大气,压缩机的容积流量可根据不同的节流装置计算出的气体量,再计入析出的水分折算到进口状态下的容积值来计算。

　　一般压缩机铭牌上所标注的容积流量,是指在额定的进、排气条件以及冷却条件下测得的流量,也称为公称容积流量或额定容积流量。

4.1.2　容积流量与气缸行程容积的关系

1.容积流量与第一级气缸行程容积的关系

按照容积流量的概念,气体从第一级吸入到最终排出,如果中途不存在任何气量的损失,

那么,压缩机的容积流量应该等于进气量。实际上却因存在泄漏,在一转之中排出的气量 V_d 总比吸入的气量 V_{s1} 少,即

$$V_d = \lambda_{ll} V_{s1} \quad (m^3) \qquad (4-2)$$

式中:λ_{ll} 为泄漏系数。

考虑到进气量 V_{s1} 与气缸行程容积 V_{h1} 之间的关系

$$V_{s1} = \lambda_{v1} \lambda_{p1} \lambda_{T1} V_{h1} \quad (m^3)$$

当压缩机每分钟转速为 n 时,则容积流量为

$$q_v = \lambda_{v1} \lambda_{p1} \lambda_{T1} \lambda_{ll} V_{h1} n \quad (m^3/min) \qquad (4-3)$$

气缸的行程计算式为

$$V_{h1} = \frac{q_v}{\lambda_{v1} \lambda_{p1} \lambda_{T1} \lambda_{ll} n} \quad (m^3/min) \qquad (4-4)$$

式(4-3)是压缩机容积流量的重要关系式,它把影响容积流量的诸多因素综合在一起,既可以用来分析已有的压缩机的运转情况(如分析容积流量不足的原因等),又可在设计时用来确定第一级气缸的行程容积,既可作为压缩机容积流量调节的理论根据,又可以根据气缸尺寸对已有的压缩机进行容积流量的估算。

令

$$\lambda_d = \lambda_v \lambda_p \lambda_T \lambda_l \qquad (4-5)$$

则

$$q_v = \lambda_d V_{h1} n \qquad (4-6)$$

式中:λ_d 称为排气系数(也称为容积效率),它把 λ_v、λ_p、λ_T、λ_l 综合在一起。其中,λ_v、λ_p、λ_T 可认为与压缩机气缸内的工作过程有关,λ_l 则与压缩机的制造质量有关。λ_d 就是把压缩机的结构特点、工作条件以及制造质量等综合在一起,它等于压缩机实际容积流量与单纯按气缸行程容积和转速计算的理论容积流量的比值。因此,它直接反映压缩机气缸工作容积被有效利用的程度,也称为压缩机的容积效率,是表征压缩机性能的重要参数之一。

一般微型压缩机因大都采用单级压缩,压力比较高,容积系数 λ_v 相应较低,因此排气系数 λ_d 也较低,大约在 0.4～0.6 之间;一般多级压缩机,由于第一级压缩比都在 2～3 左右,故排气系数 λ_d 较高,大约在 0.7～0.8 之间。排气系数 λ_d 除与级数有关外,还与结构型式、冷却方式、环境温度及工作介质等有关。常见的压缩机排气系数 λ_d 可参考表 4-1。

表 4-1　各类压缩机排气系数参考值

类型		排气量/(m³·min⁻¹)	排气压力(表压)/10⁵ Pa	级数	排气系数 λ_d
空气压缩机	微型	0.015～0.06	7	1	0.33～0.40
		0.15～0.9	7	1	0.57～0.6
	小型	1～3	7	2	0.6～0.7
		3～12	7	2	0.7～0.83
	中大型	10～100	7	2	0.75～0.85
氮氢气压缩机		≤40	150～320	4～6	0.73～0.79
		>100	320	6	0.75～0.82

类型	排气量/(m³·min⁻¹)	排气压力（表压）/10⁵ Pa	级数	排气系数 λ_d
石油气压缩机	10～120	10～42	2～4	0.65～0.8
CO_2压缩机	45～65	210	5	0.75～0.78
O_2压缩机	33～120	20～44	2～4	0.65～0.73

2.多级压缩机中,容积流量与任意一级气缸行程容积的关系

多级压缩机中,当把容积流量换算到各级进气状态之后,对任一级气缸行程容积也可写出与式(4-3)相类似的关系式。但在计算时不但要考虑压力与温度的影响,而且要考虑该级之前的中间冷却器中因水分析出和气体净化对其吸入容积而造成的相对变化。若分别用析水系数 λ_φ 和净化系数 λ_c 表示之,并且用角标 j 表示任意一级的级次,则

$$q_v \frac{p_{s1}}{p_{sj}} \frac{T_{sj}}{T_{s1}} \lambda_{\varphi j} \lambda_{cj} = \lambda_{vj} \lambda_{pj} \lambda_{Tj} \lambda_{lj} V_{hj} n \qquad (4-7)$$

对于理想气体,任意一级气缸的行程容积

$$V_{hj} = q_v \frac{p_{s1}}{p_{sj}} \frac{T_{sj}}{T_{s1}} \frac{\lambda_{\varphi j} \lambda_{cj}}{\lambda_{vj} \lambda_{pj} \lambda_{Tj} \lambda_{lj}} \frac{1}{n} \qquad (4-8)$$

当为实际气体时,还须考虑到压缩性系数的影响,此时

$$V_{hj} = q_v \frac{p_{s1}}{p_{sj}} \frac{T_{sj}}{T_{s1}} \frac{Z_{sj}}{Z_{s1}} \frac{\lambda_{\varphi j} \lambda_{cj}}{\lambda_{vj} \lambda_{pj} \lambda_{Tj} \lambda_{lj}} \frac{1}{n} \qquad (4-9)$$

由式(4-8)可知,任意一级的析水系数 $\lambda_{\varphi j}$ 表示该级之前所有的冷却器中因水分析出而引起该级吸进气量的相对减少;任意一级的净化系数 λ_{cj} 表示该级前由于气体净化(或加入)所引起该级吸进气量的相对减少(或相对增大);任意一级的泄漏系数 λ_{lj} 表示补偿该级以及该级之后的有关级,因气体泄漏所需之该级气体吸进量的相对增大。

任意一级的泄漏系数 λ_{lj}、析水系数 $\lambda_{\varphi j}$、净化系数 λ_{cj} 都会影响到该级气缸行程容积 V_{hj} 的计算,因此有必要对它们逐个进行分析。

4.1.3 泄漏系数、析水系数、净化系数的确定

1.泄漏系数

泄漏系数 λ_l 表示压缩机排出的气量与吸入气量比值的百分数。在活塞式压缩机中,能够产生气体泄漏的部位是气阀、活塞环和填函,此外在管路方面的法兰、阀门、调节装置等也可能发生泄漏。不过前者属于动密封,后者属于静密封。在工程技术中,静密封是比较容易保证的,而且即使发生泄漏,也易被发现和解决。所以本节主要讨论动密封处的泄漏。

压缩机中的泄漏可分为两种类型:外泄漏和内泄漏。外泄漏是指直接漏入大气或第一级进气管道中,如第一级进气阀的泄漏、各工作腔填料的泄漏、活塞环向大气或向第一级进气系统的泄漏。内泄漏是指气体由高压级漏入低压级或级间管道中,但这部分气体仍在压缩机内,在以后的循环中又自低压级被送入高压级。很显然,外泄漏直接降低压缩机的容积流量,并增加单位气量的功耗;而内泄漏不直接影响容积流量,但它能影响功率消耗和级间压力的分配,若泄漏影响到第一级的排气压力,则也能间接影响容积流量。

在第一级气缸膨胀和进气过程中,若有气体漏入该气缸容积,也属于外泄漏,因为进气过程中,由于进气阀打开,气缸容积与进气管路相通,漏入气缸也就等于漏入了进气管。膨胀过程中,虽然气阀关闭,气缸容积与进气管路相隔开,但漏入的气体也将占据一部分气缸容积,

影响第一级的进气量,会降低容积流量,故属于外泄漏。

在第一级压缩和排气过程中,若有气体漏入该级气缸,对第一级进气量已无影响,因此属于内泄漏。这部分内泄漏会增加第一级排出的气体量。为了确保额定的级间压力,就必须放大第二级气缸容积,以便全部吸进这部分增加的气体量,否则将引起该级间压力的上升。

所以在压缩机的设计时,为了确保额定的容积流量,第一级气缸的进气量要足以弥补本级以及本级以后各级的所有外泄漏。而为了确保一定的级间压力,第一级之后的各级气缸吸进的气体量,不但应弥补本级以及本级以后的所有外泄漏,还要补偿本级以及与本级有关的内泄漏。

若令压缩机任意一级进气量为 V_s、末级排出容积为 V_d,任意一级用来补偿泄漏的容积为 V_1(V_s、V_d、V_1 均为换算到第一级进气状态),则

$$V_s = V_d + V_1$$

根据式(4-2),泄漏系数为

$$\lambda_1 = \frac{V_d}{V_d + V_1} = \frac{1}{1 + \dfrac{V_1}{V_d}} \tag{4-10}$$

令

$$v = \frac{V_1}{V_d} \tag{4-11}$$

v 为任意一级总的相对泄漏量,其值为 $v = \sum v_i$,v_i 表示气阀、活塞环、填函等各部分相关的相对泄漏量,因此式(4-10)为

$$\lambda_1 = \frac{1}{1 + \sum v_i} \tag{4-12}$$

式(4-12)表明 λ_1 的大小取决于 $\sum v_i$ 的数值。实际影响泄漏系数的因素是很复杂的,它除与气体工况参数(压力、温度)有关外,主要还与压缩机的结构方案、密封状况以及制造和装配质量有关。气阀、活塞环、填函各部分相对泄漏量的数值在设计时可按实验提供的数值,在下列范围内选取:

(1)气阀不严密或延迟关闭的泄漏 $v_v = 0.01 \sim 0.04$;

(2)单作用式气缸中活塞环的泄漏 $v_h = 0.01 \sim 0.05$;

(3)双作用式气缸中活塞环的泄漏 $v_h = 0.003 \sim 0.015$。

填函的泄漏与压力有关,以经验公式表示为

$$v_p = (0.002 \sim 0.01)\sqrt{(0.7\varepsilon + 1)p_s}\, 10^{-3}$$

式中:ε 为该级的压力比;p_s 为该级的进气压力(Pa)。

这些相对泄漏量适用于介质为空气时的情况,其上限适用于低速、中小型压缩机及高压级气缸。当介质不是空气时,填函的相对泄漏量可按下式修正

$$v = v_{空气}\sqrt{\frac{kR}{(kR)_{空气}}} \tag{4-13}$$

式中:k、R 为气体的比热比和气体常数。

此外,气体通过气阀、活塞环、填函的泄漏量,除按实验提供的数值估计外,也可按密封压

差和缝隙的大小进行理论计算而求得。此时,气体通过缝隙中的流动被看作是通过具有尖锐边缘窄缝的绝热流动,则通过缝隙的气体质量流量为

$$G = \alpha A_1 p_1 \sqrt{\frac{2k}{k-1} \frac{1}{RT_1} \left[\left(\frac{p_2}{p_1}\right)^{\frac{2}{k}} - \left(\frac{p_2}{p_1}\right)^{\frac{k+1}{k}} \right]} \qquad (4-14)$$

式中:α 为流量系数;A_1 为泄漏截面积(m^2);R 为气体常数[$J/(kg \cdot k)$];p_2、p_1 为通过缝隙的前、后压力差(Pa);k 为比热比。

在压缩机设计中,泄漏系数的计算比较复杂。下面以图 4-1 所示的压缩机为例,来说明各级泄漏的情况以及各级泄漏系数的计算,表 4-2 列出了各级的相对泄漏量 v,根据式(4-10)即可求出各级的相对泄漏系数。

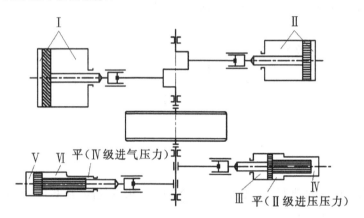

图 4-1　六级四列压缩机示意图

表 4-2　压缩机各级的泄漏系数

泄漏位置		各级泄漏系数					
		I	II	III	IV	V	VI
气阀	I级	v_{v1}					
	II级		v_{v2}				
	III级			v_{v3}			
	IV级				v_{v4}		
	V级					v_{v5}	
	VI级						v_{v6}
活塞环	I级	v_{h1}					
	II级		v_{h2}				
	III级与平衡容积之间		v_{h3}	v_{h3}			
	IV级与平衡容积之间		v_{h4}	v_{h4}	v_{h4}		
	VI级与V级之间					$0.5v_{h6}$	$0.5v_{h6}$
	VI级与平衡容积之间				v_{h6}	v_{h6}	v_{h6}
填函	I级	$0.5v_{p1}$					
	II级	v_{p2}	v_{p2}				
	III级	v_{p3}	v_{p3}	v_{p3}			
	V~VI级	v_{p3}	v_{p3}	v_{p3}			
总的相对泄漏量		$\sum_{\mathrm{I}} v$	$\sum_{\mathrm{II}} v$	$\sum_{\mathrm{III}} v$	$\sum_{\mathrm{IV}} v$	$\sum_{\mathrm{V}} v$	$\sum_{\mathrm{VI}} v$
泄漏系数		$\dfrac{1}{1+\sum_{\mathrm{I}} v}$	$\dfrac{1}{1+\sum_{\mathrm{II}} v}$	$\dfrac{1}{1+\sum_{\mathrm{III}} v}$	$\dfrac{1}{1+\sum_{\mathrm{IV}} v}$	$\dfrac{1}{1+\sum_{\mathrm{V}} v}$	$\dfrac{1}{1+\sum_{\mathrm{VI}} v}$

通过此计算实例,可以归纳如下。

(1)通过填函的泄漏都是外泄漏,会影响压缩机的容积流量,为此必须从一开始给予补偿,直到发生泄漏的级为止。对第一级工作气缸中的填函,其泄漏仅仅发生在压缩和排气过程中,所以该相对泄漏量对该级只算一半,即 $0.5v$,其余各级为全部。若为平衡容积中的填函,则应该按其中的气体压力决定相应的级次:当为 j 级进气压力时,泄漏只影响到 $j-1$ 级为止;当为 j 级排气压力时,根据 $p_{dj}=p_{s(j+1)}$,则影响到 j 级为止。

(2)通过各级进、排气阀和双作用式气缸中活塞环的泄漏,其泄漏压力差都是本级的进、排气压力差,故泄漏只影响到本级。其中第一级的泄漏为外泄漏,其余各级为内泄漏。

(3)通过级差式气缸的活塞环的泄漏,有可能是内泄漏,也有可能是外泄漏。当与第一级进气压力形成压力差时,产生的泄漏为外泄漏,一直影响到第一级;当与任意一级级间压力形成泄漏压力差时,产生的泄漏为内泄漏,其影响范围为相应压力差所对应的级的范围。这时,若从工作气缸中有气体漏出,则只在其压缩和排气过程中影响该级的容积流量。

有气体漏入的气缸,只在其膨胀和进气过程中影响其进气量,因此,漏出级和漏入级其相对泄漏量都只算一半,即 $0.5v$,中间各级为 v 的全部。当有平衡容积时,其中的气体压力为 j 级的进气压力,若有气体从平衡容积漏出时,只影响到 $j-1$ 级为止,若有气体漏入平衡容积时,应影响到 j 级;若其中气体压力为 j 级排出压力时,根据 $p_{dj}=p_{s(j+1)}$,相应地漏出仅影响到 j 级为止,漏入时影响到 $j+1$ 级。

(4)通过单作用式气缸中活塞环的泄漏也属于外泄漏,并与填函的泄漏有相类似的结果(在本例中无单作用气缸)。

内泄漏和外泄漏虽然对容积流量的影响不同,但都会使压缩机的经济性下降,而且当泄漏量相同时,泄漏压力差较大的泄漏,损失也较大。

如果压缩机实际的相对泄漏量与设计时的取值不同时,就会反映到容积流量(外泄漏)和级间压力的变化(内、外泄漏)。例如,外泄漏加剧时,则从泄漏开始的以后各级级间压力将下降,此时如果总的压力比没有改变,则末级压比将上升,并因此造成末级排气温度上升。同样,若内泄漏加剧时,则被漏入级的进气压力将上升,其它条件不变时,相应的其前一级压力比上升,排气温度上升。因此在生产实践中,常对级间压力和排气温度进行监督,在排除其它原因使级间压力和排气温度变化时,可作为压缩机易损件(气阀、活塞环、填函)是否损坏的依据。

2.析水系数及条件

若压缩机吸入气体中含有水蒸气(或其它易凝组分,如烃类),这些气体经过压缩后,其中水蒸气或其它易凝组分的分压力随气体压力的提高而相应增大,经过级间冷却后,如果易凝组分的分压大于该温度下的饱和蒸汽压时,就会有凝液析出,并通过分离器排出,气缸实际吸入的气量就减少,这种影响可用析水系数来表示。

(1)析水条件。压缩机第一级吸入的气体中,通常含有一定的水蒸气,气体中水蒸气的含量常用相对湿度来表示,即相对湿度 φ 是湿空气中的实际湿度与同温度下可能含有的最大湿度之比。若把湿空气中的水蒸气视为理想气体,则有

$$\varphi=\frac{p'}{p_s} \tag{4-15}$$

式中: p' 为气体中实际水蒸气分压力(Pa); p_s 为同温度下饱和水蒸气压力(Pa)。

相对湿度 φ 值常用湿球温度计测定,其大小反映了湿气的饱和程度,当 $\varphi=1$,即 $p'=p_s$ 时,为饱和状态的湿气体;当 $\varphi<1$,即 $p'<p_s$ 时,为不饱和状态的湿气,无水分析出;当 $\varphi>1$,即 $p'>p_s$ 时,为过饱和状态的湿气,会有水分析出。

如果压缩机第 Ⅰ 级吸入相对湿度为 φ_1 的湿气体,此时湿气体中水蒸气的分压为 $p'_1=\varphi_1 p_{s1}$,经一级压缩后排出压力为 p_{d1},此时湿气体中的水蒸气分压也相应变为 $p'_2=\varphi_1 p_{s1} \dfrac{p_{d1}}{p_1}=\varphi_1 p_{s1}\varepsilon_1$,再经过中间冷却器冷却到 Ⅱ 级吸入温度 T_{s2},该温度下的饱和蒸汽压为 p_{s2}。如果 $p'_2>p_{s2}$,说明 Ⅱ 级吸入前有水分析出,析出过程中 p'_2 不断下降,一直到饱和状态 $p'_2=p_{s2}$ 为止,即此时 Ⅱ 级吸入口 $\varphi_2=1$。如果 $p'_2<p_{s2}$,则 Ⅱ 级吸入前无水分析出,需要再逐级判断。若到第 i 级前开始出现 $p'_i>p_{si}$ 的情况,说明第 i 级前的冷却器中开始有水分析出,第 i 级吸入时 $\varphi_i=1$,并且在第 i 级以后各级也有水分析出。由于水分析出,将使后面各级实际吸入的湿气容积减少。

(2)析水系数。已知在 j 级前有水分析出,则第 j 级吸入的湿气容积 V_{sj} 与第 Ⅰ 级吸入的湿气容积比(均折算到第 Ⅰ 级吸入状态容积)称为该级的析水系数 $\lambda_{\varphi j}$。

由于湿气中水蒸气分压不大,认为理想气体混合气的分压定律也可用于湿空气,即根据湿气体的性质有

$$p=p_f+p' \tag{4-16}$$

$$V_f p=V p_f \tag{4-17}$$

式中:p 为湿气体的总压力(Pa);p_f 为干气体的分压力(Pa);p' 为水蒸气的分压力(Pa);V_f 为干气体的分容积(m³);V 为湿气体的总容积(m³)。

在第 Ⅰ 级吸入的湿气体中,干气分压为 $p_{f1}=p_1-\varphi_1 p_{s1}$,根据分压定律,可知其中干气的分容积为

$$V_{f1}=V_1 \frac{p_1-\varphi_1 p_{s1}}{p_1} \tag{4-18}$$

$$V_1=V_{f1} \frac{p_1}{p_1-\varphi_1 p_{s1}}$$

第 j 级吸入时,总压为 p_j,干气分压力为 $p_{fj}=p_j-\varphi_j p_{sj}$(有水分析出,$\varphi_j=1$),其中干气的分容积为

$$V_{fj}=V_j \frac{p_j-\varphi_j p_{sj}}{p_j} \tag{4-19}$$

若不计泄漏,则不论析出多少凝液,其干气量总是不变,即折算到第 Ⅰ 级吸入状态的干容积为 $V_{fj}=V_{f1}$,将式(4-18)与式(4-19)代入有

$$V_1 \frac{p_1-\varphi_1 p_{s1}}{p_1}=V_j \frac{p_j-\varphi_j p_{sj}}{p_j}$$

所谓第 j 级的析水系数,指由于第 j 级前已经有水分析出,则第 j 级吸入的湿气体与第 Ⅰ 级吸入的湿气体容积之比,故第 j 级的析水系数为

$$\lambda_{\varphi j}=\frac{V_j}{V_1}=\frac{p_1-\varphi_1 p_{s1}}{p_j-\varphi_j p_{sj}}\frac{p_j}{p_1} \tag{4-20}$$

式中:p_1、p_j 分别为第 Ⅰ 级和第 j 级的进气压力(Pa);p_{s1}、p_{sj} 分别为第 Ⅰ 级和第 j 级的进气温度下的饱和水蒸气压力(Pa);φ_1、φ_j 分别为第 Ⅰ 级和第 j 级的吸入气体的相对湿度,第 j 级

前有水分析出,则 $\varphi_j=1$;V_1、V_j 分别为第 I 级和第 j 级的吸入湿气体的容积(均指在第 I 级的进气状态下)(m^3)。

式(4-20)反映了由于凝析水造成第 j 级进气量与第 I 级进气量的差别。

开始有水分析出前的各级,其析水系数 $\lambda_{\varphi j}=1$。而经过若干级析出水分后(例如第 III 级),其后析出的水分量将越来越少,甚至可以忽略,故其后各级的 $\lambda_{\varphi j}$ 可看作常数。实际上此时吸气压力已较高,p_{sj} 与 p_j 相比很小,可以忽略,此时式(4-20)的析水系数可近似表示为

$$\lambda_{\varphi j}=\frac{p_1-\varphi_1 p_{s1}}{p_1} \qquad (4-21)$$

析水系数不影响压缩机的容积流量,但却影响压缩机各级的行程容积。

利用析水系数可以计算第 j 级单位时间内压缩机析出的冷凝水量 $q_{\varphi j}$,为

$$q_{\varphi j}=q_v-\lambda_{\varphi j}q_v=(1-\lambda_{\varphi j})q_v \quad (m^3/min) \qquad (4-22)$$

式中:q_v 为压缩机容积流量(m^3/min);$\lambda_{\varphi j}$ 为第 j 级析水系数。

冷凝水的质量为

$$m_{\varphi}=\rho_s q_{\varphi j} \qquad (4-23)$$

式中:ρ_s 为水蒸气密度(kg/m^3)。ρ_s 是将某级凝结析出的饱和水蒸气密度换算到第 I 级入口状态时的密度值。如果将水蒸气看为理想气体,则有

$$\rho_s=\frac{p_1 T_{sj}}{p_j T_1}\rho_{sj}$$

式中:p_1、p_j 分别为第 I 级和第 j 级的进气压力(Pa);T_1、T_{sj} 分别为第 I 级和第 j 级的进气温度(K);ρ_{sj} 为第 j 级饱和水蒸气密度(kg/m^3)。

3.净化系数

根据工艺流程的需要,化工工艺流程中的气体,经压缩至适当压力时,要进行净化处理(或者中途加入某种气体成分),去掉工艺中不需要的某种成分后,再送入压缩机继续压缩。若压缩机某级进口前有上述情况,则该级的进气量应该是总进气量减去该级以前所有净化掉的气体量后的数值。进气量的这一变化,用净化系数 λ_c 表示

$$\lambda_c=\frac{q_v-\sum q_c}{q_v}=1-\frac{\sum q_c}{q_v} \qquad (4-24)$$

式中:$\sum q_c$ 为第 i 级前所有净化掉的容积(折算到第 I 级进气状态)的总和(m^3/min),若为添加的容积,则以负值代入;q_v 为容积流量(m^3/min)。

4.1.4 供气量与容积流量

压缩机的容积流量表征的是压缩机几何尺寸和运行状态,它并不表明压缩机所排出气体的物质数量,化工工艺流程中使用的压缩机,根据工艺流程的需要,需将容积流量折算到标准状态(压力为 1.03×10^5 Pa,温度为 0 ℃)时干气容积值,称为压缩机的供气量或标准容积流量。供气量与容积流量的关系为

$$q_N=q_v\frac{(p_1-\varphi_1 p_{s1})T_0}{p_0 T_1} \qquad (4-25)$$

式中:p_0、p_1 分别为标准状态和压缩机第 I 级进气状态的气体压力(Pa);T_0、T_1 分别为标准状态和压缩机第 I 级进气状态的气体温度(K);φ_1 为压缩机第 I 级进气前气体的相对湿度;

p_{s1}为进气温度为 T_1 时的水蒸气饱和压力(Pa)。

当然,也可以从用户要求的供气量,根据式(4-25)换算为压缩机的容积流量。

4.2 排气压力

4.2.1 排气压力的定义

压缩机的排气压力通常指最终排出压缩机的气体压力。排气压力一般在气体最终排出处,即最终储气罐处测量。

多级压缩机末级以前各级的排气压力,称为级间压力,或称为该级的排气压力。级间压力的测量位置应在下一级进口法兰处。这样,前一级的排气压力就是下一级的进气压力。

活塞式压缩机铭牌上标出的排气压力,是压缩机的额定排气压力(表压),即设计工况的排气压力,一般为允许的最大工作压力。实际上,压缩机运转的排气压力并不总是与设计压力相等,它可以在低于额定排气压力的任意压力下工作,而且只要强度和排气温度允许,也可以超过额定排气压力工作。容积式压缩机排气压力的高低并不取决于压缩机本身,而是由压缩机排气系统内(储气罐)的气体压力,即所谓的"背压"决定的。而排气系统内的气体压力,又取决于压缩机对排气系统输入的气体量与从排气系统向用户输出的气体量之间的平衡关系——供求平衡关系,如图4-2所示。若排气系统中的输入与输出的气量相等,则"背压"就稳定在某一个数值上,压缩机也就在某个排气压力下工作;若排气系统中输入气体量大于输出气体量,即"供过于求",系统内的气体量就不断增加,"背压"便不断提高,于是压缩机的排气压力也就相应提高。如果排气系统中输入小于输出,则系统内的气体量逐渐减小,"背压"就降低,于是压缩机的排气压力也就相应降低,直到新的压力达到新的供求平衡为止。

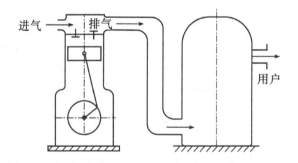

图 4-2 压缩机装置示意图

4.2.2 多级压缩机级间压力确定及影响因素

多级压缩机的级间压力也服从上述规律。压缩机设计时,就是按照前一级排出的气体在某特定压力和温度下为后一级全部吸进的原则,来确定后一级的气缸行程容积。若压缩机运行中前一级排出的气量改变,或者后一级所能吸进的气量改变,都会引起级间压力的改变。但是,如果这两个气量同时改变,且变化的数值也相等,则它们之间的级间压力不变。

根据式(4-9)得到相邻级气缸行程容积之间的关系,为

$$V_{hj} \frac{\lambda_{vj}\lambda_{pj}\lambda_{Tj}\lambda_{lj}}{\lambda_{\varphi j}\lambda_{cj}} \frac{p_{sj}}{p_{s1}} \frac{T_{s1}}{T_{sj}} \frac{Z_{s1}}{Z_{sj}} = V_{hj+1} \frac{\lambda_{vj+1}\lambda_{pj+1}\lambda_{Tj+1}\lambda_{lj+1}}{\lambda_{\varphi j+1}\lambda_{cj+1}} \frac{p_{sj+1}}{p_{s1}} \frac{T_{s1}}{T_{sj+1}} \frac{Z_{s1}}{Z_{sj+1}} \qquad (4-26)$$

或

$$p_{sj} = \frac{V_{hj+1}}{V_{hj}} \frac{\lambda_{vj+1}}{\lambda_{vj}} \frac{\lambda_{pj+1}}{\lambda_{pj}} \frac{\lambda_{Tj+1}}{\lambda_{Tj}} \frac{\lambda_{lj+1}}{\lambda_{lj}} \frac{\lambda_{\varphi j}}{\lambda_{\varphi j+1}} \frac{\lambda_{cj}}{\lambda_{cj+1}} \frac{T_{sj}}{T_{sj+1}} \frac{Z_{sj}}{Z_{sj+1}} p_{sj+1} \qquad (4-27)$$

由式(4-27)知,只要改变等号右边任一项比值,就会引起级间压力的改变,或者说,相邻的气缸气量供求关系的改变,最终反映到级间压力的改变。

例如,在设计时,由于气缸直径的取整,引起气缸行程容积的改变,或者不能达到设计时的余隙容积值,引起容积系数的变化,就会使原定的级间压力发生变化。又如,已有压缩机在运行时由于中间冷却器冷却效果的恶化,引起进气温度的改变,由于易损件损坏引起相对泄漏量改变,以及压缩机在非额定工况下工作(进气压力、排气压力改变,排气量调节等)时,也都要引起压缩机级间压力的改变。

式(4-27)也是多级压缩机容积流量调节的理论依据。压缩机的容积流量主要取决于第Ⅰ级的进气量,当调节压缩机的容积流量时,调节机构也就理所当然用于第Ⅰ级,而当第Ⅰ级的进气量改变时,其它级不采取相应的措施,就必然会引起调节后级间压力的变化,形成级间压力的重新分配(详细讨论见第5章)。

4.2.3　多级压缩机级间压力建立的过程

按照前述的原则,我们也可分析多级压缩机起动过程中压力的建立问题。多级压缩机在启动前,所有的级间压力均等于进气压力。当多级压缩机启动后,如果系统的压力即背压不提高,即排气系统内的压力和进气系统内的压力相等时,压缩机第Ⅰ级吸进的气体,只要略加压缩,所提高的压力只要足以克服其后续部分通道的阻力时,气体便直接穿过其后各级进入排气系统中。如果排气系统不让进入的气体全部流出,则系统内的压力将有所升高。随着系统内压力的升高,Ⅰ级排出压力也相应地成比例升高,当Ⅰ级排气压力高达使所排出的气体容积等于第Ⅱ级行程容积后,第Ⅱ级开始工作。此后随着系统内压力继续提高,第Ⅱ级排气压力也提高,并使第Ⅱ级容积系数相应变小,使第Ⅱ级吸进气体的容积也减少,故迫使第Ⅰ级排气压力继续增加,但这时增加速度比较缓慢,不再和系统内压力的增加成直线关系。第Ⅱ级和第Ⅲ级以及以后各级压力的建立过程与第Ⅰ级雷同。压缩机末级排气压力的建立,取决于排气系统的容积值。当压缩机末级前一级的排出气体压力等于末级行程容积后,压力继续徐徐上升直至额定排气压力。

值得注意的是,当若干压缩机在共同的管网上并联工作时,如果压缩机处于末级排气压力等于额定排气压力的情况下启动,那么压缩机就得在极大的压力比下开始工作。可是,末级不可能立即达到额定的进气压力,可能使末级所吸进的气体全部被容纳在余隙容积中,级的容积流量等于零。这时,压缩终了的温度会达到不允许的程度。为了避免这一现象,可采用旁通管将末级气缸和止回阀之间的排气系统部分与第Ⅰ级进气管相连通。启动之前,打开旁通,并在启动时,根据压力表读数而逐渐关闭,以便末级排气压力能与末级前的级间压力相应地增长。

4.3　排气温度

4.3.1　排气温度的定义

压缩机的排气温度 T_d 是指每一级排出气体的温度,通常在各级排气接管处或阀室内测量。压缩机的排气温度是由气体被压缩时的热力过程决定的。

排气温度不同于气缸中的压缩终了温度,因为在排气过程中有节流和热传导,排气温度要比内压缩终了温度低。

一般排气温度 T_d 为

$$T_d = T_s \varepsilon^{\frac{n-1}{n}} \quad (K) \tag{4-28}$$

式中: T_s 为进气温度(K); ε 为名义压力比; n 为压缩过程指数。

压缩终了温度 T_d' 为

$$T_d' = T_0 \varepsilon'^{\frac{n-1}{n}} (K) \tag{4-29}$$

式中: T_0 为进气终了温度(K); ε' 为实际压力比; n 为压缩过程指数。

4.3.2 排气温度的限制

压缩机的排气温度是压缩机安全性的一个重要指标。由于被压缩气体性质的要求,或工作腔中润滑油的要求,或活塞密封材料的要求,排气温度(包括各级的排气温度)均要作必要的限制,甚至因为排气温度的限制,压缩机不得不采用较多的级数,或者采用进气冷却等措施降低排气温度。

对于气缸有油润滑的压缩机,排气温度过高时,会使润滑油黏性降低、性能恶化。此外,空气压缩机中,因排气温度高,润滑油中的轻质馏分容易挥发,它一方面导致气体中含油增加,另一方面形成积炭现象。实践证明,当使用一般压缩机油时,积炭和排气温度有关,温度在 180~200 ℃时积炭严重。积炭能使排气阀的阀座和升程限制器的通道以及排气管道阻塞,使通道阻力增大;积炭能使活塞环卡死在环槽内,失去密封作用;如果积炭燃烧,能够造成爆炸事故。所以一般动力用固定式空气压缩机,排气温度限制在 160 ℃以内,移动式压缩机限制在 180 ℃以内。

氮氢气压缩机的排气温度考虑到润滑油的润滑性能,一般也限制在 160 ℃以下。

各类气体排气温度的限制及限制理由见表 3-4,设计时可予以参考。

4.4 压缩机的功率和效率

压缩机单位时间内所消耗的功称为功率,功率是用来衡量压缩机消耗动力的大小的;而用来衡量压缩机本身经济性的指标则称为压缩机效率,压缩机的效率是用来衡量压缩机工作的完善程度的。

4.4.1 压缩机功率

1.理论功率

压缩机理论功率是指压缩机在理论循环过程中所消耗的功率,这种功率没有考虑到实际工作过程中所产生的各种阻力损失,因而功率较小,尽管实际运转的压缩机不可能达到,但以此建立一个比较的基准,用来衡量压缩机工作是否经济。

压缩机所需的理论功率,随压缩过程特点的不同而有所差异。理论功率分为等温功率和绝热功率。

(1)等温指示功率 P_{is}。当工作介质为理想气体,且各级回冷完善,则根据式(2-81)可知

$$P_{is} = \frac{1}{60} p_s q_v \ln\varepsilon \quad (W) \tag{4-30}$$

式中: p_s 为第一级进气压力(Pa); q_v 为压缩机的容积流量(m³/min); ε 为压缩机总压力比。

多级压缩机若有中间抽气(或充气)、水分析出以及对于某些临界温度较高的气体,并不要求回冷完善,此时,理论等温功率可以分级计算,即

$$P_{is} = \frac{1}{60} \sum M_j R T_j \ln \varepsilon_j \quad (W) \tag{4-31}$$

式中:M_j 为级的质量流量,其值为 $M_j = \frac{q_v p_s}{R T_1} \lambda_{\varphi j} \lambda_{cj}$(kg/min);$T_j$ 为级的进气温度(K);ε_j 为级的名义压力比。

对于实际气体,式(4-30)和式(4-31)分别为

$$P_{is} = \frac{1}{60} p_s q_v \ln \varepsilon \left(\frac{Z_s + Z_d}{2 Z_s} \right) \quad (W) \tag{4-32}$$

$$P_{is} = \frac{q_v}{60} \sum \frac{p_s}{Z_{s1}} \frac{T_j}{T_1} \lambda_{\varphi j} \lambda_{cj} \ln \varepsilon_j \left(\frac{Z_{sj} + Z_{dj}}{2 Z_{sj}} \right) \quad (W) \tag{4-33}$$

由此,等温指示功率只与压缩机的工作条件有关,而与其结构无关。

(2)绝热功率 P_{ad}。当工作介质为理想气体时,根据式(2-82)有

$$P_{ad} = \frac{1}{60} \sum M_j R T_j \frac{k}{k-1} (\varepsilon_j^{\frac{k-1}{k}} - 1) \quad (W) \tag{4-34}$$

或

$$P_{ad} = \frac{q_v}{60} \sum p_s \frac{T_j}{T_1} \lambda_{\varphi j} \lambda_{cj} \frac{k}{k-1} (\varepsilon_j^{\frac{k-1}{k}} - 1) \quad (W) \tag{4-35}$$

当工作介质为实际气体时,有

$$P_{ad} = \frac{1}{60} \sum M_j R T_j \frac{k_T}{k_T - 1} (\varepsilon_j^{\frac{k_T-1}{k_T}} - 1) \frac{Z_{sj} + Z_{dj}}{2 Z_{sj}} \quad (W) \tag{4-36}$$

或

$$P_{ad} = \frac{q_v}{60} \sum p_s \frac{T_j}{T_1} \lambda_{\varphi j} \lambda_{cj} \frac{k_T}{k_T - 1} (\varepsilon_j^{\frac{k_T-1}{k_T}} - 1) \frac{Z_{sj} + Z_{dj}}{2 Z_{sj}} \quad (W) \tag{4-37}$$

由此,压缩机绝热功率不仅与气体性质和工作条件有关,还与其结构有关。

2.压缩机实际功率

压缩机的实际功率可以分为指示功率 P_i、轴功率 P_{sh}、驱动机的输出功率 P_E 等。

(1)指示功率 P_i。压缩机指示功率为各级指示功率之和。

对于理想气体

$$P_i = \frac{n}{60} \sum p'_{sj} \lambda_{vj} V_{hj} \frac{n_j}{n_j - 1} \left\{ [\varepsilon_j (1 + \delta_{0j})]^{\frac{n_j-1}{n_j}} - 1 \right\} \quad (W) \tag{4-38}$$

对于实际气体

$$P_i = \frac{n}{60} \sum p'_{sj} \lambda_{vj} V_{hj} \frac{n_{Tj}}{n_{Tj} - 1} \left\{ [\varepsilon_j (1 + \delta_{0j})]^{\frac{n_{Tj}-1}{n_{Tj}}} - 1 \right\} \frac{Z_{sj} + Z_{dj}}{2 Z_{sj}} \quad (W) \tag{4-39}$$

式中:p'_{sj} 为级的实际进气压力(Pa);δ_{0j} 为级的进、排气相对压力损失之和;n_{Tj} 为级的温度过程指数。

(2)压缩机轴功率 P_{sh}。压缩机的轴功率为驱动机传给压缩机主轴的功率,它等于以下三部分所需功率之和:①压缩机完成实际循环所需的指示功率 P_i;②各运动件摩擦所消耗的摩擦功率 P_f;③驱动附属机构所需的功率 P_a,这些附属机构通常指润滑油泵和注油器。此外,

若是空气冷却的风冷压缩机,则还有风扇,它们常常直接连接在压缩机主轴上。由此,压缩机的轴功率 P_{sh} 值为

$$P_{sh} = P_i + P_f + P_a \quad \text{(W)} \quad (4-40)$$

3.驱动机输出功率

在中小型压缩机中,驱动机常常通过传动装置驱动压缩机(如皮带传动、联轴器等)。因此,驱动机输出功率 P_E 应等于压缩机轴功率加上传动损失功率 P_c,即

$$P_E = P_{sh} + P_c \quad \text{(W)} \quad (4-41)$$

考虑到压缩机的运转可能超负荷,故应使驱动机增加 $5\% \sim 15\%$ 的储备功率,因此,驱动机的名义功率为

$$P'_E = (1.05 \sim 1.15) P_E \quad (4-42)$$

4.4.2　压缩机效率

压缩机的效率表示压缩机工作的完善程度,是用理想压缩机所需功率和实际压缩机所需功率之比来表示的,以此来评价压缩机的经济性。

1.等温指示效率 $\eta_{i\text{-is}}$

压缩机的等温指示效率是指理论循环等温指示功率与实际循环指示功率之比,即

$$\eta_{i\text{-is}} = \frac{P_{is}}{P_i} \quad (4-43)$$

因为理论的等温指示功率是压缩气体所必须的最小功率,反映了气缸实现机械能转换为气体压力能的完善程度,即说明压缩机实际消耗的指示功率与最小功率接近的程度,也即经济性情况。

计算理论等温指示功率时,若温度按各级相应的进气温度,并计及水分的析出、洗涤净化减少的容积及实际气体的影响,即按式(4-31)或式(4-33)计算时,等温指示效率反映了实际循环中,由于压缩过程和膨胀过程偏离等温过程,进、排气过程的压力损失和泄漏所引起的指示功率损失值,因级间冷却不完善未计及,所以称为压缩机的等温指示效率。

如果理论等温指示功率全部按第 I 级进气温度计算,即按式(4-30)或式(4-32)计算时,则等温指示效率除反映了上述各项损失之外,还反映了级间冷却不完善所多耗的功率,因此称为压缩机装置的等温指示效率。

对于临界温度高的气体,因气体性质要求冷却后的温度不低于其临界温度,而并不是冷却器不能使其温度降低,这时采用压缩机装置的等温指示效率来评价经济性是不合适的。

2.等温效率 η_{is}

压缩机的等温效率也称为等温轴效率,是指理论循环等温指示功率与轴功率的比值,即

$$\eta_{is} = \frac{P_{is}}{P_{sh}} \quad (4-44)$$

η_{is} 也反映了输入压缩机的机械能转换成压力能的完善程度。同样地,等温效率也和等温指示效率一样,有压缩机等温效率和压缩机装置等温效率之分。表 4-3 列出了常见气体压缩机等温效率的范围。

表 4 - 3 常见气体压缩机的等温效率

介质	容积流量/(m³·min⁻¹)	排气压力/MPa	级数	等温效率
空气	<3	0.8	1	0.35～0.41
	<3	0.8～1.1	2	0.53～0.60
	3～12	0.8	2	0.53～0.60
	10～100	0.9	2	0.65～0.70
氮气、氢气混合气	14～40	32.1	6	0.60～0.70
	>100	32.1	6	0.62～0.70
石油气	10~-100	4.3	4	0.64～0.68
二氧化碳	50	21.1	5	0.54～0.73
氧气	30～100	2.1～15	3	0.53～0.60

3.绝热效率 η_{ad}

压缩机绝热效率是指理论循环绝热功率与轴功率的比值,即

$$\eta_{ad} = \frac{P_{ad}}{P_{sh}} \qquad (4-45)$$

因为实际压缩机级的压缩过程均趋近于绝热过程,所以绝热效率能较好地反映相同级数时,气阀等阻力元件压力损失的影响及泄漏的影响,但是对于不同级数压缩机作比较时,它不能直接反映机器功率消耗的情况。

例如,有两台压缩机排气量同为 29 m^3/min,从常压压缩至 320×10^5 Pa,一台为五级压缩,另一台为六级压缩,绝热效率同为 $\eta_{ad}=0.75$,而五级压缩机的功率为 427 kW,六级压缩机的功率为 413 kW。但等温效率却不同,前者 $\eta_{is}=0.647$,后者 $\eta_{is}=0.668$。

一般压缩机绝热效率的范围如下,大型:0.80～0.85;中型:0.70～0.80;小型:0.65～0.70。

4.等温绝热效率 η_{is-ad}

压缩机的等温绝热效率是指理论循环的等温指示功率与理论的绝热指示功率的比值,即

$$\eta_{is-ad} = \frac{P_{is}}{P_{ad}} \qquad (4-46)$$

η_{is-ad} 反映了压缩机级数对压缩机经济性的影响,并且把等温效率和绝热效率表示成一定关系,即

$$\eta_{is} = \eta_{ad} \eta_{is-ad} \qquad (4-47)$$

5.机械效率 η_m

压缩机的机械效率通常是指压缩机实际循环的指示功率和压缩机的轴功率的比值,即

$$\eta_m = \frac{P_i}{P_{sh}} \qquad (4-48)$$

η_m 反映了机械能在传递过程中因摩擦所造成的机械能损失的程度。影响机械效率的因素很多,如压缩机的方案、结构特点、制造质量、装配质量、润滑状况、摩擦副的材料等均对它有影响。因此,详细的计算很复杂,根据资料与部分实验结果,往复式压缩机各部分的摩擦功所占百分比如表 4-4 所示。

表 4 - 4　往复式压缩机各部分摩擦功比例

部 位 名 称	百 分 比/%
活塞环(处于气体压力作用下)	38～45
活塞环(仅本身初弹力)	5～8
填　料	2～10
十字头销	4～5
十字头滑道	6～8
曲柄销	15～20
主轴颈	13～18

不同往复式压缩机的机械效率统计如下:

(1)中、大型压缩机:$\eta_m = 0.90 \sim 0.95$。

(2)小型压缩机:$\eta_m = 0.85 \sim 0.92$。

(3)微型压缩机:$\eta_m = 0.82 \sim 0.90$。

高压压缩机由于填函部分的摩擦损失相对较大,无油润滑压缩机活塞环等摩擦功耗较大,宜取低限值;主轴直接驱动油泵、注油器及风扇(当风冷时),机械效率更低一些;整体摩托式压缩机宜取上限值。

6.传动效率 η_d

压缩机的传动效率是指压缩机轴功率与驱动机输出功率的比值,用以衡量从驱动机到压缩机的传动损失,即

$$\eta_d = \frac{P_{sh}}{P_E} \tag{4-49}$$

不同部分的传动损失如下:

(1)V 型皮带传动:$\eta_d = 0.96 \sim 0.98$。

(2)齿轮传动:$\eta_d = 0.97 \sim 0.98$。

(3)半弹性联轴器:$\eta_d = 0.995$。

(4)刚性联接:$\eta_d = 1.00$。

4.4.3　压缩机容积比能(比功率)

容积比能是用来评价工作条件相同时压缩机的经济性的,常作为动力用空气压缩机的常用指标,其值等于压缩机的轴功率与容积流量之比,单位为 kW/(m³/min)。工作条件相同,除指排气压力相同外,进气条件、冷却水入口温度、水耗量等也应相同,不然便失去了可比性。

4.4.4　压缩机经济性分析

压缩机是一种耗功的机械,如何降低功耗是压缩机经济性研究方面的重要课题。式(4-38)及式(4-39)给出了影响压缩机功率的各种因素。将式(4-9)代入式(4-39),可以得到压缩机任意一级实际气体所消耗的功率与容积流量之间的关系式,即

$$P_i = \frac{1}{60} q_v \frac{p_1 T_j}{T_1} \frac{\lambda_{\varphi j} \lambda_{cj}}{\lambda_{pj} \lambda_{Tj} \lambda_{lj}} (1-\delta_{sj}) \frac{n_j}{n_j-1} [\varepsilon_j (1+\delta_{0j})^{\frac{n_j-1}{n_j}} - 1] \frac{Z_{sj} + Z_{dj}}{2 Z_{sj}} \tag{4-50}$$

1.任意一级进气温度 T_j 的影响

压缩机任意一级的进气温度 T_j 由于冷却不完善而使该级进气温度升高时,第3章中已

经指出它比第Ⅰ级进气温度每增加 3 ℃,使该级功耗增加约 1%。因此,为了降低功耗应降低该级的进气温度,即要改善该级前的冷却。不过要注意改善冷却不应增加冷却器的阻力,否则有可能得不偿失。

当然对于已有的压缩机,在运行中如果冷却水温度降低或水耗量增大,也能使中间冷却效果改善,但这将会引起级间压力改变,对级的功耗也会有影响。例如,一个两级压缩的压缩机,如若运行中级间冷却改善,则级间压力降低,由此第Ⅰ级压力比降低且耗功减少,第Ⅱ级压力比提高且耗功增加,所以也要比较由于压比改变引起功耗的增加和由于冷却改善而导致功耗降低的值。

2.任意一级 $\lambda_{\varphi j}$ 和 λ_{cj} 的影响

由式(4-50)可以看出,当任意一级析水系数 $\lambda_{\varphi j}$ 和 λ_{cj} 越小,则该级功率损耗越小。似乎气体中含有的水分越多或者净化掉的成分越多,越能降低功耗,但实际上 $\lambda_{\varphi j}$ 和 λ_{cj} 越小,对动力的消耗越不利。

析水系数取决于气体的湿度,净化系数则取决于化工流程。从压缩机容积流量看,析出的水分和净化掉的容积均计入压缩机的容积流量中,它对压缩机的容积流量没有影响,但是无论是动力用的空气压缩机,还是工艺流程用的压缩机,真正得到使用的是经压缩后的干气容积,一方面,那些经过压缩之后析出的水分和净化掉的容积,实际上是白白地消耗了一部分功率;而另一方面,要想得到足够的干气容积流量,就必须放大气缸工作容积,较大的气缸工作容积会增加泄漏和摩擦磨损耗功,所以实际上的耗功也是增加的。

3.任意一级相对进气阻力损失 δ_{sj} 的影响

式(4-50)可以看出,当任意一级相对进气压力 δ_{sj} 损失越大,功耗越低。而实际上当 δ_{sj} 越大,则压缩机排出的容积流量就越低,所以单位容积流量所消耗的功率还是增加的。图 4-3 是一个实际循环指示图的简化图,它表示了进气相对压力损失对实际循环功和容积流量的影响。如果相对压力损失 δ_{sj} 增加,进气压力则会由 p_{sj}

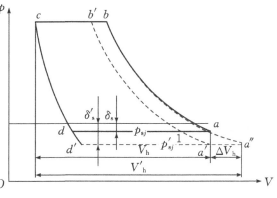

图 4-3 进气相对压力损失对实际耗功和容积流量的影响

降低至 p'_{sj},循环指示图的面积就由 a—b—c—d 变为 a'—b'—c—d',指示图的面积减小了,但要折合到原来进气压力 p_{sj} 时的进气容积也减小了 a—1 所代表的容积值,而要保持原来的容积流量 V_s,就必须增大气缸相应的工作容积,即由 V_h 增大到 V'_h。由图 4-3 可以看出,增加进气相对压力损失后,指示图的面积就由原来的 a—b—c—d 变为面积 a''—b—c—d'—a'',其指示图面积不仅没有减小反而增加,即表示功耗增加了。在实际循环指示图 3-19 中,$1-\delta_{si}=\lambda_{pi}$,式(4-50)中两者可以消去,所以 δ_{sj} 便只包含 δ_{0j} 中,可以直观看出,随着 δ_{sj} 的增加,实际压力比增加自然导致功率增加。

要降低进、排气相对压力损失,就要降低气阀以及通道等通流部分的阻力损失。此外,由于管道的压力脉动也会增加进、排气压力损失,所以要求机器有较大的阀室空间或较大的缓冲容积。

4.任意一级泄漏系数 λ_{1j} 和过程指数的影响

式(4-50)也直观反映了任意一级泄漏系数的影响,泄漏系数越小则功耗越大,似乎增加泄漏量对耗功有利,这是一种错觉。实际上气体经过一定压缩而中途泄漏掉的气体白白地浪费了功,通常这部分损失考虑在泄漏系数中,也即排出同样的容积流量,压缩机工作容积必须比无泄漏时要大。

由图4-4可知,当压缩过程存在泄漏时,过程线较为平坦,即过程指数小,似乎省功,但排出的气量也减小,这部分气量损失的大小由泄漏系数表示。图4-4直观反映了泄漏系数对指示图面积的影响。由于泄漏的影响,要保持原容积流量,其工作容积由原来的 V_h 增加到 V_4',其指示图的面积增加了 a'—b—a—a'。因此压缩过程的泄漏也是造成功率增加的主要原因。

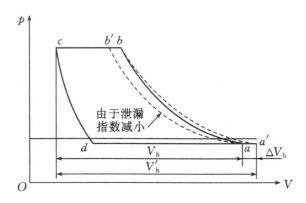

图 4-4　泄漏对功耗的影响

5.膨胀指数和余隙容积的影响

第3章在研究理想气体实际循环指示功时,为简化起见,假设了膨胀指数与压缩指数相等,即 $m=n$,这种假设忽略了余隙容积对功耗的影响。但实际上,膨胀指数一般要比压缩指数小,即 $m<n$,如图4-5所示,这时余隙容积的气体膨胀所得到的循环功为面积 $3'$—5—6—4—$3'$,而要将膨胀终点的气体再压缩到排气压力时,所消耗的循环功为面积 4—3—5—6—4,显然消耗的功比得到的功多,多消耗功由阴影面积 3—$3'$—4—3所示。当然阴影面积的大小除了与过程指数有关外,还取决于余隙容积值 α 的大小,余隙容积越大,则多消耗的功越多。根据式(2-29),阴影面积所示的功为

$$\Delta W = p_s V_4 \left[\frac{n}{n-1}(\varepsilon^{\frac{n-1}{n}}-1) - \frac{m}{m-1}(\varepsilon^{\frac{m-1}{m}}-1) \right] \tag{4-51}$$

而4点处于膨胀线上,因此满足膨胀过程方程,即

$$p_s V_4^m = p_d V_{3'}^m \qquad V_{3'}' = V_0 \qquad V_4 = \varepsilon^{\frac{1}{m}} V_0$$

将余隙容积 V_0 用行程容积 V_h 表示,多耗的功为

$$\Delta W = p_s \alpha V_h \varepsilon^{\frac{1}{m}} \left[\frac{n}{n-1}(\varepsilon^{\frac{n-1}{n}}-1) - \frac{m}{m-1}(\varepsilon^{\frac{m-1}{m}}-1) \right] \tag{4-52}$$

或者,多耗功由功的相对损失来表示,即

$$\frac{\Delta W_i}{W_i} = \frac{\alpha \varepsilon^{\frac{1}{m}} \left[\frac{n}{n-1}(\varepsilon^{\frac{n-1}{n}}-1) - \frac{m}{m-1}(\varepsilon^{\frac{m-1}{m}}-1) \right]}{\left[(1-\alpha(\varepsilon^{\frac{1}{m}}-1)) \right] \left[\frac{n}{n-1}(\varepsilon^{\frac{n-1}{n}}-1) \right]} \tag{4-53}$$

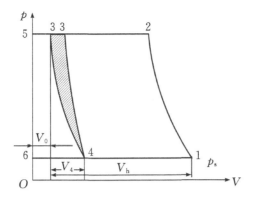

图 4-5　压缩指数与膨胀指数差异及余隙容积对耗功的影响

图 4-6 表示了当压缩比 $\varepsilon=3$，不同膨胀指数 m 和压缩指数 n 时，相对功的损失随着相对余隙容积 α 的增加情况。由图 4-6 易于看出，在压力比一定时，随着相对余隙容积 α 的增加，相对功的损失近乎线性增加。

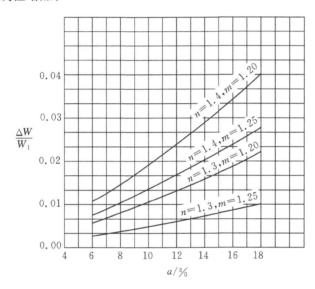

图 4-6　当 $\varepsilon=3$，不同 m 和 n 时，功的相对损失随 α 的变化关系

第5章 压缩机容积流量调节与级间压力变化

选择压缩机时,用户通常根据所需最大耗气量来选择压缩机容积流量,但在实际运行过程中,用气量总是不断发生变化,当容积流量大于耗气量时,压缩机排气系统中气体压力就会升高。压力的升高既会造成安全事故,缩短气阀工作寿命,同时也导致功率的浪费,因此需要对压缩机的容积流量进行调节,以控制管网中的压力变化在一定范围内。另外,压缩机的运行工况如果偏离设计工况时,其热力性能参数也不同于原设计参数。上述两种情况都会使热力性能发生变化,所以讨论压缩机容积流量的调节及压力的重新分配,对于压缩机的安全运行均有很重要的意义。

5.1 容积流量调节原理、方式及对压缩机经济性的影响

根据调节原理,压缩机的容积流量调节分为连续调节(也称无级调节)和分级调节。根据调节机构作用的方式不同,可以分为:作用于驱动机构的调节;作用于气体管路的调节;作用于气阀的调节和作用于连通补助容积调节。以上调节方式可以进行连续调节,也可以进行分级调节。连续调节是保持压缩机的容积流量随时与耗气量相等。分级调节是指容积流量的调节不连续,例如把容积流量分为 100%、75%、50%、25%、0% 五级。分级调节是利用压缩机排气系统中所允许的压力变化幅度 Δp,在短期内平衡容积流量和耗气量之间不相等的矛盾。显然,排气系统的容积(包括储气罐在内)愈大,它的平衡作用愈大,或者在同样的工作情况下所引起的压力变化幅度 Δp 愈小。

实施压缩机容积流量调节时,应遵循以下原则:

(1)尽可能实现容积流量的连续调节,使容积流量随时保持与耗气量相等;

(2)对于小型压缩机,调节系统力求简单、操作方便、工作可靠;

(3)对于中、大型压缩机,调节工况的经济性要尽量高。

根据式(4-3),压缩机容积流量为

$$q_v = \lambda_v \lambda_p \lambda_T \lambda_1 n V_h \quad (\text{m}^3/\text{min})$$

改变式中任何一个参数,压缩机的容积流量均会发生变化。但实际上对于一个给定的压缩机,其气缸的行程容积 V_h 无法改变,温度系数 λ_T 的调节作用使经济性变差而不采用外,其余系数的变化都可以作为容积流量调节的依据。

为了讨论方便起见,以作用于调节机构分类方法为例,来阐述调节的原理和其经济性。

5.1.1 作用于驱动机构的调节

改变压缩机的转速,使压缩机容积流量随之改变,按照驱动机转速变化的特点可分为连续调节(连续变化)、分级调节(分级变化)和间断调节(停转)。

1.单机停转调节

对于小型压缩机(即功率小于 3 kW),依靠储气罐气体压力的变化控制电机的启和停。当耗气量小于容积流量时,储气罐中的压力会超过额定值,压力继电器会切断电机的电源,使压缩机停机而停止供气。由于用户消耗储气罐中的气体而使其压力下降,当压力下降到某一给定值时,压力继电器的触头闭合,接通电源,压缩机重新开始工作。图 5-1 为微型压缩机停转调节系统示意图。

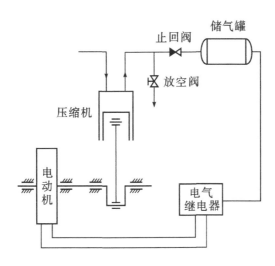

图 5-1 微型压缩机停转调节系统示意图

由于电动机停开的次数受到接入电网次数许用值的限制,一般情况下,电动机接入电网次数为每小时 8~10 次。为此,必须对储气罐的容积进行计算,以确保压缩机的经济性。

在压缩机间断停机调节过程中,储气罐压力升高的压缩过程和压力降低的膨胀过程进行缓慢,所以气体与储气罐壁面的热交换可以看作为等温过程,膨胀时储气罐内流出的气体流量换算到进气状态下为

$$q_c t_2 = V_\tau \frac{p_{max} - p_{min}}{p_{s1}} \frac{T_{s1}}{T_\tau}$$

$$= V_\tau \frac{\Delta p}{p_{s1}} \frac{T_{s1}}{T_\tau} \qquad (5-1)$$

在整个调节中,气体的耗用量应等于压缩机开机期间排出的容积流量,即

$$q_c t = q_v t_1 \qquad (5-2)$$

由此,$q_c = q_v \dfrac{t_1}{t}$,令 $\sigma_0 = \dfrac{q_c}{q_v}$,有

$$\sigma_0 = \frac{q_c}{q_v} = \frac{t_1}{t} \qquad (5-3)$$

式中:V_τ 为储气罐的容积(m^3);q_v、q_c 分别为压缩机的容积流量和气体的耗用量,均换算到进气状态(m^3/min);p_{s1} 为压缩机进气压力(MPa);T_{s1} 为进气温度(K);Δp 为储气罐气体压力的变化值(MPa);p_{max}、p_{min} 为停机和开机瞬时储气罐内的压力(MPa);T_τ 为储气罐中气体的温度(K);σ_0 为气体相对耗气量或者相对开机时间;t 为调节循环周期(s),其值为 $t = t_1 + t_2 =$

$\dfrac{3600}{f}$，t_1、t_2 为压缩机的开机时间和停机时间（s），f 为调节循环频率（$\dfrac{1}{h}$），即每小时允许调节的次数或电动机接入电网的次数。

式（5-3）表示了气体相对耗气量 σ_0，可以用压缩机的相对开机时间表示。

压缩机停机时间的间隔为

$$t_2 = \delta_t t = \frac{3600\delta_t}{f} \tag{5-4}$$

式中：δ_t 为压缩机相对停机时间，其值为停机时间的间隔与总时间的比值。

将式（5-3）、式（5-4）代入式（5-1）有

$$V_\tau = \sigma_0 \delta_t q_v \frac{3600}{f} \frac{p_{s1}}{\Delta p} \frac{T_\tau}{T_{s1}} \tag{5-5}$$

由于 $\sigma_0 + \delta_t = 1$，将其关系式代入式（5-5），对 σ_0 求导数并令其为零，即

$$\frac{dV_\tau}{d\sigma_0} = 0 \tag{5-6}$$

有

$$\sigma_0 = \delta_t = \frac{1}{2} \tag{5-7}$$

由此可见，压缩机开机时间等于调节循环周期的一半，或者当耗气量为压缩机容积流量一半时，其储气罐容积最大。很显然在储气罐设计时应取此种情况（$\sigma_0 = \delta_t = \dfrac{1}{2}$）确定储气罐的容积值。一般情况下电动机接入电网次数 f 为每小时 8～10 次，储气罐容积为

$$V_\tau = q_v \frac{900}{f} \frac{p_{s1}}{\Delta p} \frac{T_\tau}{T_{s1}}$$
$$= (90 \sim 113) q_v \frac{p_{s1}}{\Delta p} \frac{T_\tau}{T_{s1}} \tag{5-8}$$

单机停机调节是一种间断性的调节方式，其方法简单，实施容易。当压缩机停机后由于不再消耗功率，所以其经济性好。但此调节方式受到压缩机功率的限制，当功率较大时，频繁的启停使电网波动大，一般使用在小型压缩机的调节中。

2.变转速调节

当驱动机的转速分级或连续变化（如采用变频电机）时，压缩机的容积流量可以随转速的变化而变化。特别对于多级压缩机，不会因转速的变化使级间压力重新分配，可以实现容积流量的分级调节和连续调节。

当压缩机转速降低时，从理论上分析，压缩机气缸内工作循环的持续时间增大，气体的热交换增强，引起压缩过程指数和膨胀过程指数下降，对指示功的消耗有利；同时由于转速降低，使气体通过气阀和管路的速度也相应降低，流动阻力损失降低；此外，压缩机的摩擦功率随机器转速的下降也基本上按比例下降，当压缩机停转时，压缩机的轴功率为零。

转速降低后，对压缩机的工作循环也带来一些不利的影响，降低了气阀的气流顶推力。当转速调节的范围较大时，会引起气体力和弹簧力匹配失调，影响气阀的工作规律，对气阀的经济性和可靠性不利。对于飞溅润滑的压缩机会造成润滑不充分的问题。一般情况下，当调节幅度不大时，气缸的指示图无明显变化。

变转速调节方式的经济性是所有调节方式中最好的一种,但因受到驱动机性能的影响,在大、中型压缩机中较少使用。

5.1.2 作用于进气管路的调节

1.进气节流调节

所谓进气节流调节,即在压缩机进气管路上安装节流阀,进气受到节流后,因克服节流阀阻力使进气压力 p_s 降低,故进气密度 ρ_s 降低,所以进入压缩机的质量流量减少。根据节流阀开启度的不同,质量流量减少的程度也不同,于是可实现容积流量的连续调节。进气节流调节前后的指示图如图 5-2 所示。

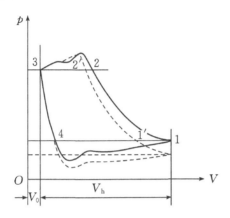

实线—全排气量;虚线—节流调节时

图 5-2 单级压缩机进气节流前后的指示图

进气压力降低后,排气压力不变,故功耗增加。压缩机进气量由原来的 4—1 所表示的线段长度,缩短到 4—1′ 表示的线段长度。压缩机容积流量的下降与压力系数 λ_p 的降低程度成正比。另外,对于高压力比的压缩机,进气节流时的压力比的继续增加,使排气温度达到不允许的程度,所以,必须限制容积流量的调节范围,以控制压力比不致增加太多。同时,由于节流阻力损失最终变为热量传给气体,且进气节流导致的实际压比的上升使气体压缩终了温度上升而导致气缸壁面温度上升,最终也将热量传给了气体,都会导致气缸进气终了温度上升,引起温度系数 λ_T 下降,也进一步加剧了容积流量的下降。对于特殊气体压缩机,采用进气节流调节时,可能使第Ⅰ级产生真空,有吸入空气的可能性,从而影响了被压缩工质的纯度。

对于进气节流的经济性问题要具体分析,为简化起见,以理论循环为例。由式(2-80)知,压缩机理论循环指示功为

$$W_i = p_s V \frac{n}{n-1} \left[\left(\frac{p_d}{p_s} \right)^{\frac{n-1}{n}} - 1 \right]$$

对进气压力 p_s 求导,并令其等于零,即得排气压力不变、进气压力变化时,理论循环指示功最大时的压力比,经化简得

$$\varepsilon = \frac{p_d}{p_s} = n^{\frac{n}{n-1}} \tag{5-9}$$

如取 $n = 1.4$ 时,最大循环指示功所对应的压力比为 $\varepsilon = 3.25$。当其它参数不变时,理论循环指示功随进气压力变化的曲线如图 5-3 所示。

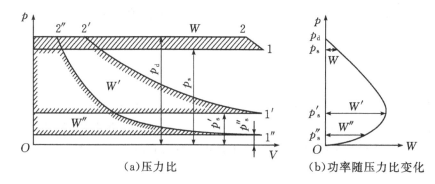

（a）压力比　　　　　　　　　　（b）功率随压力比变化

图 5-3　理论循环时，循环指示功随进气压力的变化曲线

　　单级压缩机中应用进气节流调节时，若机器原来的压力比较低（小于图 5-3 中最大功对应的压力比），如取 $n=1.4$，原设计压力比 $\varepsilon<3.25$，随着压力比的增加，容积流量降低，但循环指示功消耗反而增加，经济性差。若机器原来的压力比较高（大于最大功对应的压力比），如 $n=1.4$，原设计压力比 $\varepsilon>3.25$，则随着压力比的增加，容积流量降低，尽管循环指示功也是下降的，但容积比能（比功率）仍要比额定工况大，因为气量的减小与功耗的减小不成正比例。

　　进气节流调节方法的最大特点是调节机构简单，比较适合于大、中型压缩机不经常调节或调节范围较小的场合。考虑到进气节流调节时导致的排气温度过高的情况，所以在多级压缩机实际工作时，末级的压力比在正常容积流量时应该预先给予降低。

　　2.切断进气口调节

　　进气口被截断后，压缩机气缸中没有新鲜气体进入了，压缩机进入空运行，只是气缸余隙容积中的气体不断地膨胀和压缩。如图 5-4(a)虚线构成的月牙形指示图所示，压缩机进入空转运行，此时消耗的功率（月牙形阴影面积表示）仅是额定功率（用虚线所围面积 1—2—3—4—1 表示）的 2%～3%，故这种调节方法具有较好的经济性，并属于间断调节，适用于中、小型压缩机，特别是动力用空气压缩机。

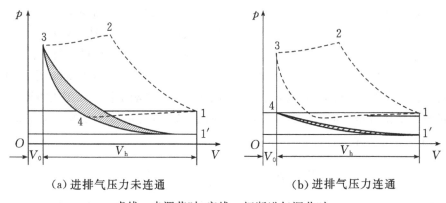

（a）进排气压力未连通　　　　　　　（b）进排气压力连通

虚线—未调节时；实线—切断进气调节时

图 5-4　切断进气口调节时循环指示图变化

　　需指出的是，此种调节不是立刻停止供气的，因为压缩机必须将切断进气的阀门与进气阀之间的气体吸出，供气量逐渐减少，随着进气压力的降低，容积系数亦趋于减少，当容积系数为零时，供气才停止。在这段调节中，压力比提高，排气温度也提高，直到气体在压缩过程中的温

升与热传导丧失的热量达到某一平衡时方才停止。此后,虽然压力比仍在上升,但因实际参加压缩的气体量减少,故排气温度不会上升,而是下降。所以,应尽量减少切断进气口阀门与进气阀之间的空间,阀门密封应当可靠,从而使进气压力迅速下降,缩短排气温度上升的持续时间。

这种调节方法的不足之处在于,切断进气调节时,由于进气压力的下降,若为双作用式气缸,则活塞力也将产生很大变化;由于气缸中出现真空度,一些不容许和空气混合的气体压缩机,不宜采用此方法进行调节;真空度还能使曲轴箱中的油雾沿活塞杆(双作用式)或活塞(单作用式)串入气缸,因此增加油耗量。

3.进、排气连通调节

在压缩机排气系统逆止阀前,将进气管与排气管用旁通管路和旁通阀连通,使排出的气体返回进气管,实现容积流量的调节。根据旁通阀开启程度的不同,可分为自由连通和节流连通两种方式。

(1)自由连通调节。旁通阀完全开启,压缩机排出的气体可以自由地流入进气管路中,气缸名义的进、排气压力相等,压缩机进入空运行,没有气体输送给用户,实现了容积流量的间歇性调节,如图5-4(b)所示。在进、排气自由连通调节方式中,压缩机空运行期间的耗功主要用于克服进、排气阀和旁通管路、旁通阀中的阻力,故经济性较高。

自由连通调节还可起到起动释荷的作用。在切断进气口调节时,还必须在排气管上装有放空管路及放空阀,以使排气管的止回阀与末级气缸的排气阀之间的气体排出,确保起动顺利。在停转调节中,也应在排气管路上装有放空阀,以利于起动释荷。故自由连通调节是起动压缩机所必须的,但对于易燃易爆的气体,不易直接排入大气时,不能采用此方案。

(2)节流连通调节。节流连通调节是旁通阀部分开启,只使一部分高压气体流回进气管路,排气压力不变,但供气量减少,根据旁通阀开启程度的不同,可在100%～0%范围内实现容积流量的分级或连续调节。此时,名义排气压力仍保持不变,气缸内的压力指示图仍保持不变,所以耗功并未降低,而容积流量减少了,其实质是使压缩机在排气状态下的泄漏量增大,因此经济性差,很少使用。

5.1.3 作用于气阀的调节

压开进气阀调节容积流量时,是利用机械装置,在进气过程结束后,强制进气阀仍处于开启状态,在活塞反向运动时,气缸内被吸入的气体全部或部分又被推出气缸,达到降低容积流量的目的。根据进气阀被压开过程的长短,有全行程压开进气阀和部分行程压开进气阀两种调节方式。

1.全行程压开进气阀调节

调节时,调节机构使进气阀始终处于全开状态,气体可以自由地由进气阀进入和排出,压缩机进入空载运行,容积流量接近于零,实现容积流量的间断调节。调节时压缩机消耗的功,仅为气体进、出气阀时克服气阀阻力需要的功和空转时的摩擦功,故其经济性较高。图5-5中所示阴影面积就代表全行程压开进气阀时的指示功。

对多级压缩机进行进气阀调节时,各级进气阀均需全行程压开。对于双作用气缸,如果仅压开一侧的进气阀,其容积流量减小50%,两侧同时压开,其容积流量为零。

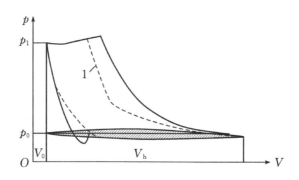

图 5-5 压开进气阀调节指示图

2.部分行程压开进气阀调节

当气缸进气终了时,进气阀片被强制保持在开启位置,压缩过程的部分行程中,气体从气缸中经被压开的进气阀流回进气管而不被压缩,待活塞运动到预定位置时,压开进气阀片的强制动作消失,进气阀片回落到阀座上,进气阀处于关闭状态,气缸内剩余的气体开始被压缩,达到额定排气压力后,从排气阀排出,容积流量减少。通过对进气阀关闭的早与迟的控制,达到容积流量连续调节的目的。

该种调节方法的功率消耗与容积流量的多少几乎成正比,是一种经济性较好的调节方法。其指示图如图 5-5 中曲线 1 所示。该种方法使容积流量可以在 $100\%\sim30\%$ 之间进行连续调节,容积流量低于 30% 时,只能在 30% 至 0 之间实现间断调节。

作用于气阀的调节,将会使阀片受到额外的负荷,特别是部分行程中压开进气阀的调节,由于压开装置对阀片的频繁冲击,常会影响阀片的寿命和密封的严密性,因此,后者只限于低速压缩机中使用。此外,压开进气阀调节还受到气阀结构的限制。

5.1.4　连通补助容积的调节

连通补助容积调节,使气缸工作腔与补助余隙容积相通,故而增加了余隙容积,因而容积系数 λ_v 减少,容积流量降低。补助余隙容积是安置在气缸外面的空腔。它的容积既可以是固定不变的,也可以是变化的;空腔的个数可以是一个,也可以是多个;补助余隙容积的连通时间可以是全行程连通,也可以是部分行程连通,这样就形成多种连通补助余隙容积调节的方式,实现间断、分级或连续调节。

1.连通固定补助容积调节

连通补助容积 V_0 后的指示图如图 5-6 中实线所示,其实质就是增加了余隙容积。当补助容积连通后,吸入容积由 V_s 减少到 V_s',吸入的气量减少了 ΔV。根据补助容积大小的不同,可以实现容积流量为零的调节。当补助容积为某一固定容积时,可实现容积流量为定值的调节。

由式(4-51)可知,当膨胀过程指数小于压缩过程指数,即 $m<n$ 时,其功耗随着余隙容积的增加而增加。但由于调节时,吸入气量的减小,功耗是降低的,其经济性还是比较好的。

2.部分行程连通补助容积调节

为了实现容积流量的连续调节,通常采用部分行程连通补助容积调节的方法,即通过控制机构掌握连通阀的启闭时间,达到用不变的补助容积获得容积流量的连续调节。

如图 5-7 所示,过程线 1—7—8—3—5—6—1 是部分行程连通补助容积时的指示图。膨

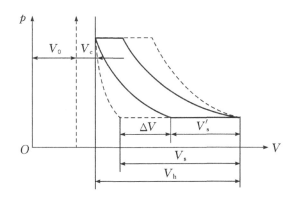

图 5-6　连通补助容积调节后指示图

胀过程开始阶段没有连通补助容积,膨胀过程 3—5 与未调节时相同。当膨胀到某个压力(5 点对应的压力)时,连通阀打开,补助容积接入,这时膨胀过程按 5—6 进行,吸气容积减少了 ΔV_1。压缩开始,仍接通补助余隙容积,按过程线 1—7 进行。压缩到某个压力(7 点位置对应的压力)后,连通阀关闭,压缩则按照过程线 7—8 进行,排气状态下排出的气体减少 ΔV_2。零气量时,膨胀线和压缩线重合,如图中过程线 1—3 所示。

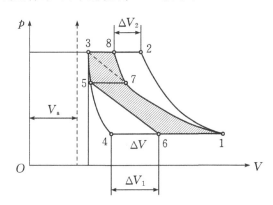

图 5-7　部分行程连通补助容积调节指示图

　　这种调节与全行程连通相比,补助余隙容积中的气体不被压缩到排气压力,因此气体温度不高,膨胀连通时补助余隙容积中的气体对气缸内气体的加热也不严重,使压缩和膨胀过程曲线比全行程连通补助容积调节时要平滑,经济性也好。余隙容积调节多应用于大、中型压缩机。

5.2　补助容积的确定

　　任何连通补助容积的调节,其补助容积的大小,均由容积流量调节的程度来确定。当连通补助容积后,随着余隙容积的增加,容积系数 λ_v 降低,压缩机容积流量减小。

　　由式(4-3)知,当其它条件如 λ_p、λ_T、λ_l、V_h 和 n 不变时,调节前后的容积流量变化值 B 可以表示为

$$B = \frac{q'_v}{q_v} = \frac{\lambda'_v}{\lambda_v} \qquad (5-10)$$

式中：q_v、q'_v分别为调节前后的容积流量（m³/min）；λ_v、λ'_v分别为调节前后的容积系数。

由式(3-10)可知，对于理想气体，调节前后容积流量的变化值为

$$B = \frac{1 - (\alpha + \alpha_0)(\varepsilon^{\frac{1}{m}} - 1)}{1 - \alpha(\varepsilon^{\frac{1}{m}} - 1)} \tag{5-11}$$

式中：α为调节前的相对余隙容积；α_0为增加的相对补助容积值。

由此，有

$$\begin{aligned}
\alpha_0 &= \frac{1 - \alpha(\varepsilon^{\frac{1}{m}} - 1) - B\left[1 - \alpha(\varepsilon^{\frac{1}{m}} - 1)\right]}{\varepsilon^{\frac{1}{m}} - 1} \\
&= \frac{(1 - B)\left[1 - \alpha(\varepsilon^{\frac{1}{m}} - 1)\right]}{\varepsilon^{\frac{1}{m}} - 1}
\end{aligned} \tag{5-12}$$

由式(3-5)可以得出补助容积为

$$V_0 = V_h \frac{(1 - B)\left[1 - \alpha(\varepsilon^{\frac{1}{m}} - 1)\right]}{\varepsilon^{\frac{1}{m}} - 1} \tag{5-13}$$

当为实际气体时，需考虑压缩性系数

$$V_0 = V_h \frac{(1 - B)\left[1 - \alpha(\frac{Z_s}{Z_d}\varepsilon^{\frac{1}{m}} - 1)\right]}{\frac{Z_s}{Z_d}\varepsilon^{\frac{1}{m}} - 1} \tag{5-14}$$

5.3　多级压缩机调节工况下的压力重新分配

由式(4-27)知，多级压缩机运行时，级间压力的高低决定各级间容积所接受的气体量与所输走的气体量之间的平衡关系。当这两个气体量的平衡遭到破坏时，相应的级间压力也必须自动提高或降低，以期达到新的平衡状态。

多级压缩机也同样存在容积流量调节问题，因多级压缩机的容积流量主要决定于第Ⅰ级的进气量，因此，多级压缩机调节时必须使调节机构作用于第Ⅰ级。如果第Ⅰ级容积流量改变，而其它级不采取相应的措施，就必然会引起调节后级间压力的改变，形成压力重新分配问题。在压缩机设计时，多级压缩机级间压力的分配，往往是按照运行最经济、零件受力最有利的原则进行计算的。由于容积流量调节，或由于其它类似影响的因素，引起压力重新分配现象，显然会脱离最有利的设计工况，甚至达到某些不被允许的工况。例如，级的压力比过高，导致排气温度过高的现象。

要避免多级压缩机调节工况下压力重新分配现象，只有将各级都进行调节。只有转速调节应用于多级压缩机时，才可达到调节时各级气量都自然地相应下降，不会引起级间压力的改变，故可以说转速调节是最有利的一种调节方法。

其它各种调节方法，如压开进气阀调节，进、排气自由连通调节等，对于多级压缩机，各级都装有相应的调节装置，使调节时，各级都压开进气阀，或各级都进、排气连通，这样调节时，各级气量都自然相应地下降，不会引起级间压力的改变。但是往往为使多级压缩机制造成本低和结构不致过分复杂，也不是所有各级都采用调节装置的，这时多级压缩机调节工况时就会引起级间压力的重分配。下面以余隙调节为例，来说明原先无余隙容积的理想压缩机在接入补

助容积后,其压力、容积流量等的变化关系。

为了分析简化起见,假设气体为理想气体。如第 4 章讨论可知,在压缩机设计时,是按照前一级排出的气体在某特定压力和温度下为后一级全部吸进的原则,来确定后一级的气缸行程容积。由于第 I 级接入补助容积,第 I 级的进气量将减小,但其余各级由于未进行调节,所以其进气量没有发生变化,为了满足其余各级进气量要求,只有使级间压力下降,来保持原来的容积值。又因末级的排气压力是由排气系统决定的,它保持不变,则最后排出的气体容积下降,即压缩机容积流量下降。以一台四级压缩的压缩机为例,当补助容积调节机构仅仅作用于第 I 级,其它条件如 λ_p、λ_T、λ_1、V_h 和 n 不变,各级中间冷却回冷完善,调节前后的第 I 级的进气压力 p_{s1} 和末级的排气压力 p_{d4} 均不变,则调节前后的各级气缸行程容积与级间压力的变化,根据式(4-27)可表示为

$$\frac{p_{sj+1}}{p_{sj}}=\frac{V_{hj}\lambda_{vj}}{V_{hj+1}\lambda_{vj+1}}=\frac{V_j}{V_{j+1}} \tag{5-15}$$

调节后容积流量与调节前容积流量的比值为

$$B=\frac{V_1'}{V_1} \tag{5-16}$$

由式(5-15)可知

$$\begin{cases} \dfrac{V_1}{V_2}=\dfrac{P_{s2}}{p_{s1}}=\dfrac{P_{d1}}{p_{s1}}=\varepsilon_1 \\[2mm] \dfrac{V_2}{V_3}=\dfrac{P_{s3}}{p_{s2}}=\dfrac{P_{d2}}{p_{s2}}=\varepsilon_2 \\[2mm] \dfrac{V_3}{V_4}=\dfrac{P_{s4}}{p_{s3}}=\dfrac{P_{d3}}{p_{s3}}=\varepsilon_3 \end{cases} \tag{5-17}$$

而末级压力比为

$$\frac{p_{d4}}{p_{s4}}=\varepsilon_4 \tag{5-18}$$

调节后的参数以"$'$"表示,当第 I 级调节后的容积流量为 $V_1'=BV_1$,各级行程容积与级间压力之间的关系由式(5-17)可得

$$\frac{V_1'}{V_2}=\frac{BV_1}{V_2}=\frac{p_{s2}'}{p_{s1}}=\frac{p_{d1}'}{p_{s1}}=\varepsilon_1' \tag{5-19}$$

$$p_{d1}'=p_{s1}\frac{BV_1}{V_2}=Bp_{s1}\frac{p_{d1}}{p_{s1}} \tag{5-20}$$

$$=Bp_{d1}=Bp_{s2}=p_{s2}'$$

由于

$$\frac{V_1}{V_3}=\frac{V_1}{V_2}\frac{V_2}{V_3}=\varepsilon_1\varepsilon_2$$

$$\frac{V_1'}{V_3}=\frac{BV_1}{V_3}=\frac{p_{s3}'}{p_{s1}}=\frac{p_{d2}'}{p_{s1}} \tag{5-21}$$

$$p_{s3}'=p_{s1}\frac{BV_1}{V_3}=Bp_{s1}\varepsilon_1\varepsilon_2 \tag{5-22}$$

$$=Bp_{s1}\frac{p_{s2}}{p_{s1}}\frac{p_{d2}}{p_{s2}}=Bp_{d2}=Bp_{s3}=p_{d2}'$$

同理

$$p'_{s4} = Bp_{d3} = Bp_{s4} = p'_{d3} \qquad (5-23)$$

由式(5-20)~式(5-23)可知各级的压缩比为

$$\varepsilon'_1 = \frac{p'_{d1}}{p_{s1}} = \frac{p'_{s2}}{p_{s1}} = B\varepsilon_1 \qquad (5-24)$$

$$\varepsilon'_2 = \frac{p'_{d2}}{p'_{s2}} = \frac{Bp_{d2}}{Bp_{s2}} = \varepsilon_2 \qquad (5-25)$$

$$\varepsilon'_3 = \frac{p'_{d3}}{p'_{s3}} = \frac{Bp_{d3}}{Bp_{s3}} = \varepsilon_3 \qquad (5-26)$$

$$\varepsilon'_4 = \frac{p_{d4}}{p'_{s4}} = \frac{p_{d4}}{Bp_{s4}} = \frac{1}{B}\varepsilon_4 \qquad (5-27)$$

调节后的总压力比为

$$\varepsilon' = \varepsilon'_1\varepsilon'_2\varepsilon'_3\varepsilon'_4 = \varepsilon_1\varepsilon_2\varepsilon_3\varepsilon_4 = \varepsilon \qquad (5-28)$$

由此可见,当补助容积仅接入第Ⅰ级时,第Ⅰ级的行程容积变小,所以第Ⅰ级的排气压力 p'_{d1} 将随着调节量的大小成比例的降低,第Ⅱ级和以后各级的进气压力 p'_{sj} 也随着降低,其它各级(除末级外)的压力比不变,而最终排气压力由排气系统确定且又不能变化,所以最后一级的压力比必然增大。图5-8表示了四级压缩机第Ⅰ级接入补助容积前后指示图的变化。

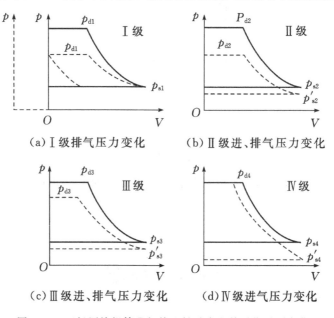

(a)Ⅰ级排气压力变化　　　　(b)Ⅱ级进、排气压力变化

(c)Ⅲ级进、排气压力变化　　　(d)Ⅳ级进气压力变化

图5-8　四级压缩机第Ⅰ级接入补助容积前后指示图变化

但如果调节流量的范围较大时,末级的压力比增加得很多,其排气温度也必然显著增高,可能超出其极限的允许范围,在这种情况下,最后一级必须增设一个补助容积,以便分担给末级的前一级一部分。例如,对于上述压缩机,如果调节幅度过大,在末级即第Ⅳ级增加一个补助容积,设第Ⅳ级的容积变化为

$$C = \frac{V'_4}{V_4} \qquad (5-29)$$

根据式(5-20)和式(5-22),有

$$p'_{d1} = Bp_{d1} = Bp_{s2} = p'_{s2}$$

$$p'_{s3} = Bp_{s3} = Bp_{d2} = p'_{d2}$$

末级与第Ⅰ级容积的比值为

$$\frac{BV_1}{CV_4} = \frac{p'_{s4}}{p_{s1}} \tag{5-30}$$

由于

$$\frac{V_1}{V_4} = \frac{V_1}{V_2}\frac{V_2}{V_3}\frac{V_3}{V_4} \tag{5-31}$$

故

$$p'_{s4} = p_{s1}\frac{BV_1}{CV_4} = \frac{B}{C}p_{s4} = \frac{B}{C}p_{d3} = p'_{d3} \tag{5-32}$$

由式(5-20)~式(5-22)及式(5-32)可知,第Ⅰ级和第Ⅳ级分别接入补助容积后的级间压力比为

$$\varepsilon'_1 = \frac{p'_{d1}}{p_{s1}} = \frac{p'_{s2}}{p_{s1}} = B\varepsilon_1 \tag{5-33}$$

$$\varepsilon'_2 = \frac{p'_{d2}}{p'_{s2}} = \frac{Bp_{d2}}{Bp_{s2}} = \varepsilon_2 \tag{5-34}$$

$$\varepsilon'_3 = \frac{p'_{d3}}{p'_{s3}} = \frac{Bp_{d3}}{C}\frac{1}{Bp_{s3}} = \frac{1}{C}\varepsilon_3 \tag{5-35}$$

$$\varepsilon'_4 = \frac{p_{d4}}{p'_{s4}} = p_{d4}\frac{C}{B}\frac{1}{p_{s4}} = \frac{C}{B}\varepsilon_4 \tag{5-36}$$

调节后的总压力比为

$$\varepsilon' = \varepsilon'_1\varepsilon'_2\varepsilon'_3\varepsilon'_4 = B\varepsilon_1\varepsilon_2\frac{1}{C}\varepsilon_3\frac{C}{B}\varepsilon_4 = \varepsilon \tag{5-37}$$

由此可见,当末级增加补助容积后,提高了末级前一级的压力比,而使末级的压力比降低了 C 倍。图5-9表示了第Ⅰ级和末级均接入补助容积后,其指示图的变化情况。与图5-8比较,可以看出末级的前一级压力比增加了 $1/C$,但末级的压力比得到了缓解。

5.4 复算性热力计算

压缩机是根据一定条件即热力参数来进行设计的,压缩机的级数、各级的行程容积已经确定,由于工艺流程或者系统工况发生变化,进、排气压力变化,压缩介质变化或者调节时某级接入补助容积等,这样对压缩机的工作性能会产生影响。当实际使用的工况与原工况有重大改变时,就需要进行复算,以确定新工况下的压缩机的主要性能参数,为压缩机能否在新的工况下运行提供依据。

复算性计算是在已知压缩机的气缸直径及结构布置方式,级数,进、排气压力等的情况下,确定压缩机的级间压力,并从而确定压缩机的排气量、功率等。

复算性计算是依据式(4-26)进行的,对于 Z 级压缩机已知各级的气缸行程容积 V_{h1},V_{h2},$\cdots$,$V_{h(z-1)}$,V_{hz},进气压力 p_{s1},进气温度 T_1,末级排气压力 p_d,求各级间压力,列出方程组为

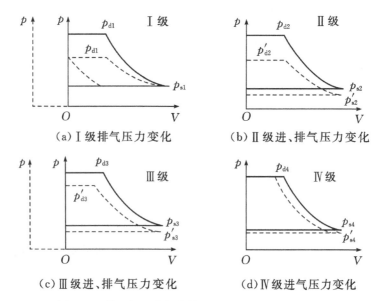

（a）Ⅰ级排气压力变化　　　　（b）Ⅱ级进、排气压力变化

（c）Ⅲ级进、排气压力变化　　　　（d）Ⅳ级进气压力变化

图 5 - 9　第Ⅰ级和末级均接入补助容积前后的指示图

$$\begin{cases} V_{h1}\lambda_{v1}\lambda_{p1}\lambda_{T1}\lambda_{l1}\dfrac{p_{s1}}{p_{s2}}\dfrac{T_{s2}}{T_{s1}}\dfrac{Z_{s2}}{Z_{s1}}=V_{h2}\dfrac{\lambda_{v2}\lambda_{p2}\lambda_{T2}\lambda_{l2}}{\lambda_{\varphi2}\lambda_{c2}} \\[2mm] V_{h2}\dfrac{\lambda_{v2}\lambda_{p2}\lambda_{T2}\lambda_{l2}}{\lambda_{\varphi2}\lambda_{c2}}\dfrac{p_{s2}}{p_{s3}}\dfrac{T_{s3}}{T_{s2}}\dfrac{Z_{s3}}{Z_{s2}}=V_{h3}\dfrac{\lambda_{v3}\lambda_{p3}\lambda_{T3}\lambda_{l3}}{\lambda_{\varphi3}\lambda_{c3}} \\[2mm] \qquad\qquad\qquad\vdots \\[2mm] V_{h(z-1)}\dfrac{\lambda_{v(z-1)}\lambda_{p(z-1)}\lambda_{T(z-1)}\lambda_{l(z-1)}}{\lambda_{\varphi(z-1)}\lambda_{c(z-1)}}\dfrac{p_{s(z-1)}}{p_{sz}}\dfrac{T_{sz}}{T_{s(z-1)}}\dfrac{Z_{sz}}{Z_{s(z-1)}}=V_{hz}\dfrac{\lambda_{vz}\lambda_{pz}\lambda_{Tz}\lambda_{lz}}{\lambda_{\varphi z}\lambda_{cz}} \end{cases}$$ (5 - 38)

　　从第 4 章各系数对压缩机性能影响的分析中看出,理论上方程组中所有的系数均与级间压力和温度有关,因此计算较为复杂。工程中,常采用逐步渐近法,先根据某一个假定,得出级间压力的第一步近似值,然后加以修正,再重复进行计算,得出第二步近似值,再依次计算出第三步、第四步⋯⋯近似值。而第一步的假定是极为重要的,如果选择得当,往往使第二步计算所得结果已足够精确,不必再进行第三步。

　　为了计算简便而又对复算精度无明显影响,可将这些系数预先计入,用一个假想容积来代替行程容积,这些系数包括泄漏系数 λ_l、析水系数 λ_φ 和净化系数 λ_c。析水系数 λ_φ 与给定的相对湿度和各级的进气状态有关,按式(4 - 20)计算;净化系数 λ_c 按压缩机各级有无净化和补气,依据式(4 - 24)计算。各级级间压力和温度按等压比分配条件确定。

　　引入假想容积 V_{hj}^0

$$V_{hj}^0=V_{hj}\dfrac{T_{s1}}{T_{sj}}\lambda_{0j}$$ (5 - 39)

式中:$\lambda_{0j}=\lambda_{pj}\lambda_{Tj}\lambda_{lj}/\lambda_{\varphi j}\lambda_{cj}$;$T_{s1}$、$T_{sj}$ 分别为第Ⅰ级和第 j 级的进气温度。

　　各级级间压力的计算公式简化为

$$p_{sj}=\dfrac{V_{h1}^0}{V_{hj}^0}\dfrac{\lambda_{v1}}{\lambda_{vj}}\dfrac{Z_j}{Z_1}p_{s1}$$ (5 - 40)

各级的压力比为

$$\begin{cases} p_{dj} = p_{s(j+1)} \\ \varepsilon_j = \dfrac{p_{s(j+1)}}{p_{sj}} \end{cases} \qquad (5-41)$$

为了检验复算性计算后级间压力的准确度,采用压缩机每转中的进气量 V_j(换算到第 Ⅰ 级的进气状态)应该相等的原则,则有

$$\frac{p_{sj}V_{hj}^0}{T_{sj}} = \frac{p_{s1}V_j}{T_{s1}\lambda_{vj}} \qquad (5-42)$$

假设各级的回冷完善,有 $T_{sj} = T_{s1}$,在各级的进气量中,主要考虑容积系数的影响,所以

$$V_j = \frac{p_{sj}}{p_{s1}}V_{hj}^0\lambda_{vj} \qquad (5-43)$$

找出各级进气量 V_j 中的最大值和最小值,若 $\dfrac{V_{min}}{V_{max}} > 0.97$,则复算精度足够准确,否则要返回到式(5-39)再次进行第二次计算。

一般多级压缩机进行 3~4 次近似计算就能达到要求,否则就需要改变气缸直径或者余隙容积来进行修正。在进行复算性计算时,如果发现某一级的进气量 V_j 与其它各级的进气量 V_i 相差较大,也需要改变气缸直径或者余隙容积进行修正,修正的方法是减小某级的进气量 V_j,使其尽量接近其它各级的进气量 V_i,即

$$V_j' = V_{hj}\frac{V_1}{V_j} \qquad (5-44)$$

根据 V_j' 计算出修正后的气缸直径 D_j 和行程容积 V_{hj}',再返回到式(5-39)重新进行复算性计算,直到计算精度满足要求为止。复算性计算的例题见第 9 章。

第 6 章　压缩机作用力分析与计算

　　压缩机运转时受到各种力及力矩等的作用,讨论分析这些力、力矩的计算方法及数值,用以判断这些力及力矩对压缩机装置的影响,为零部件强度和刚度计算提供依据;研究这些力的作用与计算,为解决压缩机运行的稳定性及列的合理配置奠定基础;确定合适的飞轮矩,以减小运动机构上附加的交变载荷、曲轴可能出现的扭转振动及电网中电压的波动等,为基础设计提供依据。

6.1　曲柄连杆机构及作用力

6.1.1　中心曲柄连杆机构的几何关系

　　往复式压缩机是通过曲柄连杆机构,将曲轴的旋转运动转换为活塞的往复运动而进行工作循环的。曲柄连杆机构是压缩机各运动件的总和,它包括曲轴、连杆、活塞,在有十字头的压缩机中还包括十字头和活塞杆。图 6-1 是典型的往复式压缩机中心曲柄连杆机构示意图。曲柄连杆机构是往复式压缩机的运动单元。

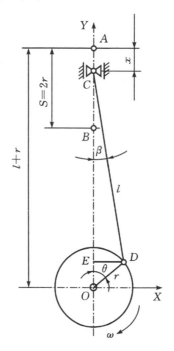

图 6-1　中心曲柄连杆机构示意图

　　图 6-1 中,气缸中心线通过曲轴旋转中心 O 点,C 点为十字头中心,D 点为曲柄销中心,OD 是曲柄半径,其值用 r 表示,CD 为连杆的长度,用 l 表示。r 和 l 是曲柄连杆机构重要的参数,一般用比值 λ 表示,即曲柄半径连杆比 $\lambda = r/l$。活塞距曲轴旋转中心最远的位置 A 点称为外(上)止点,最近的位置 B 点为内(下)止点,内、外止点的距离为活塞的行程 S,$S = 2r$,

曲柄旋转角的瞬时位置以曲柄与气缸中心线的夹角 θ 表示。

1.活塞的位移

规定 θ 角从外止点 A 点位置算起,即在上止点时 $\theta=0°$,任意转角 θ 时,活塞距上止点的位移 x,由图 6-1 可知

$$x=\overline{AO}-\overline{CO} \tag{6-1}$$
$$=r+l-(l\cos\beta+r\cos\theta)$$

式中:β 为连杆摆角,即连杆在摆动平面内偏离气缸中心线的夹角,并规定:在 $0°<\theta<180°$ 范围内 β 为正值;在 $180°<\theta<360°$ 范围内 β 为负值。

将连杆的摆角 β 表示为曲柄与气缸中心线的夹角 θ。在 $\triangle ODE$ 和 $\triangle CDE$ 中

$$l\sin\beta=r\sin\theta$$
$$\sin\beta=\lambda\sin\theta \tag{6-2}$$

由三角公式

$$\cos\beta=\sqrt{1-\sin^2\beta}=\sqrt{1-\lambda^2\sin^2\theta}$$

可得

$$x=r(1-\cos\theta)+l(1-\sqrt{1-\lambda^2\sin^2\theta}) \tag{6-3}$$
$$=r\left[(1-\cos\theta)+\frac{1}{\lambda}(1-\sqrt{1-\lambda^2\sin^2\theta})\right]$$

2.活塞的运动速度

通常认为压缩机的转速 n 是等速的,故旋转角速度 ω 为

$$\omega=\frac{\mathrm{d}\theta}{\mathrm{d}t}=\frac{\pi n}{30}$$

将式(6-3)的活塞位移 x 对时间 t 求导数,可得到活塞的运动速度

$$v=\frac{\mathrm{d}x}{\mathrm{d}t}=\frac{\mathrm{d}x}{\mathrm{d}\theta}\frac{\mathrm{d}\theta}{\mathrm{d}t} \tag{6-4}$$
$$=r\omega\left(\sin\theta+\frac{\lambda}{2}\frac{\sin 2\theta}{\sqrt{1-\lambda^2\sin^2\theta}}\right)$$

式中:ω 为曲轴转角的角速度($1/\mathrm{s}$);n 为曲轴的转速($\mathrm{r/min}$)。

3.活塞运动的加速度

将式(6-4)活塞速度 v 对时间 t 求导数,可得到活塞运动的加速度为

$$a=\frac{\mathrm{d}v}{\mathrm{d}t}=\frac{\mathrm{d}v}{\mathrm{d}\theta}\frac{\mathrm{d}\theta}{\mathrm{d}t} \tag{6-5}$$
$$=r\omega^2\left[\cos\theta+\frac{\lambda\cos 2\theta}{\sqrt{1-\lambda^2\sin^2\theta}}+\frac{1}{4}\frac{\lambda^2\sin^2 2\theta}{(1-\lambda^2\sin^2\theta)^{\frac{3}{2}}}\right]$$

式(6-3)、式(6-4)、式(6-5)分别是活塞的位移、速度、加速度的精确计算公式,工程上为了简化,习惯将 $\sqrt{1-\lambda^2\sin^2\theta}$ 按二项式展开并舍去高次项,不仅使活塞的位移、速度、加速度有明确的物理意义,且误差在工程中所允许的范围内,这样式(6-3)~式(6-5)可简化为

$$x=r\left[(1-\cos\theta)+\frac{\lambda}{4}(1-\cos 2\theta)\right] \tag{6-6}$$

$$v=r\omega\left(\sin\theta+\frac{\lambda}{2}\sin 2\theta\right) \tag{6-7}$$

$$a=r\omega^2(\cos\theta+\lambda\cos 2\theta) \tag{6-8}$$

式(6-6)相对于式(6-3)的最大误差是发生在 $\theta=90°$ 时,当 $\lambda=\frac{1}{5}$ 时,误差为 1%;当 $\lambda=$

$\frac{1}{4}$ 时,误差为 2%。

分析式(6-6)~式(6-8),它们都是由两种不同阶次的简谐运动合成的,即一阶和二阶简谐运动,且二阶简谐运动的位移、速度和加速度分别为一阶简谐运动的 $\frac{\lambda}{4}$、$\frac{\lambda}{2}$ 和 λ 倍,频率都比一阶简谐运动高一倍。

图 6-2 中清楚地表示了当 λ≠0 时,活塞的运动与一阶简谐运动(λ=0)之间的差别。在向轴行程(0°~180°)中,活塞到达行程中点,活塞运动速度为最大值和加速度为零的瞬时较一阶简谐运动提前,即活塞速度的最大值和加速度为零时,在 θ<90°时提前到达,在向盖行程(180°~360°)中则相反,该瞬时较一阶简谐运动滞后,即活塞运动速度最大值和加速度为零时,在 θ>270°后才到达。λ 值愈大,则活塞运动曲线与一阶简谐运动曲线相差越大,即活塞最大速度和加速度为零时位置愈提前(向轴行程)和愈滞后(向盖行程)。

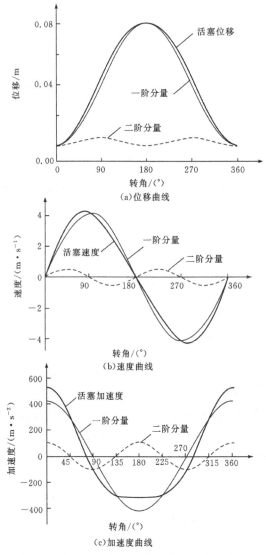

图 6-2　活塞位移、速度和加速度在一个周期内的变化(λ=1/4)

4.曲柄销的运动关系

曲柄销中心 D 点随曲轴回转中心作旋转运动,且近似认为是匀角速度旋转。曲柄销中心 D 点的运动关系分别为

切向位移

$$s_r = r\theta \tag{6-9}$$

切向速度

$$v_r = r\omega \tag{6-10}$$

向心加速度

$$a_r = r\omega^2 \tag{6-11}$$

5.连杆的平面摆动运动关系

连杆的大头与曲柄销一起作旋转运动,连杆小头与活塞销(十字头销)一起作往复运动,所以连杆在气缸中心线平面内作平面摆动,其摆角位移 β、角速度 ω_c 及角加速度 ε_c 为

$$\beta = \arcsin(\lambda \sin \theta) \tag{6-12}$$

$$\omega_c = \frac{\mathrm{d}\beta}{\mathrm{d}t} = \lambda \omega \frac{\cos \theta}{\sqrt{1 - \lambda^2 \sin^2 \theta}} \tag{6-13}$$

$$\varepsilon_c = \frac{\mathrm{d}^2\beta}{\mathrm{d}t^2} = -\lambda(1 - \lambda^2)\omega^2 \frac{\sin \theta}{(1 - \lambda^2 \sin^2 \theta)^{3/2}} \tag{6-14}$$

公式(6-12)~式(6-14)给出了连杆运动表达式,实际分析计算时,为了简化起见,将全部往复质量转换到活塞销(或十字头销)中心,不平衡的旋转质量全部转换到曲柄销中心,因此连杆的质量也分成两部分,一部分质量等效到连杆小头孔(活塞销)中心,这部分质量随活塞作往复运动;另一部分质量等效到连杆大头孔(曲柄销)中心,随曲柄销作旋转运动。

6.1.2 偏心曲柄连杆机构的几何关系

在高速小型立式或角度式无油压缩机中,为了提高聚四氟乙烯活塞环的寿命,常采用偏心曲柄连杆机构,如图 6-3 所示。偏心曲柄连杆机构的特点在于气缸中心线相对于曲轴旋转中心有某一偏心距 e,在压缩机中,其值通常处于 $(0.04 \sim 0.3)r$ 的范围内,此处 r 为曲柄半径。应用偏心曲柄连杆机构可以使活塞所受到的侧向力较均匀,因此它的磨蚀也较均匀。同时,在其他条件相同时,气缸的进气过程也较中心曲柄连杆机构长。

取 k 为相对偏心量,其值为偏心量 e 与曲柄半径 r 的比值,$k = \dfrac{e}{r}$,A_1 和 A_2 分别表示活塞的上、下止点的位置,相应此时曲柄的转角分别为 θ_1 和 θ_2。

活塞在上、下止点的转角 θ_1 和 θ_2 分别利用 $\triangle A_1 O_1 O$ 与 $\triangle A_2 O_1 O$ 的几何关系,由下式求出

$$\begin{cases} \sin \theta_1 = \dfrac{e}{l+r} = \dfrac{\lambda k}{1+\lambda} \\ \sin \theta_2 = -\dfrac{e}{l-r} = -\dfrac{\lambda k}{1-\lambda} \end{cases}$$

当活塞从上止点运动到下止点,曲柄转过的角度 $(\theta_2 - \theta_1) > 180°$,即在其它条件相同的情况下,进气时间较长。当活塞从下止点运动到上止点时,曲柄转过的角度 $(360° - \theta_2 + \theta_1) < 180°$。

1.连杆的角位移、角速度与角加速度

在图 6-3 的 $\triangle ABD$ 与 $\triangle BOD$ 中,$l \sin \beta = r \sin \theta - e$,由此 $\sin \beta = \lambda(\sin \theta - k)$,连杆的位移 β_e 为

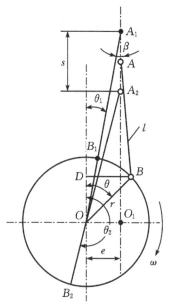

图 6-3　偏心曲柄连杆机构示意图

$$\beta_e = \arcsin[\lambda(\sin\theta - k)] \tag{6-15}$$

当 β_e 为零时,连杆中心线与气缸中心线重合,其对应的曲柄转角为

$$\sin\theta = \frac{e}{r} = k$$

将式(6-15)对转角 θ 求导数并令其为零,则得到当 $\theta = 90°$ 和 $270°$ 时,连杆摆动的角位移最大(相对于气缸中心线两边的值不相等),其值为

$$\beta_{emax} = \arcsin(\pm\lambda - \lambda k)$$

连杆摆动角的角速度为

$$\omega_{ce} = \frac{d\beta_e}{dt} = \frac{d\beta_e}{d\theta}\frac{d\theta}{dt}$$

$$= \frac{\lambda\omega\cos\theta}{\sqrt{1 - \lambda^2\sin^2\theta + \lambda^2 k(2\sin\theta - k)}} \tag{6-16}$$

角加速度为

$$\varepsilon_{ce} = \frac{d^2\beta_e}{dt^2} = -\lambda\omega^2\frac{\sin\theta}{\cos^2\beta_e}\left[(1-\lambda^2) - \lambda^2 k^2\left(k - \sin\theta - \frac{1}{\sin\theta}\right)\right] \tag{6-17}$$

2.活塞的位移、速度与加速度

由图 6-3 可知,活塞的位移 x_e 为

$$x_e = \overline{A_1 A} = \overline{A_1 O_1} - \overline{AO_1} = \sqrt{(l+r)^2 - e^2} - (l\cos\beta_e + r\cos\theta)$$

$$= r\left[\sqrt{\left(\frac{1}{\lambda} + 1\right)^2 - k^2} - \left(\cos\theta + \frac{1}{\lambda}\cos\beta_e\right)\right] \tag{6-18}$$

而

$$\cos\beta_e = \sqrt{1 - \sin^2\beta_e} = \sqrt{1 - \lambda^2(\sin\theta - k)^2} \approx 1 - \frac{\lambda^2}{2}(\sin\theta - k)^2$$

$$\approx 1 - \frac{\lambda^2}{2}\sin^2\theta + \lambda^2 k\sin\theta$$

另外，将 $\sqrt{\left(\dfrac{1}{\lambda}+1\right)^2-k^2}$ 按二项式定理展开并略去 k^4 项以上的高阶微小项有

$$\sqrt{\left(\frac{1}{\lambda}+1\right)^2-k^2}\approx\left(\frac{1}{\lambda}+1\right)-\frac{k^2}{2}\frac{1}{\frac{1}{\lambda}+1}\approx\frac{1}{\lambda}+1$$

将上述二项代入式(6-18)，活塞的位移为

$$x_{\mathrm{e}}=r\left[(1-\cos\theta)+\frac{\lambda}{4}(1-\cos 2\theta)-\lambda k\sin\theta\right] \tag{6-18a}$$

对式(6-18a)微分，则得到活塞的速度和加速度

$$v_{\mathrm{e}}=r\omega\left(\sin\theta+\frac{\lambda}{2}\sin 2\theta-\lambda k\cos\theta\right) \tag{6-19}$$

$$a_{\mathrm{e}}=r\omega^2(\cos\theta+\lambda\cos 2\theta+\lambda k\sin\theta) \tag{6-20}$$

将式(6-19)、式(6-20)与式(6-7)、式(6-8)比较，活塞速度和加速度附加了一项 λk，一般 λk 取值很小($\lambda k=0.01\sim0.075$)，所以偏心曲柄连杆机构的运动规律与中心曲柄连杆机构的运动规律差别不大。

3.活塞的行程

由图6-3几何关系可知，活塞的行程 s_{e} 为

$$s_{\mathrm{e}}=\overline{A_1A_2}=\overline{A_1O_1}-\overline{A_2O_1}=\sqrt{(l+r)^2-e^2}-\sqrt{(l-r)^2-e^2}$$
$$=r\left[\sqrt{\left(\frac{1}{\lambda}+1\right)^2-k^2}-\sqrt{\left(\frac{1}{\lambda}-1\right)^2-k^2}\right] \tag{6-21}$$

利用二项式定理对上式简化后有

$$s_{\mathrm{e}}=r\left[\sqrt{\left(\frac{1}{\lambda}+1\right)^2-k^2}-\sqrt{\left(\frac{1}{\lambda}-1\right)^2-k^2}\right]$$
$$=\left[\left(\frac{1}{\lambda}+1\right)-\frac{k^2}{2}\frac{1}{\left(\frac{1}{\lambda}+1\right)}-\left(\frac{1}{\lambda}-1\right)+\frac{k^2}{2}\frac{1}{\left(\frac{1}{\lambda}-1\right)}\right] \tag{6-21a}$$
$$=2r\left[1+\frac{\lambda^2k^2}{2(1-\lambda^2)}\right]$$

由于 $\left[1+\dfrac{\lambda^2k^2}{2(1-\lambda^2)}\right]>1$ ，所以 $s_{\mathrm{e}}>s=2r$。即与中心曲柄连杆机构比较可知其偏心曲柄连杆机构在其它条件相同时，活塞的行程 s_{e} 稍大，其相对增加量为

$$\frac{s_{\mathrm{e}}-s}{s}=\frac{s_{\mathrm{e}}-2r}{2r}=\frac{\lambda^2k^2}{2(1-\lambda^2)}\approx\frac{1}{2}\lambda^2k^2$$

在压缩机中，由于 $\dfrac{1}{2}\lambda^2k^2\approx(0.00003\sim0.0014)s$，所以偏心连杆机构活塞行程的增加量可以忽略不计。

6.1.3 往复压缩机列的作用力

压缩机各部位存在各种作用力，如图6-4所示。活塞(十字头)上的作用力有气体力、往复惯性力、往复摩擦力及侧向力；曲柄销上的作用力有旋转惯性力以及连杆力；主轴承上的作

用力有驱动力矩以及旋转摩擦力。

而对于偏心曲柄连杆机构中的作用力除往复惯性力外,其余各种力与中心曲柄连杆机构基本没有差别。所以为研究方便起见,以中心连杆机构为例研究各种作用力。

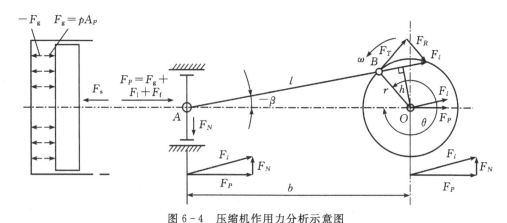

图 6-4　压缩机作用力分析示意图

1.气体力

气体力是由气体压力引起的,它是压缩机的主要作用力,其它所有的作用力的大小均与气体力的大小有关。计算中规定使连杆受拉伸的气体力为正,使连杆受压缩的气体力为负。对于单作用压缩机,气体力基本上使连杆受压;对于双作用的压缩机,轴侧气缸工作容积所产生的气体力使连杆受拉,盖侧气缸工作容积所产生的气体力使连杆受压,因此在向盖行程和向轴行程中,气体力使连杆交替受压缩和拉伸。

作用在活塞上的气体力,为活塞两侧气体压力与相应活塞有效面积的乘积的代数和,即对于单作用活塞另一侧为大气时,作用于活塞上的气体力,为气缸中气体压力与相应活塞面积乘积与大气压力和相应活塞面积的乘积的代数和;活塞一侧如果存在平衡腔,则为气缸中气体压力和相应活塞面积的乘积与平衡腔气体压力和相应活塞面积的乘积代数和。表 6-1 为常用的几种典型气缸结构中气体力的计算方法。

表 6-1　常用气缸结构气体力计算

气缸结构		气体力/N
单作用	p_{iG}　p_b　p_g	$F_g = p_b A_b - p_{iG} A_{iG}$
双作用	p_{iG}　p_{iz}　p_g	$F_g = p_{iz} A_{iz} - p_{iG} A_{iG} + p_b A_b$

气缸结构	气体力/N
级差式 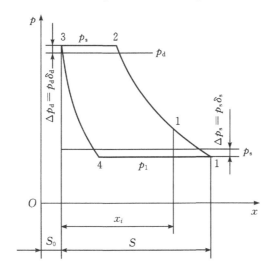	$F_g = p_j A_j + p_p A_p + p_b A_b - p_{iG} A_{iG}$

注:表中,p 为气体压力(Pa);A 为活塞面积(m^2);A_b 为活塞杆面积(m^2);F 为气体力(N);下标,i,j 为级数;b 为大气压;G 为盖侧;p 为平衡腔压力;g 为气体力;z 为轴侧。

因为在压缩机整个工作过程中,气缸内气体压力是随着曲柄转角 θ 变化的,所以压缩机中的气体力也是变化的。为了描述气体力的变化,采用简化的指示图。

以图 6‑5 所示的单作用盖侧气缸工作容积为例介绍各过程中气体力的变化。纵坐标为气缸压力(或为气体力 pA_p,A_p 为活塞面积),横坐标为活塞位移 x;活塞的行程为 S,α 为相对余隙容积,S_0 为余隙容积的当量行程,其值为 $S_0 = \alpha S$;p_s、p_d 为名义的进、排气压力;Δp_s、Δp_d 为进、排气压力损失,其值为 $\Delta p_s = p_s \delta_s$,$\Delta p_d = p_d \delta_d$;$\delta_s$、$\delta_d$ 分别为相对进、排气压力损失,其值由图 3‑15 给出。根据不同的曲柄转角 θ,按照式(6‑3)求出对应的活塞位移 x,然后根据此位移 x 求出对应过程的气体压力 p(或气体力 pA_p)。

图 6‑5 盖侧气缸工作容积指示图

(1)压缩过程 1—2。气体的压缩过程 1—2 满足压缩过程方程式,即

$$p_i = \left(\frac{S + S_0}{x_i + S_0} \right)^n p_1 \qquad (Pa) \qquad (6\text{-}22)$$

式中:p_i 为压缩过程第 i 点的气缸内气体压力(Pa);n 为压缩过程指数;p_1 为进气终了气缸内的实际压力,$p_1 = (1 - \delta_s) p_s$(Pa),p_s 为名义进气压力(Pa);x_i 为活塞在相应 i 点的位移,其值由式(6‑6)确定。

式(6-3)是对应于盖侧气缸工作容积的活塞位移,且自外止点 $\theta=0°$ 起计算,而压缩过程应由内止点($\theta=180°$)开始。根据不同曲柄转角 θ(每隔 5° 或者 10°)由式(6-3)计算出活塞位移,然后代入式(6-22),直到所计算的压力 $p_i \geqslant p_2$,压缩过程结束,p_2 为压缩终了气缸内的实际压力,$p_2=(1+\delta_d)p_d$,取最后一点的气缸内压力仍等于 p_2。压缩过程的气体力为 $F_g=p_iA_G$。

(2)排气过程 2—3。排气过程线可看作是气缸压力等于 p_2 的水平直线($p_2=p_3$),即气缸中任一点 $p_i=p_3$,当 $\theta=360°$ 时排气过程结束,排气过程的气体力为 $F_g=p_3A_G$。

(3)膨胀过程 3—4。膨胀过程 3—4 满足膨胀过程方程式,即

$$p_i=\left(\frac{S_0}{x_i+S_0}\right)^m p_3 \qquad (\text{Pa}) \qquad (6-23)$$

式中:p_i 为膨胀过程第 i 点的气缸内气体压力(Pa);m 为膨胀过程指数。

盖侧气缸工作容积的膨胀过程从外止点($\theta=0°$)算起,一直计算到 $p_i \leqslant p_1$ 为止,膨胀过程结束,取最后一点的气缸压力仍等于 p_1。膨胀过程的气体力为 $F_g=p_iA_G$。

(4)进气过程 4—1。进气过程 4—1 满足进气过程方程式,即可看作是气缸压力等于 p_1 的水平直线,即 $p_i=p_1$。当 $\theta=180°$ 时进气过程结束,进气过程的气体力为 $F_g=p_1A_G$。

如果利用计算机中 Excel 软件计算,为了使得计算中各个过程所对应的角度清晰,将上述计算结果用表格整理出来如表 6-2 所示。

表 6-2　盖侧气缸工作容积气体力计算

角度	活塞位移(x_i)	膨胀过程/Pa	进气过程/Pa	压缩过程/Pa	排气过程/Pa	气体力/N
θ	$r\left[(1-\cos\theta)+\dfrac{1}{\lambda}(1-\sqrt{1-\lambda^2\sin^2\theta})\right]$	$p_i=\left(\dfrac{S_0}{x_i+S_0}\right)^m p_3$	$p_i=p_1$	$p_i=\left(\dfrac{S+S_0}{x+S_0}\right)^n p_1$	$p_i=p_3$	$F_g=-p_iA_G$
0	0	p_3				
10		$\vdots$				
$\vdots$	$\vdots$	$p_i\leqslant p_1$ 取 $p_i=p_1$	p_1			
180			$\vdots$	p_1		$\vdots$
$\vdots$	$\vdots$			$p_i\geqslant p_3$ 取 $p_i=p_3$	p_3	
360						

轴侧气缸工作容积的指示图由图 6-6 给出,各工作过程气体力的计算方法与盖侧基本相

同,差异在于:盖侧气缸工作容积的压缩过程中的 θ 角由内止点 $\theta=180°$ 开始,膨胀过程中的 θ 角由外止点 $\theta=0°$ 开始;而轴侧气缸工作容积的压缩过程中的 θ 角由外止点 $\theta=0°$ 开始,膨胀过程中的 θ 角由内止点 $\theta=180°$ 开始。

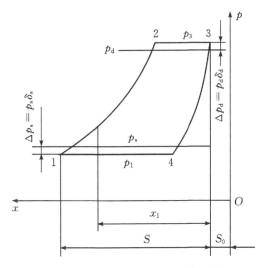

图 6-6　轴侧气缸工作容积指示图

轴侧活塞的位移 x_i 的计算也应该注意该过程的起始位置,可以由下式给出

$$x_i=2r-r\left[(1-\cos\theta)+\frac{1}{\lambda}(1-\sqrt{1-\lambda^2\sin^2\theta})\right] \quad\text{(m)} \quad (6-24)$$

$$=r\left[(1+\cos\theta)-\frac{1}{\lambda}(1-\sqrt{1-\lambda^2\sin^2\theta})\right]$$

相应的压缩过程应从外止点算起,而膨胀过程应从内止点算起。

同样为了使得计算中 Excel 计算不致使工作过程对应的角度出现错误,也将轴侧工作容积的气体力的计算用表 6-3 表示出来。

表 6-3　轴侧气缸工作容积气体力计算

角度	活塞位移(x_i)	膨胀过程/Pa	进气过程/Pa	压缩过程/Pa	排气过程/Pa	气体力/N
θ	$r\left[(1+\cos\theta)-\dfrac{1}{\lambda}(1-\sqrt{1-\lambda^2\sin^2\theta})\right]$	$p_i=\left(\dfrac{S_0}{x_i+S_0}\right)^m p_3$	$p_i=p_1$	$p_i=\left(\dfrac{S+S_0}{x+S_0}\right)^n p_1$	$p_i=p_3$	$F_g=p_iA_z$
180	0	p_3				
190						
$\vdots$	$\vdots$	$p_i\leqslant p_1$ 取 $p_i=p_1$	p_1			
0	$\vdots$		$\vdots$	p_1		$\vdots$

角度	活塞位移(x_i)	膨胀过程/Pa	进气过程/Pa	压缩过程/Pa	排气过程/Pa	气体力/N
10 ⋮ 180				$\vdots$ $p_i \geqslant p_3$ 取 $p_i = p_3$ $\vdots$	p_3	

2. 惯性力

运动部件的惯性力 F 取决于运动质量 m 和加速度 a 的大小,即

$$F = -ma$$

(1)往复惯性力。往复运动质量在运动时产生的惯性力为往复惯性力,其值为

$$F_{\mathrm{I}} = -m_s a$$

对于曲柄连杆机构,往复加速度由式(6－8)确定,故往复惯性力为

$$F_{\mathrm{I}} = -m_s r \omega^2 (\cos\theta + \lambda\cos 2\theta) \quad \text{(N)} \tag{6-25}$$

惯性力的方向应由加速度 a 的方向确定,在压缩机动力计算中,规定使连杆产生拉伸应力的惯性力为正,因此在以后惯性力的计算中不再顾及式(6－25)中的负号。

往复惯性力可以看作是两部分惯性力之和,即

$$F_{\mathrm{I}} = m_s r\omega^2\cos\theta + \lambda m_s r\omega^2\cos 2\theta \quad \text{(N)} \tag{6-26}$$
$$= F_{\text{I}} + F_{\text{II}}$$

式中:F_{I} 为一阶往复惯性力(N);F_{II} 为二阶往复惯性力(N)。

一阶往复惯性力 $F_{\text{I}} = m_s r\omega^2\cos\theta$,其变化周期等于曲柄旋转一周的时间,其最大值发生在 $\theta = 0°$ 时,最小值发生在 $\theta = 180°$ 时,即

$$F_{\text{I max}} = m_s r\omega^2 \quad \text{(N)} \tag{6-27}$$

$$F_{\text{I min}} = -m_s r\omega^2 \quad \text{(N)} \tag{6-28}$$

二阶往复惯性力 $F_{\text{II}} = \lambda m_s r\omega^2\cos 2\theta$,其变化周期为曲柄旋转半周的时间,其最大值发生在 $\theta = 0°$ 和 $\theta = 180°$ 时,为

$$F_{\text{II max}} = \lambda m_s r\omega^2 \quad \text{(N)} \tag{6-29}$$

二阶往复惯性力的最小值发生在 $\theta = 90°$ 和 $\theta = 270°$ 时,为

$$F_{\text{II min}} = -\lambda m_s r\omega^2 \quad \text{(N)} \tag{6-30}$$

由此可见,二阶往复惯性力的最大值仅为一阶往复惯性力最大值的 λ 倍,在往复式压缩机中,通常取 $\lambda = \frac{1}{6} \sim \frac{1}{3}$,这说明一阶往复惯性力在往复惯性力中起主要的作用。

应该注意,不论一阶还是二阶往复惯性力,其力总是沿着该列气缸轴线方向,大小随曲柄转角 θ 周期性地变化,图 6－7 表示了 $\lambda = \frac{1}{4}$ 时的总往复惯性力、一阶和二阶往复惯性力随转角 θ 的变化曲线。

式(6－26)的往复惯性力 F_{Is} 对曲柄转角 θ 求导数,并令其为零,可得往复惯性力最大、最小值时曲柄转角所对应的位置。

$$\begin{aligned}\frac{\mathrm{d}F_{\mathrm{I}}}{\mathrm{d}\theta} &= -m_s r\omega^2(\sin\theta + 2\lambda\cos 2\theta)\\
&= -m_s r\omega^2\sin\theta(1 + 4\lambda\cos\theta)\\
&= 0\end{aligned} \qquad (6-31)$$

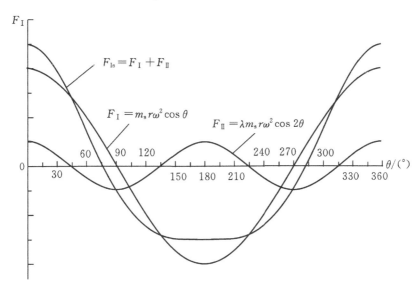

图 6-7　$\lambda=\dfrac{1}{4}$ 时的往复惯性力曲线

式(6-31)若取 $\sin\theta=0$，则 $\theta=0°$ 或 $\theta=180°$，这时往复惯性力达到了极限值。

当 $\theta=0°$ 时，往复惯性力为最大值，为

$$F_{\mathrm{I\,max}} = m_s r\omega^2(1+\lambda) \qquad (6-32)$$

当 $\theta=180°$ 时，往复惯性力为最小值，为

$$F_{\mathrm{I\,min}} = -m_s r\omega^2(1-\lambda) \qquad (6-33)$$

若取式(6-31)中的 $1+\lambda\cos\theta=0$，则得

$$\cos\theta = -\frac{1}{4\lambda} \qquad (6-34)$$

上式中只有当 $\lambda\geqslant\dfrac{1}{4}$ 时才有实际意义。当 $\lambda>\dfrac{1}{4}$ 时，往复惯性力的最小值不发生在活塞内止点处，而是在内止点附近(见图 6-8(a))，即最小值所对应的曲柄转角为

$$\theta = \arccos\left(-\frac{1}{4\lambda}\right) \qquad (6-35)$$

往复惯性力的最小值为

$$F_{\mathrm{I\,min}} = -\lambda m_s r\omega^2\left(1 + \frac{1}{8\lambda^2}\right) \qquad (6-36)$$

现代压缩机一般为 $\lambda<\dfrac{1}{4}$，所以这种情况不常见，其往复惯性力的最小值均发生在内止点处，如图 6-8(b)、(c)所示。

(2)旋转惯性力。不平衡旋转质量 m_r 会引起旋转惯性力(离心力)F_r。旋转惯性力的作

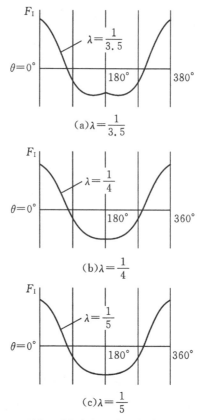

图 6-8　不同 λ 时往复惯性力随转角变化关系曲线

用始终沿着曲柄半径的方向,正负号规定与往复惯性力相同,即引起曲柄拉伸应力的旋转惯性力 F_r 为正,其值为

$$F_r = m_r r \omega^2 \tag{6-37}$$

（3）往复运动质量的确定。计算惯性力时,首先必须确定运动质量。曲柄连杆运动机构的运动质量分为三个部分:①作往复运动部分的质量,包括活塞、活塞杆和十字头组件等,它们均作往复直线运动,按照直线运动系统上各质点的运动状态均一致的原则,可以认为这些运动部件的质量集中在活塞销（或十字头销）,即图 6-9 中 A 点,往复运动质量用 m_p 表示;②作旋转运动的质量,包括曲柄销、曲柄等,其质量集中在图 6-9 中 B 点;③平面摆动运动质量。连杆的大头装在曲柄销上,随曲轴作旋转运动,而小头与活塞销（或十字头销）相连,作往复运动,整个连杆作平面运动。

a.连杆运动质量的转换。由于连杆的大部分质量集中在大、小头上,所以为简单起见,通常将连杆的质量转化成两部分:一部分集中在 A 点的质量 m'_1,另一部分集中于 B 点的质量 m''_1,如图 6-10 所示。

连杆运动质量转化时,应根据总的质量转化前后不变和连杆质心位置转化前后不变的原则进行,即

$$m_1 = m'_1 + m''_1$$
$$m'_1 l_1 = m''_1 l_2 \tag{6-38}$$

式中:l 为连杆长度,即 AB 之间的距离;l_1 为连杆质心 C 点到 A 点的距离;l_2 为连杆质心 C 点到 B 点的距离;m_1 为连杆总的质量;m_1'' 为转化到连杆大头质量;m_1' 为转化到连杆小头的质量。

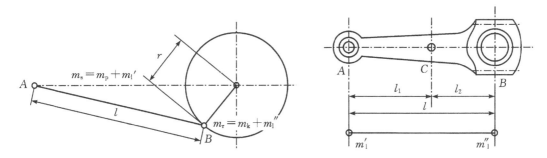

图 6-9 运动质量转化系统图　　　　图 6-10 连杆质量转化示意图

对于已有的连杆,可用秤重法测得连杆的转化质量。将连杆的 A、B 两点分别搁置在两个磅秤上,只要保持连杆中心线与地面平行,则 A、B 两点的读数即为所求的转化质量 m_1' 和 m_1''。

在设计计算时,可根据连杆的统计数据,取

$$m_1' = (0.3 \sim 0.4)m_1$$
$$m_1'' = (0.7 \sim 0.6)m_1 \qquad (6-39)$$

b.曲轴运动质量的转换。对于曲柄和曲柄销旋转运动的质量转换,根据曲轴的结构特点,可以将曲轴分为各自对称的三部分,如图 6-11 所示。其中,围绕在主轴中心点 O 的质量 m_k''',包括主轴颈在内,相对于主轴中心点 O 是对称的,曲轴旋转时不产生离心力。质量 m_k' 和 m_k'' 相对于旋转中心点 O 不对称,故在旋转时会产生离心力。

围绕在曲柄销中心点 B 的质量 m_k' 的质心在 B 点,可以认为其质量集中在 B 点处。

曲柄上的质量 m_k'',质心在 G 点,其质心距主轴的旋转中心点 O 的距离为 ρ,将这部分质量转化到 B 点的质量为 m_r',即

$$m_r' = m_k'' \frac{\rho}{r} \qquad (6-40)$$

式中:r 为曲轴回转半径。

由此,造成曲轴旋转部分不平衡的质量为

$$m_k = m_k' + m_r' \qquad (6-41)$$

在高速压缩机中,由于行程较小,往往是主轴颈与曲柄销重叠,如图 6-11(b)所示,其转换方式与以上方法相同,将重叠部分的质量 m_k'' 以负值代入式(6-40)中即可。

经过上述质量转换后,曲柄连杆机构作为两质量系统,一个质量为集中在活塞销(或十字头销)中心点 A 的往复质量 m_s,即

$$m_s = m_p + m_1' \qquad (\text{kg}) \qquad (6-42)$$

式中:m_p 为活塞、活塞杆和十字头组件的质量,在压缩机初步设计时,由于往复运动质量无法确定,可按照列的最大活塞力估算该列的最大往复质量 m_{smax},即

$$m_{smax} = \frac{F_{gmax}}{r\omega^2(1+\lambda)} \qquad (6-42a)$$

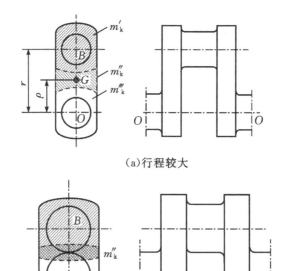

（a）行程较大

（b）主轴颈与曲柄销重叠

图 6-11　曲轴运动质量的转换

式中：F_{gmax} 为列的最大气体力（N）。

另一个质量为集中于曲柄销中心点 B 的旋转质量，即

$$m_r = m_k + m_1'' \qquad (\text{kg}) \tag{6-43}$$

3.相对运动表面间的摩擦力

运动表面间的摩擦力分为往复摩擦力和旋转摩擦力。活塞与气缸壁、活塞杆与填函、十字头与滑道等之间的相对运动表面产生往复摩擦力；活塞销（或十字头销）与连杆小头、曲柄销与连杆大头、主轴颈与主轴承之间产生旋转摩擦力。

摩擦力的方向始终与运动方向相反，其大小取决于相对运动表面之间的正压力和摩擦系数，并随曲柄转角 θ 而变化，且规律比较复杂难以精确计算，但摩擦力的绝对值比惯性力和气体力要小得多，所以为了便于计算，常把它视作定值，并按经验取定的摩擦功率 P_f 值推算而得。

表 4-4 给出了压缩机各部分的摩擦功率占总的摩擦功率 P_f 的比例，可见往复运动部分摩擦功率占总摩擦功率的 60%～70%，旋转运动部分摩擦功率占总摩擦功率的 30%～40%，因此往复摩擦力 F_f 和旋转摩擦力 F_r 分别为

$$F_f = (0.6 \sim 0.7) \frac{P_i \left(\dfrac{1}{\eta_m} - 1 \right) \times 60}{2Sn} \qquad (\text{N}) \tag{6-44}$$

$$F_r = (0.4 \sim 0.3) \frac{P_i \left(\dfrac{1}{\eta_m} - 1 \right) \times 60}{\pi Sn} \qquad (\text{N}) \tag{6-45}$$

式中：P_i 为相应列的指示功率（W）；η_m 为压缩机机械效率；S 为活塞行程（m）；n 为压缩机转速（r/min）。

摩擦力的正负规定与往复惯性力正负号规则相同，向轴行程（0°～180°）的往复摩擦力始

终沿着气缸中心线方向指向盖侧,该力使活塞杆(或连杆)受拉伸,规定为正值。向盖行程中(180°～360°)的往复摩擦力也是沿气缸中心线方向而指向轴侧,规定为负值。如此规定后,在止点位置(0°和180°)的往复摩擦力 F_f 就会出现两个值,既可以为正值,也可以为负值,这与实际情况不符,所以为了避免这一误差,令止点位置的往复摩擦力 $F_f=0$。

旋转摩擦力的方向始终与曲轴的旋转方向相反,是曲轴旋转的阻力,规定为正值。

6.2 单列压缩机中作用力的分析

列是构成压缩机结构的基本单元,分析单列压缩机的作用力可为多列压缩机各种作用力的分析提供依据。

6.2.1 各种作用力及力矩

1.活塞力

压缩机中的气体力、往复惯性力和往复摩擦力都沿气缸中心线方向作用,它们的代数和称为活塞力 F_p,活塞力 F_p 作用在十字头(或活塞销)点 A,如图 6-9 所示,其值为

$$F_p=F_g+F_I+F_f \quad (N) \tag{6-46}$$

活塞力的正负与往复惯性力正负规定相同。由于 F_g、F_I、F_f 均为曲柄转角 θ 的函数,故活塞力也是曲柄转角 θ 的函数,即 $F_p=f(\theta)$。图 6-12 和图 6-13 给出了单作用压缩机和双作用压缩机列的活塞力图。

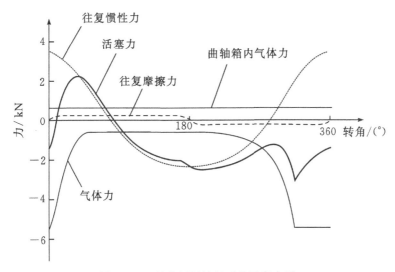

图 6-12　单作用压缩机列的活塞力图

由式(6-46)可以讨论压缩机在各种工况时活塞力的变化。

当压缩机空负荷运行时,$F_g=0$,则活塞力 F_p 就等于往复惯性力 F_I 和往复摩擦力 F_f 之和,即

$$F_p=F_I+F_f \tag{6-47}$$

当压缩机满负荷突然停机时,往复惯性力 F_I 和往复摩擦力 F_f 均为零,则活塞力 F_p 就等于气体力,即

$$F_p=F_g \tag{6-48}$$

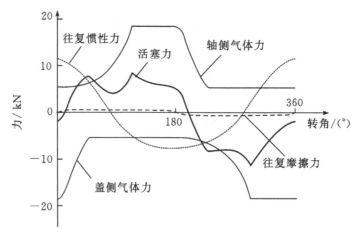

图 6-13 双作用压缩机列的活塞力图

当压缩机停机的位置刚好处在活塞的止点位置时,这时的活塞力比其它工况时的活塞力都要大,即

$$F_p = F_{gmax} \qquad\qquad (6-49)$$

压缩机铭牌上所标注的活塞力就是活塞处在止点位置时的气体力。

2.侧向力和连杆力

作用在十字头销(或活塞销)点 A 处的活塞力 F_p 可以分解为垂直于气缸中心线方向的分力 F_N 和沿连杆轴线方向的分力 F_1,如图 6-4 所示。F_N 称为侧向力,规定顺旋转方向压向气缸(或十字头导轨)的侧向力为正,反之为负;F_1 称为连杆力,规定使连杆受拉伸的连杆力为正,反之为负。根据图 6-4 中各力的几何关系,侧向力和连杆力的计算分别为

$$F_N = F_p \tan\beta = F_p \frac{\lambda\sin\theta}{\sqrt{1-\lambda^2\sin^2\theta}} \qquad (N) \qquad (6-50)$$

$$F_1 = \frac{F_p}{\cos\beta} = F_p \frac{1}{\sqrt{1-\lambda^2\sin^2\theta}} \qquad (N) \qquad (6-51)$$

式中:连杆轴线与气缸轴线之间的摆动夹角 β,如图 6-4 所示,在曲轴转角由 $0°\sim180°$ 时为正,由 $180°\sim360°$ 时为负。

3.切向力和法向力

作用在曲柄销上的连杆力 F_1 可分解为垂直于曲柄方向的切向力 F_T 和沿曲柄方向的法向力 F_R,如图 6-4 所示。根据图示的关系,计算公式如下

$$\begin{aligned} F_T &= F_1\sin(\theta+\beta) = F_p \frac{\sin(\theta+\beta)}{\cos\beta} \\ &= F_p\left(\sin\theta + \frac{\lambda}{2}\frac{\sin 2\theta}{\sqrt{1-\lambda^2\sin^2\theta}}\right) \end{aligned} \qquad (N) \qquad (6-52)$$

$$\begin{aligned} F_R &= F_1\cos(\theta+\beta) = F_p \frac{\cos(\theta+\beta)}{\cos\beta} \\ &= F_p\left(\cos\theta - \lambda\frac{\sin^2\theta}{\sqrt{1-\lambda^2\sin^2\theta}}\right) \end{aligned} \qquad (N) \qquad (6-53)$$

切向力和法向力的大小和方向均随曲柄转角 θ 变化,规定与曲柄旋转方向相反的切向力为正值,由曲柄中心向外指向的法向力为正值。

图 6-14 和图 6-15 分别给出了单作用和双作用压缩机列的切向力和法向力曲线。

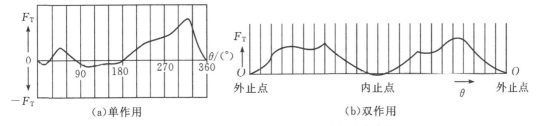

(a)单作用   (b)双作用

图 6-14　单作用、双作用压缩机列的切向力曲线

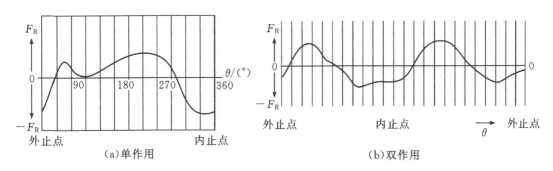

(a)单作用   (b)双作用

图 6-15　单作用、双作用压缩机列的法向力曲线

4.阻力矩和倾覆力矩

如图 6-4 所示,连杆力 F_1 沿连杆轴线方向传到曲柄销中心点 B,可对曲轴旋转中心构成力矩 M_y,其值为

$$M_y = F_1 h \qquad (\text{N} \cdot \text{m}) \tag{6-54}$$

根据图 6-4 所示的几何关系

$$h = b\sin\beta \qquad l\sin\beta = r\sin\theta$$
$$b = l\cos\beta + r\cos\theta$$

由此

$$h = r\sin(\beta+\theta)$$
$$b = \frac{h}{\sin\beta} = \frac{r\sin(\beta+\theta)}{\sin\beta}$$

将上述关系代入式(6-47),力矩 M_y 可以表示为

$$M_y = F_1 r\sin(\beta+\theta) = F_p r\,\frac{\sin(\beta+\theta)}{\cos\beta} \qquad (\text{N} \cdot \text{m}) \tag{6-55}$$

该力矩的方向与曲轴旋转方向相反,起着阻止曲轴旋转的作用,故称为阻力矩。

连杆力 F_1 传递到曲轴的主轴承上(见图 6-4),可分解为水平方向和垂直方向的两个分力。

垂直方向的分力值为

$$F_1\sin\theta=\frac{F_p}{\cos\beta}\sin\beta=F_p\tan\beta \qquad (N) \tag{6-56}$$

比较式(6-50)与式(6-56),可以看出垂直方向的分力恰好等于侧向力,而方向与侧向力相反,故该力与侧向力也构成一个力矩 M_N,即

$$M_N=F_N b=F_p\tan\beta\frac{r\sin(\beta+\theta)}{\sin\beta}$$

$$=F_p r\frac{\sin(\beta+\theta)}{\cos\beta} \qquad (N\cdot m) \tag{6-57}$$

比较式(6-57)与式(6-55),可以看出该力矩在数值上与阻力矩大小相等,但它作用在压缩机的机身上,有使压缩机顺旋转方向倾倒的趋势,故称为倾覆力矩。倾覆力矩作用在压缩机机身上,而阻力矩则作用在曲轴上,所以两者尽管数值相等,但在机器内部不能相互抵消。

水平方向的分力值恰好等于活塞力,即

$$F_1\cos\beta=\frac{F_p}{\cos\beta}\cos\beta=F_p \qquad (N) \tag{6-58}$$

6.2.2 各力对压缩机的作用

1.气体力

气缸中的气体力除作用于活塞上外,也同时作用在气缸盖(或气缸座)上,如图6-4所示,它们大小相等、方向相反,后者也将通过气缸壁和机身传递到主轴承 O 点处,和经过运动机构传递到主轴承上的活塞力 F_p 中的气体力 F_g 相抵消。所以,在气缸轴线方向上,气体力是不会传递到机器外边来的,它在机器内部就互相平衡了。气体力只是使气缸、中体和机身等有关部件以及它们之间的连接螺栓等承受拉伸或压缩载荷,故气体力也称为内力。

但是在卧式压缩机中,倘若把十字头导轨完全紧固在基础上,那么,气体力将被基础螺栓承担一部分,而不能在主轴承上完全抵消了。

2.往复摩擦力

由于摩擦力是成对出现的,因此它也如同气体力一样,一方面通过运动机构传递到主轴承上,另一方面也通过气缸壁和机身传递到主轴承上,两方面传递过来的力大小相等、方向相反,可以相互抵消。所以,往复摩擦力也不会传递到机器外边,它在机器内部就被相互平衡了,故往复摩擦力也是一个内力。

3.惯性力

作用在主轴承上的活塞力 F_p 中的气体力和往复摩擦力已在机器内部被平衡掉了,而剩下的往复惯性力 F_1 未被平衡。它能够通过主轴承及机体传到机器外面来,故往复惯性力为外力,或称为自由力。由于它的大小和方向是随曲柄转角周期性变化而变化的,因而会引起机器和基础的振动。

旋转惯性力 F_r 也作用在主轴承上,它也是外力。它虽然大小不变,但方向随曲柄转角周期性地变化,也能引起机器和基础的振动。

为了减小机器的振动,应尽可能在机器内部把惯性力平衡掉,这将在下一章中讨论。

4.侧向力

侧向力 F_N 作用在十字头滑道或气缸壁面,它的大小直接影响十字头或活塞环的磨损情况。

5.切向力和法向力

切向力作用在曲柄销 B 点处,对曲轴中心形成了一个力矩 M_T,即

$$M_T = F_T r = F_1 r \sin(\beta + \theta) \quad (\text{N} \cdot \text{m}) \quad (6-59)$$

比较式(6-59)与式(6-55)可知,切向力形成的力矩就是阻力矩。

法向力作用于曲柄销和主轴承上,导致轴与轴承间的磨损及摩擦功的损失,也影响轴承的承载能力。法向力的计算是为压缩机曲轴强度计算、轴承的间隙计算提供依据。

切向力和法向力的大小同时决定曲轴强度和工作的可靠性。

6.倾覆力矩

倾覆力矩 M_N 和阻力矩 M_y 虽然大小相等,方向相反,但倾覆力矩 M_N 作用于压缩机机身上,而阻力矩 M_y 则作用于曲轴上,二者在机器内部不能相互抵消。倾覆力矩属于自由力矩,其数值随曲柄转角周期性变化,它会传到机器外部,引起机器的振动。

例如,在某些立式或角度式压缩机中,当刚性较差时,倾覆力矩往往造成机器在力矩平面内有明显的振动。特别是当这些压缩机的惯性力平衡得相当好时,可以看到,在空负荷时,机器运转得非常平稳,但当进入正常运行时,由于气缸内气体压力增加,机器便明显地晃动起来,这由于空负荷时的倾覆力矩很小,满负荷时有了气体力,使倾覆力矩值增大起来的缘故。

倾覆力矩最终为基础螺栓所承受,并传至基础。但是,当压缩机和驱动机构成一个整体或者处在同一个基础上时,驱动机作用给机体或基础的反力矩 $-M_d$ 与倾覆力矩在基础内要平衡掉一部分,故基础作用于土壤的力矩瞬时值仅为两者之差。

7.阻力矩

作用于压缩机曲轴上的阻力矩除式(6-55)表示的 M_y 以外,作用在曲柄销上的旋转摩擦力 F_r 引起的旋转摩擦力矩 M_f,也是阻止曲轴旋转的阻力矩。二者阻力矩的方向相同,且都是起阻止曲轴旋转的作用,即总阻力矩为两个阻力矩之和,即

$$M_y' = M_y + M_f \quad (\text{N} \cdot \text{m}) \quad (6-60)$$

式中:M_f 为旋转摩擦力矩,其值为

$$M_f = F_r r \quad (\text{N} \cdot \text{m}) \quad (6-61)$$

总阻力矩实际上就是压缩机的耗功,它由驱动机的驱动力矩 M_d 来平衡。

6.3 总切向力及飞轮矩的确定

总阻力矩的平衡力矩是驱动机的驱动力矩,压缩机的转速是均匀的,则在压缩机一转之中,总的阻力矩所消耗的功与驱动力矩所供给的功应该相等,否则就会出现加速或减速现象。但通常情况下驱动机为电动机,其驱动力矩为定值,而阻力矩则是随曲柄的转角 θ 周期性地变化,它们在一转之中的每一个瞬时是不相等的,即 $M_d \neq M_y'$,这就会引起曲轴加速或减速现象,即

$$M_y' - M_d = -J\varepsilon \quad (\text{N} \cdot \text{m}) \quad (6-62)$$

式中:J 为压缩机组中全部旋转质量的转动惯量($\text{kg} \cdot \text{m}^2$);$\varepsilon$ 为压缩机曲轴的瞬时角加速度($1/\text{s}^2$)。

为了使压缩机曲轴瞬时速度均匀,不希望压缩机在一转中的角加速度有较大的变化,所以要增加转动惯量 J,为此,要在压缩机中安装飞轮,使用飞轮来提高 J 而减小 ε。

6.3.1 总切向力

在多列压缩机中,总切向力 F_{TZ} 值等于各列切向力 F_{Ti} 与总的旋转摩擦力 F_r 的总和,它是驱动机所要克服的压缩机总阻力,即

$$F_{TZ} = \sum_{i=1}^{j} F_{Ti} + F_r \qquad (N) \qquad (6-63)$$

总切向力作用于曲柄销,对曲轴所形成的阻力矩即为总阻力矩。

由于每列的切向力计算都是以该列的外止点($\theta=0°$时)作为该列曲柄转角的起始点,而多列压缩机各列的曲拐之间存在错角,各列的气缸中心线之间又有夹角,因此在计算 $\sum_{i=1}^{j} F_{Ti}$ 时应按照相位进行叠加,即同一瞬时各列不同相位角对应的切向力叠加。

叠加时应遵循下列原则。

(1)先选定基准列,可以选择任意一列,但通常以前置列作为基准列。

(2)确定各列曲柄转角间的关系。各列曲柄转角 θ_i 均从本列气缸中心线开始顺曲轴旋转方向到本列曲柄该瞬时所在位置的角度,设某一瞬时基准列的曲柄转角为 θ,同一瞬时其余各列相应的曲柄转角分别为 $\theta_1,\theta_2,\cdots$。由于各列处于同一瞬时合成,即相对于基准列,将各列曲柄转角 θ_i 表示成基准列转角 θ 的函数。

(3)若各列曲柄半径不同,应将各列切向力换算到相同的曲柄半径。换算方法为

$$F_T = F_T' \frac{r'}{r} \qquad (6-64)$$

式中:F_T' 为曲柄半径较小列的切向力(N);F_T 为该列换算后的切向力(N);r' 为较小列的曲柄半径(m);r 为压缩机其余列的曲柄半径(m)。

(4)旋转摩擦力作用在曲柄销上并为定值,方向与旋转方向相反,所以恒为正值,因此计算总切向力时必须加上,其值由式(6-45)确定,即总切向力曲线应由式(6-63)确定。

图6-16表示了V型压缩机总切向力曲线示意图。气缸中心线之间存在夹角 γ,按照旋转方向,如果取第Ⅰ列曲柄转角 θ 为基准,则第Ⅱ列气缸中心线到本列曲柄所对应的角度为 θ_1,将 θ_1 表示为 θ 的函数,即 $\theta_1=\gamma+\theta$,然后按各自列计算切向力叠加。

图6-16(a)、(b)中分别为第Ⅰ列和第Ⅱ列的切向力曲线,由于气缸之间的夹角 $\gamma=90°$,所以第Ⅱ列曲轴转角($\gamma+\theta_1$)所对应的切向力应与第Ⅰ列曲轴转角 θ 的切向力叠加,即第Ⅱ列的切向力比第Ⅰ列切向力超前90°。

图6-17为两列双作用且曲柄错角为90°的立式压缩机,按照切向力合成规则,以第Ⅰ列曲柄旋转角度 θ_1 为基准,则第Ⅱ列曲柄转角为 θ_2,第Ⅱ列与第Ⅰ列的函数关系为 $\theta_2=\gamma+\theta_1$,即第Ⅰ列 θ_1 对应的切向力应与第Ⅱ列 $\gamma+\theta_1$ 对应的切向力叠加,图中 $\gamma=90°$。

图6-18为两列双作用对动式压缩机,气缸对称布置在曲轴的两侧,仍然按照切向力合成规则,以第Ⅰ列转角 θ_1 为基准列,第Ⅱ列同一瞬时的曲柄转角 θ_2 与基准列的函数关系为 $\theta_2=\theta_1$,所以合成总的切向力为两列同角度切向力的叠加。由此可以看出,两列对动式压缩机切向力极不均匀。

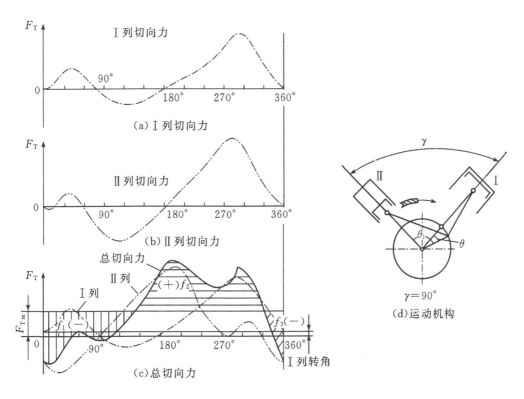

图 6-16　单作用 V 型压缩机总切向力曲线

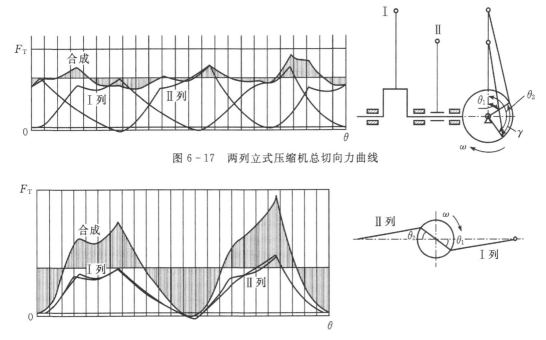

图 6-17　两列立式压缩机总切向力曲线

图 6-18　两列双作用对动式压缩机总切向力曲线

其它各种型式的活塞式压缩机切向力的合成与上述方法相同。

6.3.2　平均切向力

当驱动机为电机时,驱动力矩 M_d 为常数,如果驱动轴的旋转半径为 r,则驱动力矩 M_d 为平均切向力 F_{Tm} 与旋转半径 r 的乘积,即 $M_d = F_{Tm} \cdot r$,驱动机的驱动功为

$$W_d = \int_0^{2\pi} F_{Tm} r \, d\theta = 2\pi r F_{Tm} \tag{6-65}$$

当压缩机作匀速旋转时,驱动功 M_d 应等于压缩机轴功 W_z,而压缩机的轴功就是压缩机一转中总阻力矩所消耗的功,曲柄的回转半径也为 r,即

$$W_z = \int_0^{2\pi} M'_y \, d\theta = \int_0^{2\pi} F_{TZ} r \, d\theta \tag{6-66}$$

式(6-66)也表示了切向力曲线与横坐标轴间的面积,若将该面积用矩形面积代替,从图6-19中看出,矩形面积的高就是平均切向力 F_{Tm},数值上就等于平均驱动力,即式(6-65)应等于式(6-66),所以有

$$F_{Tm} = \frac{\int_0^{2\pi} F_{TZ} r \, d\theta}{2\pi r} \qquad (\text{N}) \tag{6-67}$$

根据热力计算,压缩机所需要的驱动功就是压缩机的轴功,因此,平均切向力也可按照压缩机的轴功进行计算,即

$$F_{Tm} = \frac{30 P_{sh}}{\pi r n} \qquad (\text{N}) \tag{6-68}$$

式中:P_{sh} 为由热力计算所得的压缩机轴功率(W);n 为压缩机转速(r/min)。

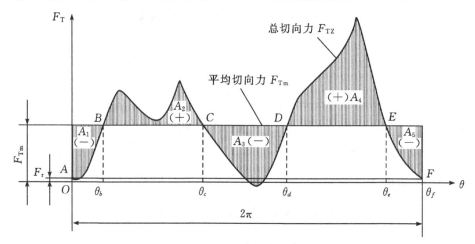

图6-19　平均切向力和总切向力之间的关系

式(6-67)和式(6-68)所计算出的结果应该一致。使用式(6-68)也可以校核切向力计算的准确性。

热力计算时所得的压缩机轴功是压缩机的指示功和摩擦功之和,计算时并没有涉及惯性力。由此可见惯性力的存在,并不直接影响功率的消耗,也就是说在压缩机一转之中,惯性力对外不做功。惯性力的大小只能改变压缩机中作用力的分布规律,即影响活塞力图、切向力图和法向力图的形状,影响压缩机零件的受力状况。

6.3.3　飞轮矩的确定

如图6-19所示,总切向力曲线围绕平均切向力的变化,表示曲轴旋转一周中总阻力矩与驱动力矩的相对变化关系。位于平均切向力上方的阻力矩大于驱动力矩,驱动能量不足,曲轴

旋转速度降低;位于平均切向力下方的阻力矩小于驱动力矩,驱动能量多余,曲轴旋转速度增加。

平均切向力直线 F_{Tm} 与总切向力曲线 $F_{TZ}=f(\theta)$ 的交点 B、C、D、E,是从驱动能量多余向驱动能量不足过渡的转折点,或从驱动能量不足向驱动能量多余过渡的转折点。

压缩机在正常工作时,不允许角速度有太大的波动,尤其是用电动机驱动时,旋转阻力矩过大的变化会导致电动机电流波动以及电网中电压较大的波动,甚至影响电网及电动机的正常运行。角速度的过大波动,也会在压缩机运动件的连接处引起附加的动载荷。为此要在压缩机上加装飞轮,利用飞轮的惯性矩来吸取多余的能量,补充不足的能量,使机器的旋转角速度的波动限制在某一允许的范围内。

用旋转不均匀度 δ 表示一转中角速度的变化,其值为

$$\delta=\frac{\omega_{max}-\omega_{min}}{\omega_m} \tag{6-69}$$

式中:ω_{max} 为压缩机一转中角速度的最大值(1/s);ω_{min} 为一转中角速度的最小值(1/s);ω_m 为平均角速度(1/s),其值近似为 $\omega_m=\frac{\omega_{max}+\omega_{min}}{2}$。

随着角速度的变化,飞轮在一转之中的能量变化值为

$$L=\frac{1}{2}J(\omega_{max}^2-\omega_{min}^2) \qquad (J) \tag{6-70}$$

式中:J 为飞轮的转动惯量($kg\cdot m^2$)。

工程上,飞轮的转动惯量 J 习惯用飞轮矩 GD^2 表示,即

$$J=mR^2=\frac{GD^2}{g}\frac{D^2}{4}\approx\frac{1}{40}GD^2 \qquad (kg\cdot m^2) \tag{6-71}$$

式中:D 为飞轮轮缘截面质心的圆周直径(m);G 为转换到 D 上的飞轮重力(N)。

如果仅考虑飞轮轮缘部分的重力,它约为整个飞轮重力的 0.9 倍。

将式(6-69)及式(6-71)代入式(6-70),得到所需飞轮矩为

$$GD^2\approx3600\frac{L}{n^2\delta} \qquad (N\cdot m^2) \tag{6-72}$$

由式(6-72)可以看出,压缩机所需的飞轮矩与一转中能量的变化值 L 成正比,而与压缩机的转速平方 n^2 以及所允许的旋转不均匀度 δ 成反比。当 L 一定时,转速 n 越高,其飞轮矩越小。或者说,L、n 一定时,压缩机上所加飞轮矩越大,则曲轴旋转不均匀度 δ 就越小。表6-4给出了各种驱动方式的旋转不均匀度 δ 的取值。影响 L 的主要因素是总切向力的均匀性,而总切向力的均匀性完全取决于压缩机的结构方案。

表 6-4 各种驱动方式的旋转不均匀度

驱动机类型	传动方式	δ
电动机	皮带传动	$\frac{1}{30}\sim\frac{1}{40}$
	弹性联轴器	$\frac{1}{80}$
	刚性联轴器或悬臂电动机	$<\frac{1}{100}$
柴油机	弹性连接	$\frac{1}{8}\sim\frac{1}{10}$

能量变化值 L 可通过对总切向力曲线分段积分求出(见图 6-19)。能量变化值应为一转中飞轮的最大多余能量(相应于 ω_{max} 时)和最大不足能量(相应于 ω_{min} 时)之差。因 ω_{max} 和 ω_{min} 可在总切向力图中找出。对总切向力图进行分段积分,即依次求出 $A-B$ 段、$A-C$ 段、$A-D$ 段、$A-E$ 段和 $A-F$ 段的能量变化值 L_1、L_2、L_3、L_4 和 L_5,其中 L_5 应为零。

$$\begin{cases} L_1 = \int_0^{\theta_b} (F_{TZ} - F_{Tm}) r \, \mathrm{d}\theta = r \Delta\theta \sum_{i=1}^{n} (F_{TZi} - F_{Tm}) \\ L_2 = \int_0^{\theta_c} (F_{TZ} - F_{Tm}) r \, \mathrm{d}\theta = r \Delta\theta \sum_{i=1}^{n} (F_{TZi} - F_{Tm}) \\ \vdots \end{cases} \quad (\mathrm{J}) \quad (6-73)$$

在 $L_1 \sim L_5$ 中找出最大值和最小值,则

$$L = L_{max} - L_{min} \quad (6-74)$$

式中:θ_b、θ_c 为点 B、C 对应的曲柄转角;$\Delta\theta$ 为数值积分中所选择的曲柄转角步长;F_{TZi} 为各步长对应的总切向力值(N);F_{Tm} 为平均切向力(N)。

若驱动机为柴油机,其驱动力矩也是随着转角 θ 变化的,用上述方法同样可求出能量变化值 L,式中的 F_{Tm} 值用相应转角下的瞬时驱动力代替。图 6-20 为摩托式压缩机的能量平衡关系曲线。

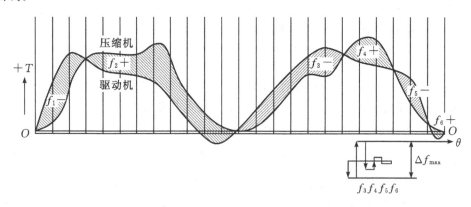

图 6-20 摩托式压缩机能量平衡关系曲线

6.4 压缩机方案对能量变化的影响

在压缩机结构方案中,如果活塞在向轴行程和向盖行程中所消耗的功大小相等,则切向力曲线就比较均匀,能量变化值就比较小。在结构方案上,若采用双作用气缸、级差式气缸、平衡容积、多列结构等措施,有可能得到较均匀的切向力曲线,且多列压缩机当采用不同的曲柄错角、气缸中心线夹角时,对总切向力的曲线会有直接影响。如 L 型双作用压缩机的切向力比两列对动式压缩机的切向力均匀,因为 L 型压缩机的两列切向力是峰谷叠加,而两列对动式压缩机的切向力是峰峰叠加,图 6-21 和图 6-22 分别表示了两列双作用 L 型和两列双作用对动式压缩机的切向力曲线;图 6-23 表示了四列对动式压缩机切向力变化曲线;图 6-24 表示了六列双 W 型压缩机总切向力变化曲线。另外,各列曲柄错角的超前或者滞后也影响切向力的均匀性,图 6-25 表示了三列 M 型压缩机列超前或落后的切向力变化曲线。

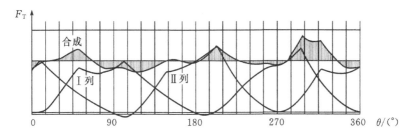

图 6-21　双作用 L 型压缩机切向力曲线

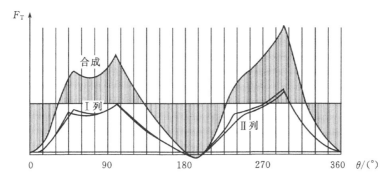

图 6-22　两列双作用对动式压缩机总切向力曲线

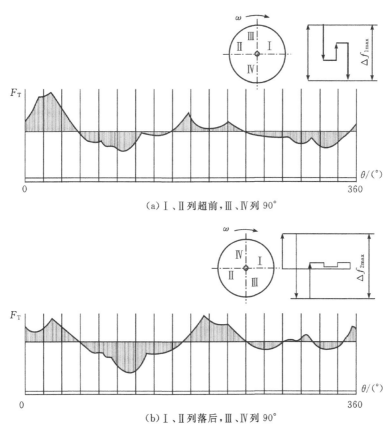

（a）Ⅰ、Ⅱ列超前，Ⅲ、Ⅳ列 90°

（b）Ⅰ、Ⅱ列落后，Ⅲ、Ⅳ列 90°

图 6-23　四列对动式压缩机总切向力曲线

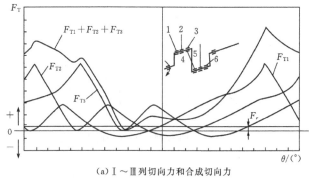

(a) Ⅰ～Ⅲ列切向力和合成切向力

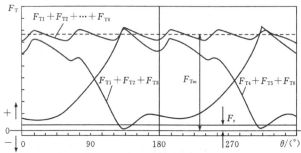

(b) Ⅳ～Ⅵ列切向力和总合成切向力

图 6-24　六列双 W 型压缩机总切向力曲线

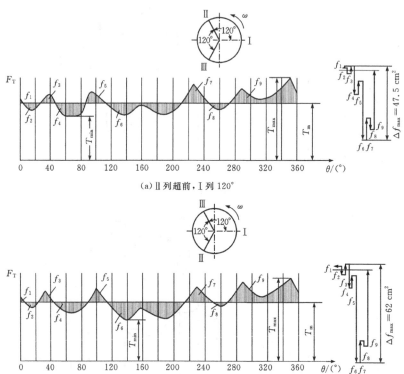

(a) Ⅱ列超前，Ⅰ列 120°

(b) Ⅲ列超前，Ⅰ列 120°

图 6-25　三列对动式压缩机总切向力曲线

6.5　偏心曲柄连杆机构中的作用力

对于偏心曲柄连杆机构中的作用力和力矩,与中心曲柄连杆机构的区别不大,其中往复加速度由式(6-20)确定,故往复惯性力为

$$F_{Ie} = -m_s r\omega^2 (\cos\theta + \lambda\cos 2\theta + \lambda k\sin\theta) \tag{6-75}$$

同样规定使连杆产生拉伸应力的惯性力为正,因此在以后惯性力的计算中不再顾及式(6-75)中的负号。

偏心曲柄连杆机构的往复惯性力同样可以看作是两部分惯性力之和,即

$$
\begin{aligned}
F_{Ie} &= m_s r\omega^2 (\cos\theta + \lambda\cos 2\theta + \lambda k\sin\theta) \\
&= m_s r\omega^2 (\cos\theta + \lambda k\sin\theta) + m_s r\omega^2 \lambda\cos 2\theta \\
&= F_{Ie} + F_{IIe}
\end{aligned} \tag{6-75a}
$$

其中,一阶往复惯性力 F_{Ie} 附加了 $\lambda k\sin\theta$ 一项,但由于 λk 值较小($\lambda k = 0.01 \sim 0.075$),可以忽略不计,这样就与中心曲柄连杆机构完全相同了。

至于旋转惯性力与气体力,在这两种机构之间没有什么区别。

但由于活塞力 F_p 是通过气缸中心线的(见图6-26),这样与中心曲柄连杆机构的区别在于:当连杆力 F_1 传到主轴承 O 点时,在垂直方向的分力 F_N 与侧向力 F_N 构成一个倾覆力矩,此力矩作用于机身,即与中心曲柄连杆机构的倾覆力矩相等。另外,在水平方向的力 F_p 对主轴承构成一个阻力矩 $M'_N = F_p e$,这个阻力矩也作用在曲轴上,且与由式(6-55)确定的阻力矩方向相同。由此,偏心曲柄连杆机构的总的阻力矩为

$$M_{ey} = F_p \left[r\frac{\sin(\beta+\theta)}{\cos\beta} + e \right] \tag{6-76}$$

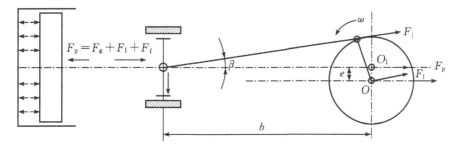

图 6-26　偏心曲柄连杆机构作用力示意图

第7章　压缩机惯性力及力矩的平衡

在第6章已经研究了惯性力的计算,由于惯性力是自由力,而且是随着曲拐转角周期性变化的,对于多列压缩机,由于曲拐不在同一平面上,因此还存在惯性力矩,这些未平衡的惯性力和力矩将传到基础,引起机器的振动,影响压缩机运转的可靠性和经济性。因此,必须将惯性力和力矩在机器内部尽量平衡,以减少压缩机运转时的振动。由于惯性力和惯性力矩是随曲拐的转角周期性变化的,所以最有效的平衡惯性力和力矩的方法是采用变化周期相同但方向相反的另一个惯性力和惯性力矩来平衡,或者选用多列压缩机结构,并合理的选择各列的曲拐错角以及在曲柄上附加平衡重的办法来实现惯性力和力矩的平衡。

7.1　单列压缩机惯性力的平衡

7.1.1　单列压缩机惯性力的平衡

1.旋转惯性力的平衡

单列旋转惯性力比较简单,其特点是数值大小不变,方向随着曲柄转角周期性地变化,只要在曲柄的相反方向安装一个适当的平衡质量,所产生的离心力正好与旋转惯性力大小相等而方向相反,则旋转惯性力可以完全平衡。图7-1(a)为单列压缩机旋转惯性力平衡示意图。平衡质量 m_0 取决于平衡质量质心到曲轴旋转中心的距离 r_0,即 $m_r r \omega^2 = m_0 r_0 \omega^2$

$$m_0 = m_r \frac{r}{r_0} \tag{7-1}$$

式中:m_0 为平衡质量(kg);r_0 为平衡质量质心到曲轴旋转中心的距离(m);m_r 为旋转运动质量(kg);r 为曲轴半径(m)。

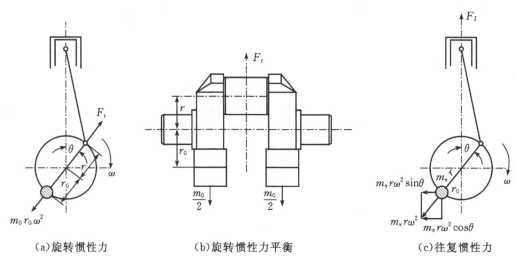

(a)旋转惯性力　　　　　　(b)旋转惯性力平衡　　　　　　(c)往复惯性力

图7-1　单列压缩机惯性力平衡示意图

平衡质量可以做成一块或者二块,通常为了消除平衡质量在主轴上所产生的力矩,在两侧曲柄的相反方向可以各装一块 $m_0/2$ 的平衡质量,如图 7-1(b)所示。在微小型压缩机中,为了结构紧凑、安装方便和减少平衡质量,常常将平衡质量安装在飞轮上,图 7-2 表示了平衡质量的几种安装方法。其中图 7-2(a)、(b)的特点是为了减小每块平衡质量,将部分平衡质量安装于飞轮(或皮带轮)的外缘,以增加平衡质量的旋转半径,使整机结构更为紧凑。图 7-2(c)适合于曲柄轴平衡质量的安装,但对质心平面会附加一个力矩。

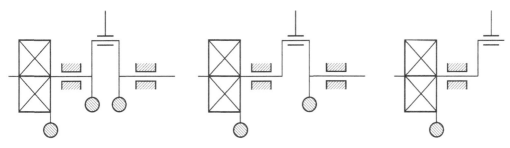

(a)两侧曲柄和飞轮加装平衡重　　(b)单侧曲柄和飞轮加装平衡重　　(c)飞轮加装平衡重

图 7-2　几种加装平衡质量的方案

2.往复惯性力的平衡

往复惯性力的平衡比较复杂,如果在曲柄的相反方向且距离曲轴中心 r_0 处再设置一个质量为 m_s 的平衡质量,则沿曲柄相反方向形成一个离心力 $m_s r_0 \omega^2$,此力的垂直分量为 $m_s r_0 \omega^2 \cos\theta$,如果 $r_0 = r$,它正好与一阶惯性力大小相等,方向相反,也达到完全平衡,如图 7-1(c)所示。但是在水平方向的分量 $m_s r \omega^2 \sin\theta$ 却成为一个自由力而无法平衡。所以在单列压缩机中设置平衡质量只能使一阶往复惯性力旋转 90°,不能起到完全平衡的作用。水平方向的分量 $m_s r \omega^2 \sin\theta$ 成为引起压缩机在水平方向振动的主要因素,通常为了减少水平方向的振动,对于卧式压缩机采用此方法将一阶往复惯性力的 30%~50% 转移到垂直方向。在立式压缩机中,当采用滚动轴承时,为改善轴承受载情况,将一阶往复惯性力的 15%~20% 转移到水平方向,这时需要平衡往复惯性力所需的平衡质量为

对于单列卧式压缩机

$$m'_p = (0.3 \sim 0.5) m_s \frac{r}{r_0} \qquad (7-2)$$

对于单列立式压缩机

$$m'_p = (0.15 \sim 0.20) m_s \frac{r}{r_0} \qquad (7-3)$$

式中:m_s 为压缩机往复运动质量(kg);m'_p 为平衡往复惯性力所需的平衡质量(kg)。

平衡质量应为平衡旋转惯性力所需的平衡质量和平衡被转移部分一阶往复惯性力所需的平衡质量和,总平衡质量为 m_0,平衡质量的重心到曲轴中心的距离为 r_0,如果平衡质量在两个曲柄上均匀布置如图 7-1(b)表示,则每个平衡质量为

对于单列卧式压缩机

$$m_0 = \frac{1}{2} \left[m_r + (0.3 \sim 0.5) m_s \right] \frac{r}{r_0} \qquad (7-4)$$

对于单列立式压缩机

$$m_0 = \frac{1}{2} \left[m_r + (0.15 \sim 0.20) m_s \right] \frac{r}{r_0} \qquad (7-5)$$

单列压缩机二阶往复惯性力,采用简单的安装平衡质量的方法是无法平衡掉的,因为二阶往复惯性力的变化周期仅为曲轴旋转半周的时间,理论上可以采用图 7-3 所示的正反转质量平衡系统实现往复惯性力的完全平衡,但是这样的平衡机构过于复杂,在压缩机中还未被采用。二阶惯性力的数值仅为一阶惯性力的 λ 倍,所以对于小型单列压缩机来说,二阶惯性力的存在不会对压缩机的运转产生影响。

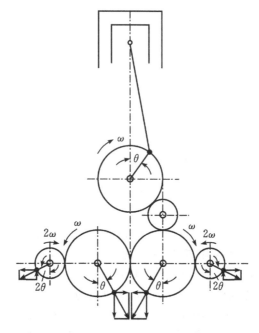

图 7-3　正反转质量平衡系统

7.2　多列压缩机惯性力的平衡

多列压缩机中,由于各列气缸存在一定的夹角 γ,各列曲柄也存在着一定的错角 δ,各列的惯性力便组成了一个空间力系,为惯性力的计算带来了一定的复杂性。在多列压缩机中不仅存在惯性力的平衡,同时还出现了惯性力矩的平衡问题。

压缩机中每列的往复惯性力总是沿着该列气缸的轴线方向,其大小随着曲柄的转角周期性地变化,而旋转惯性力则始终沿着曲柄半径指向外。

多列压缩机中总的惯性力与惯性力矩应是各列惯性力和惯性力矩的合成。在计算每列惯性力时都是以该列的外止点($\theta=0°$时)作为该列曲柄转角的起始点,由于气缸之间的夹角 γ 和曲柄错角 δ 的存在,使得多列压缩机各列同一瞬时的惯性力存在一定的相位差,在惯性力合成时只有确定各列之间的相位差,才能准确计算出多列压缩机的合成惯性。多列压缩机惯性力的合成与多列压缩机切向力的合成相同,都是在同一瞬时不同列曲柄转角下对应惯性力值的叠加。

根据以上各列惯性力的特点和各列之间的相位差,多列惯性力合成时应遵守以下法则。

(1)先选定基准列,可以选择任一列,但通常以远离驱动侧一端的第一列作为基准列。

(2)确定各列曲柄转角间的关系。各列曲柄转角均从本列气缸中心线开始顺曲轴旋转方向到本列曲柄该瞬时所在位置的角度,设某一瞬时基准列的曲柄转角为 θ,同一瞬时其余各列相应的曲柄转角分别为 $\theta_1,\theta_2,\cdots$。由于各列处于同一瞬时合成,即相对于基准列,将各列曲柄

转角 θ_i 表示成基准列曲柄转角 θ 的函数。

（3）确定往复惯性力的矢量方向。由第 6 章知，使得连杆产生拉伸的往复惯性力为正，即各列往复惯性力均以本列指向外止点的方向作为正矢量方向，旋转惯性力沿着曲柄方向指向外为正矢量方向，并将各列的惯性力按此矢量方向合成。

根据这一合成原则，下面分别讨论几种常用型式的压缩机惯性力和力矩的合成。设相邻两列曲柄错角为 δ，而气缸中心线夹角为 γ。

7.2.1　立式或卧式压缩机

立式或卧式压缩机的特点是气缸平行地配置在曲轴的同一侧，气缸中心线的夹角 $\gamma=0^\circ$ 或者 $\gamma=180^\circ$。

1.立式压缩机

（1）两列曲柄错角 $\delta=180^\circ$ 的压缩机。运动机构如图 7-4 所示，根据多列惯性力合成法则，取第 I 列为基准列，某瞬时曲柄转角为 θ，第 II 列同一瞬时曲柄转角为 θ_1，第 II 列与第 I 列曲柄转角的函数关系为 $\theta_1=\theta+180^\circ$。

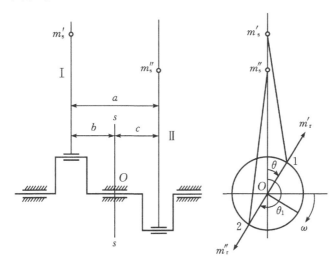

图 7-4　两列压缩机曲柄错角 $\delta=180^\circ$ 的运动机构简图

则第 I 列一、二阶往复惯性力 F'_{I1}、F'_{III} 和旋转惯性力 F'_r 分别为

$$F'_{\mathrm{I1}}=m'_s r\omega^2\cos\theta \tag{7-6}$$

$$F'_{\mathrm{III}}=\lambda m'_s r\omega^2\cos 2\theta \tag{7-7}$$

$$F'_{r1}=m'_r r\omega^2 \tag{7-8}$$

而第 II 列，根据该列与基准列曲柄转角的关系，各阶往复惯性力分别为

$$F'_{\mathrm{I2}}=m''_s r\omega^2\cos(\theta+180^\circ)=-m''_s r\omega^2\cos\alpha \tag{7-9}$$

$$F'_{\mathrm{II2}}=\lambda m''_s r\omega^2\cos2(\theta+180^\circ)=\lambda m''_s r\omega^2\cos 2\theta \tag{7-10}$$

$$F'_{r1}=m''_r r\omega^2 \tag{7-11}$$

将两列的惯性力分别转化到系统的质心平面 s—s，得到惯性力的合力和合力矩。

一阶往复惯性力的合力，将式（7-6）和式（7-9）相加有

$$F_{\mathrm{I}}=(m'_s-m''_s)r\omega^2\cos\theta \tag{7-12}$$

二阶往复惯性力的合力，将式（7-7）和式（7-10）相加有

$$F_{\text{II}} = (m'_s + m''_s)\lambda r\omega^2 \cos 2\theta \tag{7-13}$$

两列的旋转惯性力方向相反,其合力为式(7-8)和式(7-11)的差值

$$F_r = (m'_r - m''_r)r\omega^2 \tag{7-14}$$

两列一阶往复惯性力对质心平面产生的力矩方向相同,其一阶往复惯性力的合力矩为

$$M_{\text{I}} = (m'_s b + m''_s c)r\omega^2 \cos \theta \tag{7-15}$$

两列二阶往复惯性力对质心平面产生的力矩方向相反,其二阶往复惯性力的合力矩为

$$M_{\text{II}} = (m'_s b - m''_s c)\lambda r\omega^2 \cos 2\theta \tag{7-16}$$

两列旋转惯性力对质心平面产生的力矩方向相同,则旋转惯性力的合力矩为

$$M_r = (m'_r b + m''_r c)r\omega^2 \tag{7-17}$$

如果两列的往复运动质量和旋转运动质量均相等,即

$$m'_s = m''_s = m_s$$

$$m'_r = m''_r = m_r$$

并且列间距为 $b = c = \dfrac{1}{2}a$,代入式(7-12)~式(7-17),可分别计算出一、二阶惯性力的合力、合力矩以及旋转惯性力的合力和合力矩,为

$$F_{\text{I}} = 0 \tag{7-18}$$

$$F_{\text{II}} = 2\lambda m_s r\omega^2 \cos 2\theta \tag{7-19}$$

$$M_{\text{I}} = m_s r\omega^2 a \cos \theta \tag{7-20}$$

$$M_{\text{II}} = 0 \tag{7-21}$$

$$F_r = 0 \tag{7-22}$$

$$M_r = m_r r\omega^2 a \tag{7-23}$$

由式(7-18)~式(7-23)可知,倘若两列的往复运动质量及旋转运动质量均相等,就可以使一阶往复惯性力、二阶往复惯性力矩和旋转惯性力得以平衡。一阶往复惯性力对压缩机的振动影响最大,为此,在压缩机设计时,往往把低压列的大活塞采用铝制或焊接结构,以减轻大活塞的质量,而把高压列的小活塞制成实心的铸铁活塞,以保证两列往复质量相等,从而达到完全平衡一阶往复惯性力的目的。

由于每列的曲柄连杆机构都取相同的式样、尺寸,它自动地使每列的旋转质量相等。一阶往复惯性力矩不能平衡,可以采用缩小列间距来减小其数值。二阶往复惯性力的影响不大,仅为一阶往复惯性力的 λ 倍,不会对压缩机运转产生影响,可以任其存在。旋转惯性力矩为定值,可以用加装平衡重的方法予以平衡。

将式(7-19)对 θ 求导,并令其为零,可以得出二阶往复惯性力的极值位置,将极值位置的角度代入式(7-19),得到二阶往复惯性力的最大值和最小值,即 $\sin 2\theta = 0$,由此,二阶往复惯性力的极值为

当 $\theta = 0°$ 和 $180°$ 时, $\qquad F_{\text{IImax}} = 2\lambda m_s r\omega^2$

当 $\theta = 90°$ 和 $270°$ 时, $\qquad F_{\text{IImin}} = -2\lambda m_s r\omega^2$

同理将式(7-20)对 θ 求导,并令其为零,可以得出一阶惯性力矩的极值位置,将极值位置的角度代入式(7-20),得到一阶往复惯性力矩的最大值和最小值,即 $\sin \theta = 0$,一阶往复惯性力矩的极值为

当 $\theta = 0°$ 时, $\qquad M_{\text{Imax}} = m_s r\omega^2 a$

当 $\theta = 180°$ 时, $\qquad M_{\text{Imin}} = -m_s r\omega^2 a$

（2）两列曲柄错角 $\delta=90°$ 的压缩机。当两列曲柄错角 $\delta=90°$ 时，如图 7-5 所示。根据同样的方法，取第 I 列为基准列，某瞬时曲柄转角为 θ，第 II 列同一瞬时曲柄转角为 θ_1，第 II 列与第 I 列曲柄转角的函数关系为 $\theta_1=\theta+90°$。

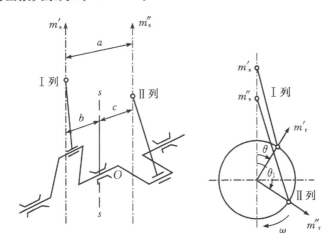

图 7-5　两列压缩机曲柄错角为 $\delta=90°$ 的运动机构简图

则第 I 列一、二阶惯性力 F_{I1}'、F_{II1}' 和旋转惯性力 F_{r1}' 分别为

$$F_{I1}'=m_s'r\omega^2\cos\theta \tag{7-24}$$

$$F_{II1}'=\lambda m_s'r\omega^2\cos 2\theta \tag{7-25}$$

$$F_{r1}'=m_r'r\omega^2 \tag{7-26}$$

而对于第 II 列，根据该列与基准列曲柄转角的关系，各阶往复惯性力为

$$F_{I2}'=m_s''r\omega^2\cos(\theta+90°)=-m_s''r\omega^2\sin\theta \tag{7-27}$$

$$F_{II2}'=\lambda m_s''r\omega^2\cos 2(\theta+90°)=-\lambda m_s''r\omega^2\cos 2\theta \tag{7-28}$$

$$F_{r2}'=m_r''r\omega^2 \tag{7-29}$$

同理，将两列的往复惯性力分别转化到系统的质心平面 $s-s$，得到一、二阶往复惯性力的合力和合力矩。如果两列的往复运动质量和旋转运动质量均相等，即 $m_s'=m_s''=m_s$，$m_r'=m_r''=m_r$，并且列间距为 $b=c=\dfrac{a}{2}$，则

一阶往复惯性力的合力：

$$F_I=m_s r\omega^2(\cos\theta-\sin\theta) \tag{7-30}$$

二阶往复惯性力的合力：$\qquad F_{II}=0$

一阶往复惯性力的合力矩：

$$M_I=\frac{1}{2}m_s r\omega^2 a(\cos\theta+\sin\theta) \tag{7-31}$$

二阶往复惯性力的合力矩：

$$M_{II}=\lambda m_s r\omega^2 a\cos 2\theta \tag{7-32}$$

两列的旋转惯性力相位相差 $90°$，按照矢量合成的法则，旋转惯性力合力为

$$F_r=\sqrt{\left(\sum F_{ry}\right)^2+\left(\sum F_{rx}\right)^2} \tag{7-33}$$

式中：$\sum F_{ry}$ 为各列沿气缸中心线方向（垂直方向）的分力，其值为

$$\sum F_{ry} = m_r r\omega^2 [\cos\theta + \cos(\theta + 90°)]$$
$$= m_r r\omega^2 [\cos\theta - \sin\theta]$$

$\sum F_{rx}$ 为各列垂直于气缸中心线方向(水平方向)的分力,其值为

$$\sum F_{rx} = m_r r\omega^2 [\sin\theta + \sin(\theta + 90°)]$$
$$= m_r r\omega^2 [\sin\theta + \cos\theta]$$

由此

$$F_r = \sqrt{\left(\sum F_{ry}\right)^2 + \left(\sum F_{rx}\right)^2}$$
$$= \sqrt{(m_r r\omega^2)^2 [(\cos\theta - \sin\theta)^2 + (\cos\theta + \sin\theta)^2]}$$
$$= \sqrt{2} m_r r\omega^2$$

旋转惯性力的合力与 Y 轴的夹角 φ 为

$$\varphi = \arctan\frac{\sum F_{rx}}{\sum F_{ry}} = \arctan\left[\frac{\sin\theta + \cos\theta}{\cos\theta - \sin\theta}\right]$$
$$= \arctan[\tan(\theta + 45°)] = \theta + 45°$$

上式说明,此种结构的旋转惯性力的合力与 Y 轴的夹角恒较第一列曲柄超前 $45°$。

对几何中心(s—s)求矩,由于两列分别在质心平面的两侧,即旋转惯性力矩方向相反,旋转惯性力的合力矩如下。

在垂直平面内的旋转惯性力力矩为

$$\sum M_{ry} = \frac{1}{2} m_r r\omega^2 a [\cos\theta - \cos(\theta + 90°)]$$
$$= \frac{1}{2} m_r r\omega^2 a (\cos\theta + \sin\theta)$$

在水平平面内的旋转惯性力力矩为

$$\sum M_{rx} = \frac{1}{2} m_r r\omega^2 a [\sin\theta - \sin(\theta + 90°)]$$
$$= \frac{1}{2} m_r r\omega^2 a (\sin\theta - \cos\theta)$$

旋转惯性力的合力矩为

$$M_r = \sqrt{(M_{ry})^2 + (M_{rx})^2} = \frac{\sqrt{2}}{2} m_r r\omega^2 a \tag{7-34}$$

合力矩 M_r 与垂直轴(气缸中心线平面内)的夹角为

$$\alpha = \arctan\frac{\sum M_{rx}}{\sum M_{ry}} = \arctan\left[\frac{\sin\theta - \cos\theta}{\sin\theta + \cos\theta}\right]$$
$$= \arctan[\tan(\theta - 45°)] = \theta - 45°$$

由此可见,旋转惯性力合力矩 M_r 的方向恒位于第 I 列曲柄后 $45°$,即在曲轴上加装平衡重即可平衡旋转惯性力矩。

由上述计算可知,当曲柄错角 $\delta = 90°$ 时,只有二阶往复惯性力能自动平衡,旋转惯性力及旋转惯性力矩是定值。一阶往复惯性力及力矩、二阶往复惯性力矩均无法平衡,平衡情况较前

种压缩机差。但此种压缩机当二列均为双作用时，可以得到较为均匀的切向力曲线，这对于大型压缩机减少飞轮的尺寸是极为有利的，所以两列双作用往往采用此结构，而如果两列均为单作用的压缩机则采用前一种结构。

将式(7-30)对 θ 求导，并令其为零，可以得出一阶往复惯性力的极值位置，将极值位置的角度代入式(7-30)，得到一阶往复惯性力的最大值和最小值。即 $-\sin\theta-\cos\theta=0$，有 $\tan\theta=-1$。也即 $\theta=135°$ 和 $\theta=315°$ 时，一阶往复惯性力有极大值和极小值，其值为

当 $\theta=135°$ 时 $\qquad F_{\mathrm{Imin}}=-\sqrt{2}\,m_s r\omega^2$

当 $\theta=315°$ 时 $\qquad F_{\mathrm{Imax}}=\sqrt{2}\,m_s r\omega^2$

将式(7-31)对 θ 求导，并令其为零，可以得出一阶往复惯性力矩的极值的位置，将极值位置的角度代入式(7-31)，得到一阶往复惯性力矩的最大值和最小值。即 $-\sin\theta+\cos\theta=0$，有 $\tan\theta=1$。也即 $\theta=45°$ 和 $\theta=225°$ 时，一阶往复惯性力矩有极大值和极小值，其值为

当 $\theta=45°$ 时 $\qquad M_{\mathrm{Imax}}=\dfrac{\sqrt{2}}{2}m_s r\omega^2 a$

当 $\theta=225°$ 时 $\qquad M_{\mathrm{Imin}}=-\dfrac{\sqrt{2}}{2}m_s r\omega^2 a$

二阶往复惯性力合力矩的极值位置和相应的极大值和极小值可以用同样的方法求出。

当 $\theta=0°$ 或者 $180°$ 时 $\qquad M_{\mathrm{IImax}}=\lambda m_s r\omega^2 a$

当 $\theta=90°$ 或者 $270°$ 时 $\qquad M_{\mathrm{IImin}}=-\lambda m_s r\omega^2 a$

（3）三列曲柄错角 $\delta=120°$ 的压缩机。

当各列的曲柄错角均布且为 $120°$ 时，如图 7-6 所示。取第Ⅰ列为基准列，某瞬时曲柄转角为 θ，第Ⅱ列同一瞬时曲柄转角为 θ_1，第Ⅲ列同一瞬时曲柄转角为 θ_2。第Ⅱ列与第Ⅰ列曲柄转角的函数关系为 $\theta_1=\theta+120°$，第Ⅲ列与第Ⅰ列曲柄转角的函数关系为 $\theta_2=\theta+240°$。设各列的往复运动质量相同并等于 m_s，各列旋转质量相同且等于 m_r，各列间距相同并等于 a，与上述计算方法相同，则一、二阶往复惯性力及旋转惯性力的合力为

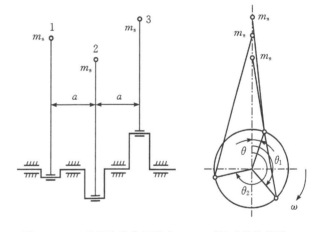

图 7-6　三列压缩机曲柄错角 $\delta=120°$ 运动机构简图

$$F_{\mathrm{I}}=m_s r\omega^2[\cos\theta+\cos(\theta+120°)+\cos(\theta+240°)]=0 \tag{7-35}$$

$$F_{\mathrm{II}}=\lambda m_s r\omega^2[\cos2\theta+\cos2(\theta+120°)+\cos2(\theta+240°)]=0$$

$$F_r=\sqrt{\left(\sum F_{ry}\right)^2+\left(\sum F_{rx}\right)^2} \tag{7-36}$$

式中：$\sum F_{ry}$ 为各列沿气缸中心线方向（垂直方向）旋转惯性力的分力，其值为

$$\sum F_{ry}=m_r r\omega^2[\cos\theta+\cos(\theta+120°)+\cos(\theta+240°)]=0$$

$\sum F_{rx}$ 为各列垂直于气缸中心线方向（水平方向）旋转惯性力的分力，其值为

$$\sum F_{rx} = m_r r\omega^2 [\sin\theta + \sin(\theta + 120°) + \sin(\theta + 240°)] = 0$$

所以

$$F_r = \sqrt{(\sum F_{ry})^2 + (\sum F_{rx})^2} = 0 \tag{7-37}$$

即旋转惯性力的合力自动平衡。

对质心平面(第Ⅱ列)求矩,而第Ⅰ、Ⅲ列位于质心平面的两侧,即得到各阶往复惯性力的合力矩为

$$M_{\rm I} = m_s r\omega^2 a[\cos\theta - \cos(\theta + 240°)] = \frac{\sqrt{3}}{2} m_s r\omega^2 a(\sqrt{3}\cos\theta - \sin\theta) \tag{7-38}$$

$$M_{\rm II} = \frac{\sqrt{3}}{2}\lambda m_s r\omega^2 a(\sqrt{3}\cos 2\theta + \sin 2\theta) \tag{7-39}$$

同样可以得到旋转惯性力的合力矩。

在垂直平面内的旋转惯性力力矩为

$$\sum M_{ry} = m_r r\omega^2 a[\cos\theta - \cos(\theta + 240°)]$$
$$= m_r r\omega^2 a[\cos\theta + \cos(\theta + 60°)]$$

在水平面内的旋转惯性力力矩为

$$\sum M_{rx} = m_r r\omega^2 a[\sin\theta - \sin(\theta + 240°)]$$
$$= m_r r\omega^2 a[\sin\theta + \sin(\theta + 60°)]$$

总的合成旋转惯性力合力矩为

$$M_r = \sqrt{(M_{ry})^2 + (M_{rx})^2} = \sqrt{3} m_r r\omega^2 a \tag{7-40}$$

合力矩 M_r 与垂直轴(气缸中心线平面内)的夹角为

$$\alpha = \arctan\frac{\sum M_{rx}}{\sum M_{ry}} = \arctan[\tan(\theta + 30°)] = \theta + 30°$$

由此可见,旋转惯性力合力矩 M_r 的方向恒位于第Ⅰ列曲柄前30°,在曲轴上加装平衡重即可平衡旋转惯性力矩。

对式(7-38)和式(7-39)求导,并令其为零,可计算出往复惯性力合力矩的极值位置,将极值位置的角度代入式(7-38)和式(7-39),得到往复惯性力合力矩的最大值和最小值,即

当 $\theta = 330°$ 时 $\qquad\qquad M_{\rm Imax} = \sqrt{3} m_s r\omega^2 a$

当 $\theta = 150°$ 时 $\qquad\qquad M_{\rm Imin} = -\sqrt{3} m_s r\omega^2 a$

当 $\theta = 15°$ 或者195°时 $\qquad M_{\rm IImax} = \sqrt{3}\lambda m_s r\omega^2 a$

当 $\theta = 105°$ 或者285°时 $\qquad M_{\rm IImin} = -\sqrt{3}\lambda m_s r\omega^2 a$

由此可见,三列曲柄错角 $\delta = 120°$ 的压缩机,各阶往复惯性力均能自动平衡,而往复惯性力的合力矩不能在机器内部平衡,其值随曲柄转角变化而变化,不能采用加装平衡质量的方法予以平衡。而旋转惯性力的合力矩为定值,可以用加装平衡质量的方法予以平衡。

对于更多列数和不同曲柄错角的压缩机,其平衡情况均可以参照前面所述的方法求得,不过为了直观和记忆的方便,使用矢量法将Ⅰ至Ⅵ列立式或卧式压缩机惯性力和惯性力矩的平衡情况列于表7-1中。因为每一列的往复惯性力和力矩,其值就相当于以它们最大值为模固结于曲柄上旋转时,该矢量在气缸轴线方向的投影,所以合力或合力矩也就相当于合矢量在气缸轴线方向的投影,合矢量为零,即表示惯性力或力矩平衡。

表7-1　I至Ⅵ列立式或卧式压缩机惯性力和惯性力矩矢量图

列数	Ⅱ	Ⅱ	Ⅲ	Ⅳ	Ⅳ	Ⅳ	Ⅴ	Ⅵ
曲柄错角 δ	180°	90°	120°	180°	90°	90°	72°	60°
一阶惯性力图形	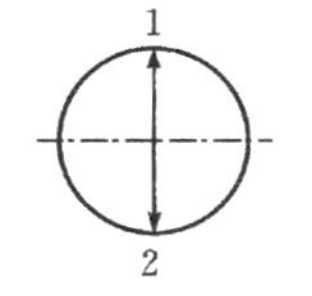 〔矢量图〕	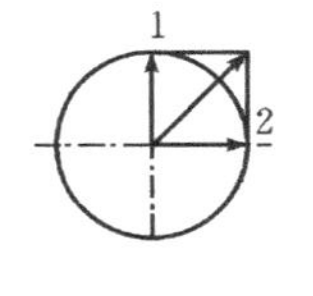 〔矢量图〕	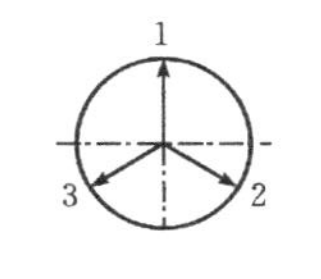 〔矢量图〕	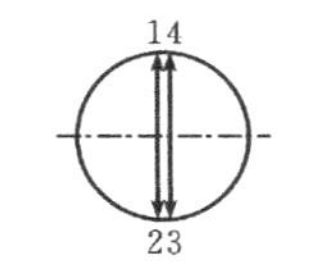 〔矢量图〕	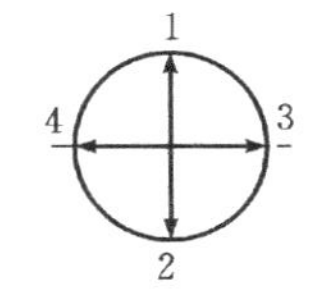 〔矢量图〕	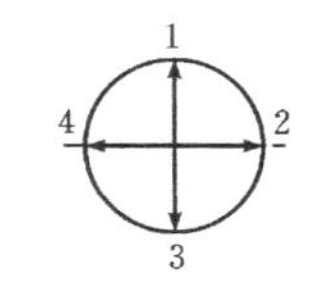 〔矢量图〕	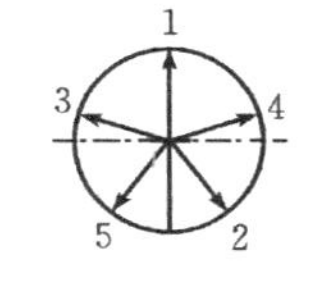 〔矢量图〕	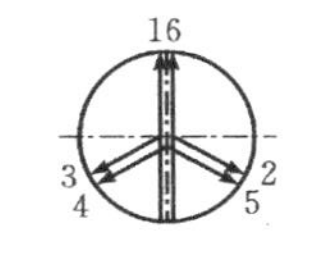 〔矢量图〕
合力 F_I	0	$\sqrt{2}\,m_s r\omega^2$	0	0	0	0	0	0
二阶惯性力图形	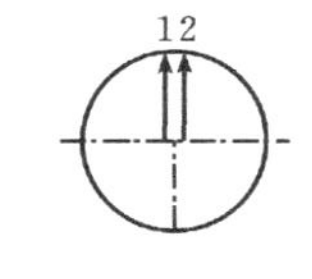 〔矢量图〕	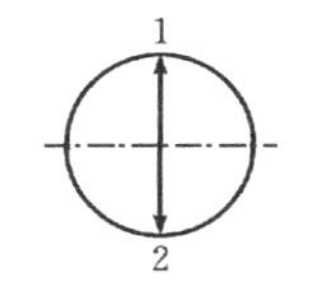 〔矢量图〕	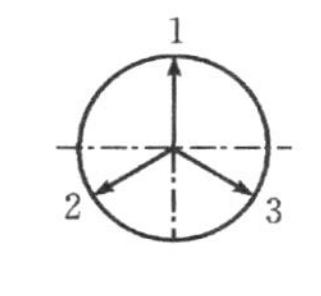 〔矢量图〕	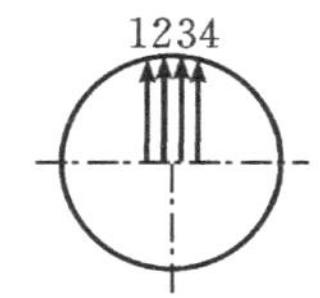 〔矢量图〕	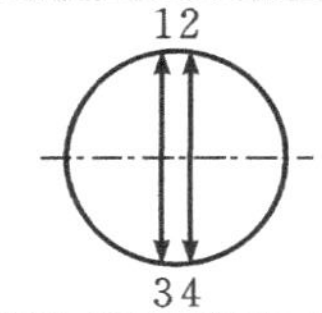 〔矢量图〕	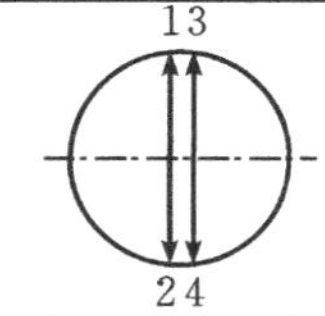 〔矢量图〕	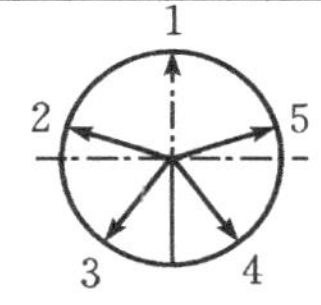 〔矢量图〕	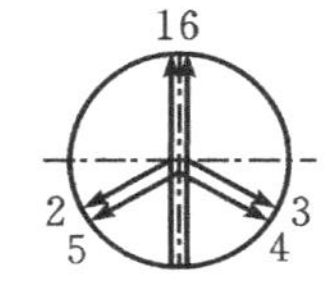 〔矢量图〕
合力 F_{II}	$2\lambda m_s r\omega^2$	0	0	$4\lambda m_s r\omega^2$	0	0	0	0
一阶惯性力矩图形	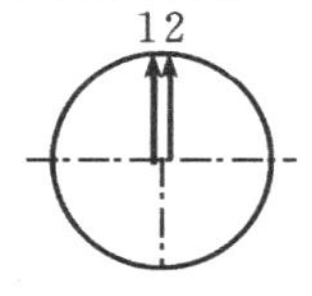 〔矢量图〕	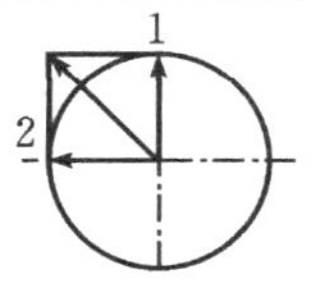 〔矢量图〕	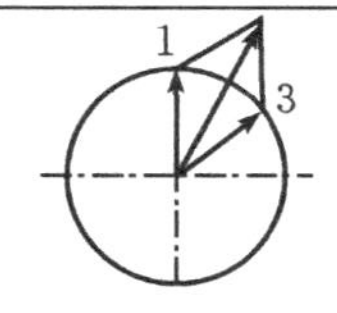 〔矢量图〕	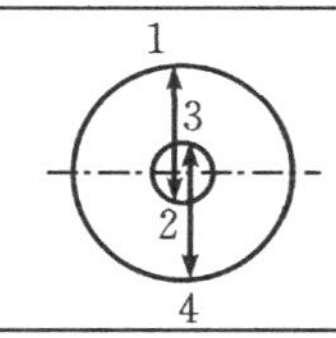 〔矢量图〕	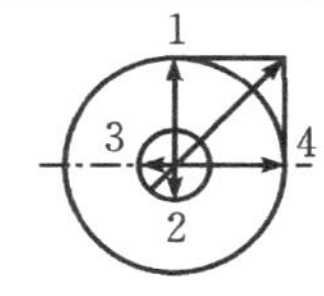 〔矢量图〕	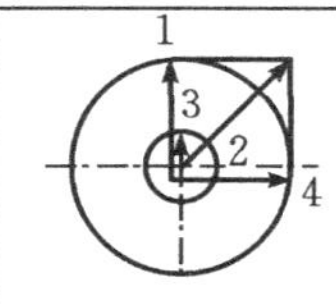 〔矢量图〕	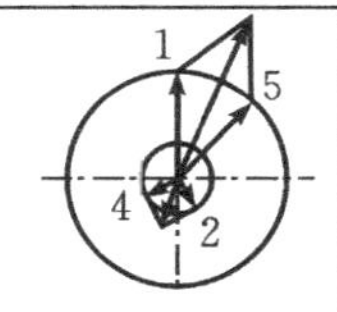 〔矢量图〕	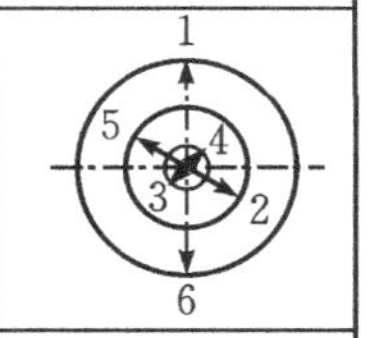 〔矢量图〕
合力 M_I	$m_s r\omega^2 a$	$\dfrac{\sqrt{2}}{2}m_s r\omega^2 a$	$\sqrt{3}\,m_s r\omega^2 a$	0	$\sqrt{2}\,m_s r\omega^2 a$	$2\sqrt{2}\,m_s r\omega^2 a$	$2\sqrt{2}\,m_s r\omega^2 a$	0
二阶惯性力矩图形	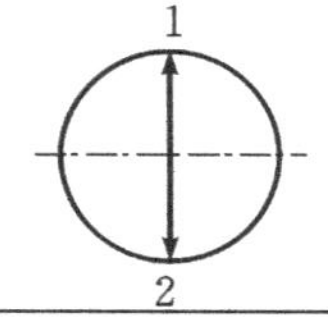 〔矢量图〕	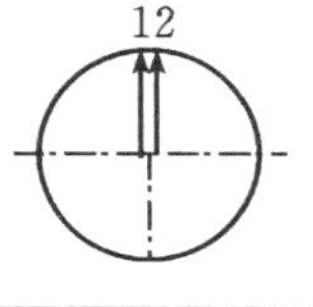 〔矢量图〕	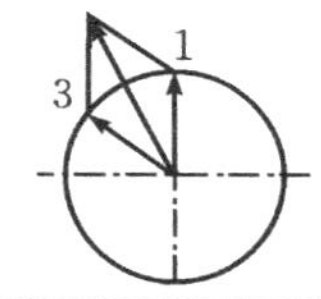 〔矢量图〕	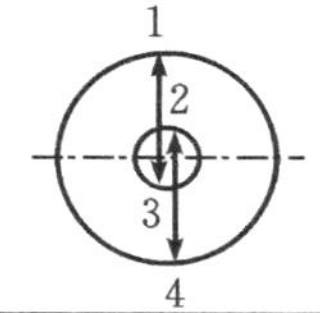 〔矢量图〕	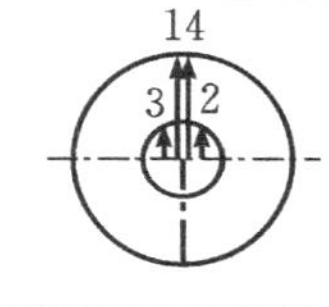 〔矢量图〕	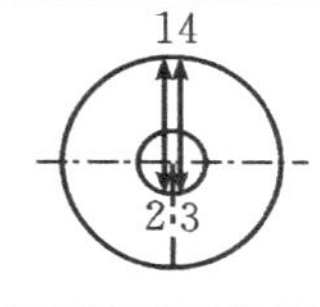 〔矢量图〕	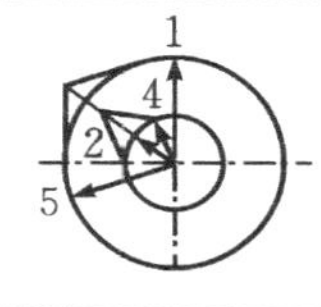 〔矢量图〕	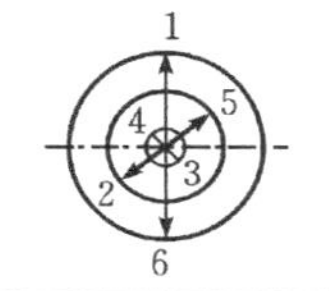 〔矢量图〕
合力 M_{II}	0	$\lambda m_s r\omega^2 a$	$\sqrt{3}\lambda m_s r\omega^2 a$	0	$4\lambda m_s r\omega^2 a$	$2\lambda m_s r\omega^2 a$	$3\sqrt{2}\lambda m_s r\omega^2 a$	0

第7章　压缩机惯性力及力矩的平衡

2.卧式压缩机

对称平衡式压缩机的特点是气缸分布在曲轴的两侧,列数为双数且相对两列气缸的曲柄错角为180°,现代大型活塞式压缩机绝大部分采用此结构。如果对称平衡式压缩机为两列,则称为对动式压缩机;若超过四列,根据电动机所处位置的不同,又分为 M 型和 H 型压缩机。

(1)对动式压缩机。对动式压缩机的特点是气缸中心线对称地布置于曲轴两侧,且相对两列的曲柄错角 $\delta=180°$,气缸夹角 $\gamma=180°$,如图 7-7 所示。两相对列的运动件对称于主轴中心线作相对运动,两列同时到达外止点,又同时到达内止点。它也可以看作是气缸夹角为180°的角度式压缩机,往复惯性力的平衡仍然遵循往复惯性力的合成法则进行。

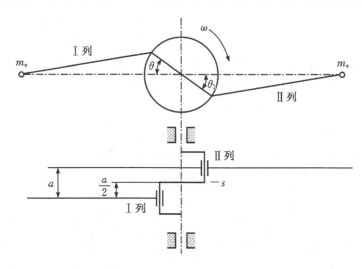

图 7-7　对动式压缩机相对列的运动机构简图

取第Ⅰ列作为基准列,某瞬时曲柄转角为 θ,第Ⅱ列同一瞬时曲柄转角为 θ_1,因为 $\theta_1=\theta$,由此两列的位移、速度及加速度均相等,但方向相反。设两列的往复运动质量 m_s 和旋转运动质量 m_r 均相等,则第Ⅰ列一、二阶往复惯性力 F'_{I1}、F'_{II1} 和旋转惯性力 F'_{r1} 分别为

$$F'_{I1}=m_s r\omega^2\cos\theta \tag{7-41}$$

$$F'_{II1}=\lambda m_s r\omega^2\cos 2\theta \tag{7-42}$$

$$F'_{r1}=m_r r\omega^2 \tag{7-43}$$

而对于第Ⅱ列,各阶往复惯性力 F'_{I2}、F'_{II2} 和旋转惯性力 F'_{r2} 分别为

$$F'_{I2}=m_s r\omega^2\cos\theta \tag{7-44}$$

$$F'_{II2}=\lambda m_s r\omega^2\cos 2\theta \tag{7-45}$$

$$F'_{r2}=m_r r\omega^2 \tag{7-46}$$

将两列的往复惯性力分别转化到系统的质心平面 s—s 上,得到各阶往复惯性力的合力和合力矩。根据合成原则,按照矢量方向合成,取第Ⅰ列的往复惯性力方向为正,则有第Ⅱ列的往复惯性力为负,即式(7-41)和式(7-44)相减得到一阶往复惯性力的合力,式(7-42)和式(7-45)相减得到二阶往复惯性力的合力。旋转惯性力的大小相等、方向相反,式(7-43)和式(7-46)相减得到旋转惯性力的合力。

一阶往复惯性力的合力为

$$F_I=F'_{I1}-F'_{I2}=0 \tag{7-47}$$

二阶往复惯性力的合力为

$$F_{II} = F'_{II1} - F'_{II2} = 0 \tag{7-48}$$

旋转惯性力的合力为

$$F_r = F'_{r1} - F'_{r2} = 0 \tag{7-49}$$

由于相对两列的气缸中心线不在同一轴线上，各列距质心平面 s—s 的距离为 $\dfrac{a}{2}$，因此将会产生如下的未平衡的往复惯性力矩。

一阶往复惯性力矩为

$$M_I = m_s r \omega^2 a \cos\theta \tag{7-50}$$

二阶往复惯性力矩为

$$M_{II} = \lambda m_s r \omega^2 a \cos 2\theta \tag{7-51}$$

旋转惯性力矩为

$$M_r = m_r r \omega^2 a \tag{7-52}$$

对式(7-50)和式(7-51)求导，并令其为零，可分别计算出一阶、二阶往复惯性力合力矩的极值位置，将极值位置的角度代入式(7-50)和式(7-51)，得到一阶、二阶往复惯性力合力矩的最大值和最小值，即

当 $\theta = 0°$ 时 $\qquad M_{I\max} = m_s r \omega^2 a$

当 $\theta = 180°$ 时 $\qquad M_{I\min} = -m_s r \omega^2 a$

当 $\theta = 0°$ 或 $180°$ 时 $\qquad M_{II\max} = \lambda m_s r \omega^2 a$

当 $\theta = 90°$ 或 $270°$ 时 $\qquad M_{II\min} = -\lambda m_s r \omega^2 a$

由上述计算可知，两列对动式压缩机平衡性能最好。其一阶、二阶往复惯性力及旋转惯性力均能自动平衡。由于列间距 a 较小，因此往复惯性力矩的存在对压缩机的运行影响不大，无需采取任何的措施任其存在。由于旋转惯性力矩为定值，可以在曲柄相反的方向加装平衡质量予以平衡。

对于多列对动式压缩机，只要选择相邻两对动列与其它对动列之间合适的曲柄错角，不仅往复惯性力可以得到完全平衡，往复惯性力矩也可以得到平衡，例如四列、六列和八列的对动式压缩机。但实际在压缩机设计时，要做到各列的往复运动质量相等是不容易的，因此往往保证两相对列的往复运动质量相等即可。

在对动式压缩机中，有一种类型为三列对动式压缩机，如图 7-8 所示。这种结构的压缩机各列的往复运动质量为 $m'_s = m''_s = \dfrac{1}{2} m_s$，这样往复惯性力和往复惯性力矩都能在机器中自动平衡，旋转惯性力及其力矩则可借助于平衡质量予以平衡。

三列对动式结构的缺点是总切向力曲线变化很大。但是和两列对动式压缩机相结合，可使对动式压缩机也适用于奇数列，且总切向力曲线趋于均匀。

(2)各列具有单独曲柄和连杆的对置式压缩机。对置式压缩机与对称平衡式压缩机气缸的分布型式类似，气缸均位于曲轴的两侧，但相邻的两相对列曲柄错角不等于 $180°$，相对列活塞的运动不对称。如图 7-9 所示的三列对置式压缩机，三列均有自己的连杆和曲柄，三列曲柄错角在圆周内均匀分布，即 $\delta = 120°$。

取第 III 列为基准列，某瞬时曲柄转角为 θ，第 I 列同一瞬时曲柄转角为 θ_1，第 II 列曲柄转

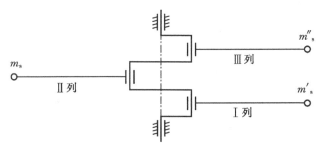

图 7-8 三列对动式压缩机运动机构简图

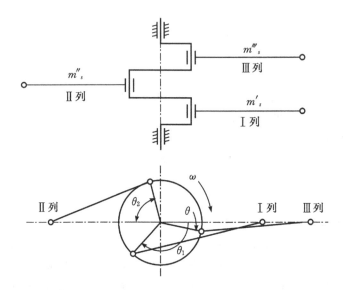

图 7-9 三列对置式压缩机运动机构简图

角为 θ_2，各列分别与第Ⅲ列曲柄转角的函数关系为 $\theta_1=\theta+120°$，$\theta_2=\theta_1+120°-180°=\theta+60°$。设各列的往复运动质量相等，即 $m'_s=m''_s=m'''_s=m_s$，旋转运动质量 m_r 相等。取基准列的往复惯性力和旋转惯性力为正，各列往复惯性力的合力及合力矩按照矢量合成为

$$F_1=m_s r\omega^2[\cos\theta+\cos(\theta+120°)-\cos(\theta+60°)]=0 \qquad (7-53)$$

$$F_{\text{II}}=\lambda m_s r\omega^2[\cos 2\theta+\cos 2(\theta+120°)-\cos 2(\theta+60°)]$$

$$=\lambda m_s r\omega^2(\cos 2\theta+\sqrt{3}\sin 2\theta) \qquad (7-54)$$

$$F_r=\sqrt{(\sum F_{ry})^2+(\sum F_{rx})^2} \qquad (7-55)$$

式中：$\sum F_{ry}$ 为各列沿气缸中心线方向（垂直方向）旋转惯性力的分力，则其值为

$$\sum F_{ry}=m_r r\omega^2[\cos\theta+\cos(\theta+120°)-\cos(\theta+60°)]=0$$

$\sum F_{rx}$ 为各列垂直于气缸中心线方向（水平方向）旋转惯性力的分力，其值为

$$\sum F_{rx}=m_r r\omega^2[\sin\theta+\sin(\theta+120°)-\sin(\theta+60°)]=0$$

所以

$$F_r = \sqrt{\left(\sum F_{ry}\right)^2 + \left(\sum F_{rx}\right)^2} = 0$$

即旋转惯性力的合力已经平衡。

对曲轴的几何中心(第Ⅱ列)取矩,惯性力矩为

$$M_{\rm I} = m_s r \omega^2 a \left[\cos\theta - \cos(120° + \theta)\right]$$
$$= \frac{1}{2} m_s r \omega^2 a \left(3\cos\theta + \sqrt{3}\sin\theta\right) \tag{7-56}$$

$$M_{\rm II} = \lambda m_s r \omega^2 a \left[\cos2\theta - \cos2(120° + \theta)\right]$$
$$= \frac{1}{2} \lambda m_s r \omega^2 a \left(3\cos2\theta - \sqrt{3}\sin2\theta\right) \tag{7-57}$$

旋转惯性力矩的求取方法与式(7-40)相同,即

$$M_r = \sqrt{3}\, m_r r \omega^2 a \tag{7-58}$$

合力矩 M_r 与垂直轴的夹角为

$$\alpha = \arctan\frac{\sum M_{rx}}{\sum M_{ry}} = \arctan[\tan(\theta - 30°)] = \theta - 30°$$

由此可见,旋转惯性力合力矩 M_r 的方向恒位于第Ⅲ列曲柄后 30°,即在曲轴上加装平衡重即可平衡旋转惯性力矩。

对式(7-54)、式(7-56)和式(7-57)求导,可计算出二阶往复惯性力合力、一阶惯性力合力矩和二阶往复惯性力合力矩的极值位置,将极值位置的角度代入式(7-54)、式(7-56)和式(7-57),得到往复惯性合力和合力力矩的最大值和最小值。

当 $\theta = 30°$ 和 $210°$ 时 $\qquad F_{\rm IImax} = 2\lambda m_s r \omega^2$

当 $\theta = 120°$ 和 $310°$ 时 $\qquad F_{\rm IImin} = -2\lambda m_s r \omega^2$

当 $\theta = 30°$ 时 $\qquad M_{\rm Imax} = \sqrt{3}\, m_s r \omega^2 a$

当 $\theta = 210°$ 时 $\qquad M_{\rm Imin} = -\sqrt{3}\, m_s r \omega^2 a$

当 $\theta = 165°$ 和 $\theta = 345°$ 时 $\qquad M_{\rm IImax} = \sqrt{3}\lambda m_s r \omega^2 a$

当 $\theta = 75°$ 和 $\theta = 225°$ 时 $\qquad M_{\rm IImin} = -\sqrt{3}\lambda m_s r \omega^2 a$

由上述计算可知,三列对置式压缩机其一阶往复惯性力和旋转惯性力能自动平衡,总切向力曲线比较均匀。这种方案对小型压缩机来说,由于往复运动质量 m_s 数值不大,二阶往复惯性力的存在不会对压缩机的运行产生影响。但如果是大型压缩机,由于往复运动质量 m_s 数值较大,二阶往复惯性力的存在便要引起重视。因此也有将三列对置式压缩机的曲柄错角设计成非均匀分布的方案,其原则是仍使一阶往复惯性力合力等于零,而二阶往复惯性力合力最大值能减小一些。

如图 7-9 所示,将右边两列(第Ⅰ列和第Ⅲ列)夹角缩小一半即 $\gamma = 60°$,而第Ⅱ列与第Ⅰ列曲柄的错角为 $150°$。仍以第Ⅲ列为基准列,同理取基准列惯性力为正。其某个瞬时的转角为 θ,而第Ⅰ列同一瞬时的转角为 $\theta_1 = \theta + 60°$,第Ⅱ列的转角为 $\theta_2 = \theta_1 + 150° - 180° = \theta + 30°$。为了使得一阶往复惯性力平衡,则

$$F_{\rm I} = m'''_s r \omega^2 \cos\theta + m'_s r \omega^2 \cos(\theta + 60°) - m''_s r \omega^2 \cos(\theta + 30°) = 0$$

求解上式,只有当 $m'''_s = m'_s = m_s$, $m''_s = \sqrt{3}\, m_s$ 时,一阶往复惯性力为零成立。将上述各列

往复运动质量代入,则二阶往复惯性力为

$$F_{\mathrm{II}}=\lambda m_s r\omega^2\cos 2\theta+\lambda m_s r\omega^2\cos2(\theta+60°)-\lambda\sqrt{3}\,m_s r\omega^2\cos2(\theta+30°)$$

对上式求导数并令其为零,则得到二阶往复惯性力在 $\theta=60°$ 处取得最大值,即

$$F_{\mathrm{II max}}=\lambda m_s r\omega^2(\sqrt{3}-1)$$
$$=0.732\lambda m_s r\omega^2$$

显然二阶往复惯性力的方向指向第Ⅲ列的方向,其值与曲柄错角均布时比较,二阶往复惯性力的最大值下降了 63.4%。所以大型压缩机往往采取曲柄错角不均匀布置的方式。

另外,旋转惯性力矩为定值,可以采用在各列曲柄加装平衡质量的方法予以平衡。

(3)相对列共用曲柄对置式压缩机。在对置式压缩机中,有一种是相对列共用同一曲柄,气缸基本位于同一轴线上,两相对列的连杆置于同一曲柄上,如图 7-10(a)所示。这种结构的压缩机通常列数为偶数。当列数为两列时,其平衡计算与角度式气缸夹角 $\gamma=180°$ 的压缩机完全相同。取第Ⅰ列为基准列,某瞬时曲柄转角为 θ,第Ⅱ列同一瞬时曲柄转角为 θ_1,第Ⅱ列与曲柄转角 θ 的关系为 $\theta_1=\theta+180°$,如果两列往复运动质量相同,利用同样的方法对于各列往复惯性力和往复惯性力矩予以合成。

很显然,一阶往复惯性力方向相同,即一阶往复惯性力的合力为两列的一阶往复惯性力之和,二阶往复惯性力的方向相反,即合力为零,因列间距很小,往复惯性力的合力矩甚微,小型压缩机常常采用此结构。

当列数为四列时,如图 7-10(b)所示,可认为是双对动式压缩机,如果取第Ⅰ列为基准列,某瞬时曲柄转角为 θ,则第Ⅱ列同一瞬时曲柄转角为 θ_1,第Ⅱ列与基准列曲柄转角的关系为 $\theta_1=\theta+180°$,第Ⅲ列同一瞬时曲柄的转角为 θ_2,与基准列的关系为 $\theta_2=\theta$,同样第Ⅳ列的曲柄转角为 θ_3,与基准列的关系为 $\theta_3=\theta+180°$,按照合成法则,显然一阶、二阶往复惯性力合力均为零,惯性力平衡性能好,但合力矩较对动式大一倍,也存在总切向力不均匀等缺点。小型压缩机可以采用此种机构,大型压缩机可采用六列、八列等,这样可以使得合力及合力矩均为零,以改善其平衡性能。

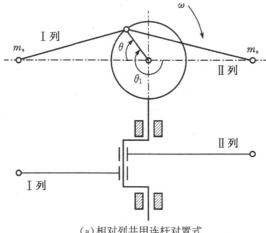

(a)相对列共用连杆对置式

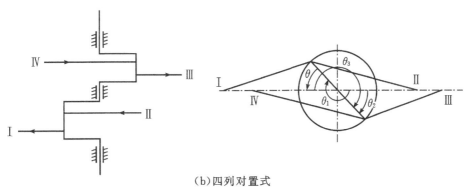

（b）四列对置式

图 7-10　压缩机运动机构简图

3.角度式压缩机

角度式压缩机的特点是一个曲柄上配置两列或者两列以上的连杆,各列气缸中心线互成一定的角度。根据气缸数和气缸位置的布置,可分为 L 型、V 型、W 型、S(扇)型和星型等。几列的连杆装在同一个曲柄上,各列曲柄之间的错角为 $\delta = 0°$,各气缸中心线之间的夹角为 γ。在角度式压缩机惯性力合成时先确定坐标轴(x、y 轴),再将各列的惯性力分别投影到 x、y 轴上并代数相加,然后将两坐标轴的分力进行矢量合成,以求出各列的合成惯性力。

（1）V 型压缩机。图 7-11 所示的 V 型压缩机,如果取第 I 列为基准列,某瞬时曲柄转角为 θ,第 II 列同一瞬时曲柄转角为 θ_1,第 I 列与第 II 列同一瞬时曲柄转角的函数关系为 $\theta_1 = 360° - (\gamma - \theta)$。

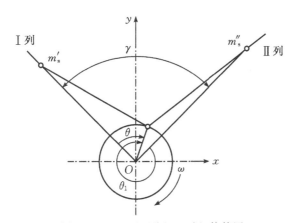

图 7-11　V 型压缩机运动机构简图

则第 I 列一、二阶往复惯性力 F'_{I1}、F'_{III} 分别为

$$F'_{\mathrm{I1}} = m'_{\mathrm{s}} r \omega^2 \cos \theta \tag{7-59}$$

$$F'_{\mathrm{III}} = \lambda m'_{\mathrm{s}} r \omega^2 \cos 2\theta \tag{7-60}$$

第 II 列的一、二阶往复惯性力 F'_{I2}、F'_{II2} 分别为

$$F'_{\mathrm{I2}} = m'_{\mathrm{s}} r \omega^2 \cos[360° - (\gamma - \theta)]$$

$$= m'_{\mathrm{s}} r \omega^2 \cos(\gamma - \theta) \tag{7-61}$$

$$F'_{\mathrm{II2}} = \lambda m''_{\mathrm{s}} r \omega^2 \cos 2[360° - (\gamma - \theta)]$$

$$= \lambda m''_{\mathrm{s}} r \omega^2 \cos 2(\gamma - \theta) \tag{7-62}$$

它们各自作用在自己的气缸轴线上。将一阶往复惯性力分别投影到垂直（y）方向和水平（x）方向，并各自代数相加，则得到一阶往复惯性力在 x 和 y 坐标轴上的两个分力。

设两列的往复运动质量相等，即 $m_s' = m_s'' = m_s$。

垂直方向分力 F_{Iy} 和水平方向分力 F_{Ix} 分别为

$$F_{Iy} = m_s r \omega^2 \cos \frac{\gamma}{2} [\cos\theta + \cos(\gamma - \theta)]$$

(7-63)

$$= 2m_s r \omega^2 \cos^2 \frac{\gamma}{2} \cos\left(\theta - \frac{\gamma}{2}\right)$$

$$F_{Ix} = m_s r \omega^2 \sin \frac{\gamma}{2} [-\cos\theta + \cos(\gamma - \theta)]$$

(7-64)

$$= 2m_s r \omega^2 \sin^2 \frac{\gamma}{2} \sin\left(\theta - \frac{\gamma}{2}\right)$$

令

$$A_{Iy} = 2m_s r \omega^2 \cos^2 \frac{\gamma}{2}$$

(7-65)

$$A_{Ix} = 2m_s r \omega^2 \sin^2 \frac{\gamma}{2}$$

(7-66)

由式（7-63）及式（7-65）得

$$\frac{F_{Iy}}{A_{Iy}} = \cos\left(\theta - \frac{\gamma}{2}\right)$$

(7-67)

由式（7-64）及式（7-66）得

$$\frac{F_{Ix}}{A_{Ix}} = \sin\left(\theta - \frac{\gamma}{2}\right)$$

(7-68)

将式（7-67）及式（7-68）平方后相加，有

$$\frac{F_{Iy}^2}{A_{Iy}^2} + \frac{F_{Ix}^2}{A_{Ix}^2} = \cos^2\left(\theta - \frac{\gamma}{2}\right) + \sin^2\left(\theta - \frac{\gamma}{2}\right) = 1$$

(7-69)

式（7-69）是一个椭圆方程。

由式（7-67）和式（7-68）可知，当 $\theta = \frac{\gamma}{2}$ 时，即图 7-11 中曲柄处于垂直位置时，$F_{Iy} = A_{Iy}$，$F_{Ix} = 0$，当 $\theta = 90° + \frac{\gamma}{2}$ 时，即图 7-11 中曲柄处于水平位置时，$F_{Iy} = 0$，$F_{Ix} = A_{Ix}$。这说明椭圆的两个主轴在垂直方向和水平方向，且垂直方向的长半轴为 A_{Iy}，水平方向的长半轴为 A_{Ix}。

现在研究气缸中心线之间的夹角 γ 的影响。

当 $\gamma < 90°$ 时

$$\frac{\sin^2 \frac{\gamma}{2}}{\cos^2 \frac{\gamma}{2}} = \tan^2 \frac{\gamma}{2} < 1$$

由式（7-65）及式（7-66）可知，$A_{Iy} > A_{Ix}$，椭圆的长轴在垂直方向，短轴在水平方向（见图 7-12(a)）。

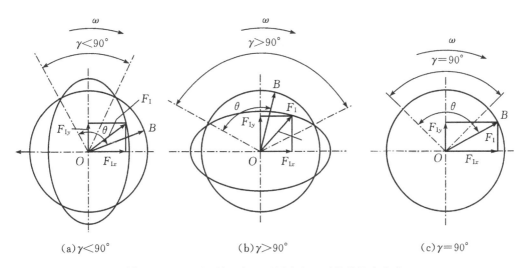

图 7 - 12 V型压缩机气缸不同夹角 γ 时的惯性力变化

当 γ＞90°时

$$\frac{\sin^2\dfrac{\gamma}{2}}{\cos^2\dfrac{\gamma}{2}}=\tan^2\frac{\gamma}{2}>1 \tag{7-70}$$

由式(7-65)及式(7-66)可知，$A_{\mathrm{I}y}<A_{\mathrm{I}x}$，椭圆的长轴在水平方向，短轴在垂直方向(见图 7-12(b))。

当 γ＝90°时

$$\frac{\sin^2\dfrac{\gamma}{2}}{\cos^2\dfrac{\gamma}{2}}=\tan^2\frac{\gamma}{2}=1 \tag{7-71}$$

由式(7-65)及式(7-66)可知，$A_{\mathrm{I}y}=A_{\mathrm{I}x}=A_{\mathrm{I}}$，式(7-69)可写成

$$F_{\mathrm{I}y}^2+F_{\mathrm{I}x}^2=A_{\mathrm{I}}^2 \tag{7-72}$$

式(7-72)是一个圆(见图 7-12(c))，这意味着当两列气缸中心线夹角为 γ＝90°时，椭圆就锐化为圆，其半径为

$$A_{\mathrm{I}}=\sqrt{F_{\mathrm{I}y}^2+F_{\mathrm{I}x}^2} \tag{7-73}$$

将式(7-63)和式(7-64)代入上式，得

$$A_{\mathrm{I}}=m_s r\omega^2 \tag{7-74}$$

当气缸中心线的夹角 γ＝180°时，即成为图 7-10 所示的相对列共用曲柄的对置式压缩机。由式(7-65)和式(7-66)可知

$$A_{\mathrm{I}y}=0 \tag{7-75}$$

$$A_{\mathrm{I}x}=2m_s r\omega^2 \tag{7-76}$$

由此可知，对于气缸中心线夹角 γ＝180°的对置式压缩机，一阶往复惯性力仅仅作用在水平方向，且为两列一阶往复惯性力之和，所以两列时一阶往复惯性力是无法平衡的。二阶往复

惯性力的方向相反,即合力为零,二阶往复惯性力可以自动平衡。因列间距很小,往复惯性力的合力矩甚微。

由式(7-63)和式(7-64)可知,当气缸中心线夹角 $\gamma=90°$ 时,一阶往复惯性力的合力和合力的方向 α(曲柄与 y 轴的夹角)为

$$F_I=\sqrt{F_{Iy}^2+F_{Ix}^2}=m_s r\omega^2 \tag{7-77}$$

$$\tan\alpha=\frac{F_{Ix}}{F_{Iy}}=\frac{\sin(\theta-45°)}{\cos(\theta-45°)}=\tan(\theta-45°) \tag{7-78}$$

由式(7-78)可知,对于 V 型压缩机,当两列气缸轴线夹角 $\gamma=90°$,且两列的往复质量相等时,一阶往复惯性力的合力 F_I 为定值,即等于一列的一阶往复惯性力的最大值。一阶往复惯性力的合力方向始终处于曲柄方向,因此可以在曲柄相反方向加平衡重予以平衡。若平衡重质心与曲轴中心距离为 r,顾及旋转质量 m_r 时,平衡重的质量应为 $m_0=m_s+m_r$。

在 V 型船用压缩机和车用压缩机中,由于占地面积的限制,通常采用 $\gamma<90°$ 的方案;由于高度的限制,通常也采用 $\gamma>90°$ 的方案。而无论是大于或者小于 90° 时,用加装平衡重的办法只能平衡掉部分一阶往复惯性力,而在垂直方向或水平方向仍残留一部分,不能达到完全的平衡,图 7-12(a)、(b)表示了残留的部分往复惯性力。

由上述计算可知,在 V 型压缩机中,只有当气缸中心线夹角 $\gamma=90°$ 时,往复惯性力平衡性能最好。但是如果两列的往复运动质量不等,会使往复惯性力平衡情况变差。对于图 7-11 所示的 V 型压缩机,当气缸中心线夹角 $\gamma=90°$,但 $m_s'\neq m_s''$ 时,与上述讨论相同,仍然以第一列为基准,参照式(7-59)和式(7-61)写出两列的一阶往复惯性力为

$$F_{I1}'=m_s' r\omega^2\cos\theta \tag{7-79}$$

$$F_{I2}'=m_s'' r\omega^2\sin\theta \tag{7-80}$$

两列一阶往复惯性力的最大值分别为 $F_{I1max}'=m_s' r\omega^2$ 和 $F_{I2max}'=m_s'' r\omega^2$,由式(7-79)和式(7-80)

$$\frac{F_{I1}'^2}{F_{I1max}'^2}+\frac{F_{I2}'^2}{F_{I2max}'^2}=\cos^2\theta+\sin^2\theta=1 \tag{7-81}$$

式(7-81)也是一个椭圆方程。但椭圆的长轴在往复质量较大的一列气缸轴线上,如果 $m_s''>m_s'$,图 7-13 表示了两列往复运动质量不等时,一阶往复惯性力的平衡情况。

同样,用加装平衡重的办法只能平衡掉部分一阶往复惯性力。若平衡重质心距曲轴中心的距离等于曲柄半径 r,取平衡重质量 $m_0=m_s'$,则平衡情况如图 7-13(a)所示,可以全部平衡掉第一列的一阶往复惯性力,但在第二列的气缸轴线方向仍残留一部分一阶往复惯性力,即所加平衡重所产生的离心惯性力 $m_s' r\omega^2$ 在第 II 列的轴向方向的分力为 $m_s' r\omega^2\sin\theta$,然后与第 II 列的一阶往复惯性力叠加,则残留部分的惯性力为

$$\Delta F_I'=(m_s''-m_s') r\omega^2\sin\theta \tag{7-82}$$

如果取平衡重质量 $m_0=m_s''$,同理则在第一列的气缸轴线方向仍残留一部分一阶往复惯性力,对第 I 列是属于平衡过剩,过剩值为

$$\Delta F_I'=(m_s''-m_s') r\omega^2\cos\theta \tag{7-83}$$

如果取平衡重质量 $m_0=\frac{1}{2}(m_s'+m_s'')$,平衡情况介于上述两种情况之间,在第 I、第 II 列轴线方向都有不平衡的一阶往复惯性力残留部分。

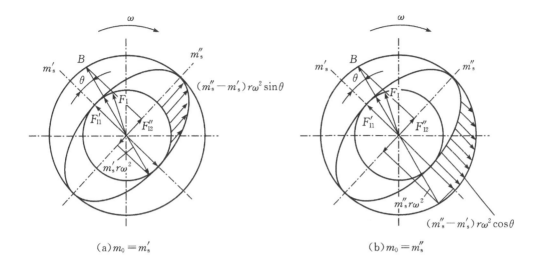

(a) $m_0 = m'_s$ (b) $m_0 = m''_s$

图 7 – 13　$\gamma = 90°$，两列质量不相等时，一阶惯性力的平衡情况

　　同样由式(7 – 63)与式(7 – 64)，将二阶往复惯性力分别投影到垂直(y)方向和水平(x)方向，并各自代数相加，则得到各列二阶往复惯性力的两个分力。

　　设两列的往复运动质量相等，即 $m'_s = m''_s = m_s$，则垂直方向的分力 $F_{\text{II}y}$ 和水平方向的分力 $F_{\text{II}x}$ 分别为

$$F_{\text{II}y} = \lambda m_s r\omega^2 \cos\frac{\gamma}{2}\left[\cos 2\theta + \cos 2(\gamma - \theta)\right]$$
$$= 2\lambda m_s r\omega^2 \cos\frac{\gamma}{2}\cos(2\theta - \gamma)\cos\gamma \tag{7 – 84}$$

$$F_{\text{II}x} = \lambda m_s r\omega^2 \sin\frac{\gamma}{2}\left[\cos 2\theta - \cos 2(\gamma - \theta)\right]$$
$$= 2\lambda m_s r\omega^2 \sin\frac{\gamma}{2}\sin(2\theta - \gamma)\sin\gamma \tag{7 – 85}$$

令

$$A_{\text{II}y} = 2\lambda m_s r\omega^2 \cos\frac{\gamma}{2}\cos\gamma \tag{7 – 86}$$

$$A_{\text{II}x} = 2\lambda m_s r\omega^2 \sin\frac{\gamma}{2}\sin\gamma \tag{7 – 87}$$

由式(7 – 84)及式(7 – 87)得

$$\frac{F_{\text{II}y}}{A_{\text{II}y}} = \cos(2\theta - \gamma) \tag{7 – 88}$$

由式(7 – 85)及式(7 – 89)得

$$\frac{F_{\text{II}x}}{A_{\text{II}x}} = \sin(2\theta - \gamma) \tag{7 – 89}$$

将式(7 – 88)及式(7 – 89)平方后相加，有

$$\frac{F_{\text{II}y}^2}{A_{\text{II}y}^2} + \frac{F_{\text{II}x}^2}{A_{\text{II}x}^2} = \cos^2(2\theta - \gamma) + \sin^2(2\theta - \gamma) = 1 \tag{7 – 90}$$

式(7-90)是一个椭圆方程。

由式(7-86)和式(7-87)知,当 $\gamma=90°$ 时,$A_{\mathbb{I}y}=0$;$A_{\mathbb{I}x}=\sqrt{2}\lambda m_s r\omega^2$;$F_{\mathbb{I}y}=0$,二阶往复惯性力的合力为

$$F_{\mathbb{I}}=\sqrt{F_{\mathbb{I}y}^2+F_{\mathbb{I}x}^2}=\sqrt{2}\lambda m_s r\omega^2\cos 2\theta \tag{7-91}$$

式(7-91)说明二阶往复惯性力的合力始终处于水平方向,其值随二倍于主轴旋转角速度(2θ)的变化而变化。显然,二阶往复惯性力是无法简单地利用平衡重予以平衡的。

对于气缸夹角 $\gamma=90°$,两列的往复质量不等($m_s'\neq m_s''$)时,其二阶往复惯性力的合力仍不能平衡,参照式(7-60)和式(7-62)可以写出二阶往复惯性力合力为

$$F_{\mathbb{I}}=\sqrt{F_{\mathbb{I}x}^2+F_{\mathbb{I}y}^2}=\lambda r\omega^2\sqrt{m_s'^2+m_s''^2}\cos 2\theta$$

二阶往复惯性力合力与 y 轴的夹角 α 为

$$\tan\alpha=\frac{F_{\mathbb{I}x}}{F_{\mathbb{I}y}}=\frac{m_s'-m_s''}{m_s'+m_s''}$$

$$\alpha=\arctan\frac{m_s'-m_s''}{m_s'+m_s''}$$

由此可见,二阶往复惯性力的合力大小随二倍于主轴的转角周期性地变化,但方向始终在一条固定的作用线上,其作用线的方向取决于两列的往复运动质量大小。

气缸夹角 $\gamma=90°$ 的 V 型压缩机转过 $45°$ 后就成为 L 型压缩机,故 L 型压缩机的平衡情况与 V 型压缩机相同,按照式(7-91)确定的二阶往复惯性力的合力也相应转过同样角度。

(2)W 型压缩机。三列连杆同置于一个曲柄上的 W 型压缩机,各列气缸中心线之间的夹角为 γ,如图 7-14 所示。

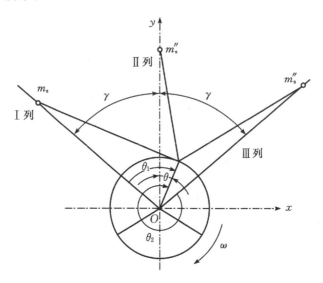

图 7-14 W 型压缩机运动机构示意图

为计算简单起见,取中间列(第 Ⅱ 列)为基准列,按照曲柄旋转方向,某瞬时基准列曲柄转角为 θ,第 Ⅰ 列同一瞬时曲柄转角为 θ_1,第 Ⅲ 列同一瞬时曲柄转角为 θ_2。各列与基准列(第 Ⅱ 列)曲柄转角的函数关系为 $\theta_1=\theta+\gamma$,$\theta_2=360°-(\gamma-\theta)$。

则各列一阶往复惯性力 $F_{\mathbb{I}1}'$、$F_{\mathbb{I}2}'$、$F_{\mathbb{I}3}'$ 分别为

$$F'_{I1} = m'_s r\omega^2 \cos(\theta + \gamma) \tag{7-92}$$

$$F'_{I2} = m''_s r\omega^2 \cos\theta \tag{7-93}$$

$$F'_{I3} = m'''_s r\omega^2 \cos[360 - (\gamma - \theta)] = m'''_s r\omega^2 \cos(\gamma - \theta) \tag{7-94}$$

各列二阶往复惯性力分别为：

$$F'_{II1} = \lambda m'_s r\omega^2 \cos 2(\theta + \gamma) \tag{7-95}$$

$$F'_{II2} = \lambda m''_s r\omega^2 \cos 2\theta \tag{7-96}$$

$$F'_{II3} = \lambda m'''_s r\omega^2 \cos 2(\gamma - \theta) \tag{7-97}$$

它们分别作用在各自的气缸轴线上。将各列一阶往复惯性力分别投影到垂直(y)方向和水平(x)方向，并各自代数相加，则得到一阶往复惯性力的两个分力为

$$F_{Iy} = m'_s r\omega^2 \cos(\theta + \gamma)\cos\gamma + m''_s r\omega^2 \cos\theta + m'''_s r\omega^2 \cos(\gamma - \theta)\cos\gamma \tag{7-98}$$

$$F_{Ix} = -m'_s r\omega^2 \cos(\theta + \gamma)\sin\gamma + m'''_s r\omega^2 \cos(\gamma - \theta)\sin\gamma \tag{7-99}$$

设各列的往复运动质量相等，即 $m'_s = m''_s = m'''_s = m_s$，气缸夹角 $\gamma = 60°$，则

$$F_{Iy} = \frac{3}{2} m_s r\omega^2 \cos\theta \tag{7-100}$$

$$F_{Ix} = \frac{3}{2} m_s r\omega^2 \sin\theta \tag{7-101}$$

一阶往复惯性力的合力为

$$F_I = \sqrt{F_{Iy}^2 + F_{Ix}^2} = \frac{3}{2} m_s r\omega^2 \tag{7-102}$$

一阶往复惯性力合力的方向（即合力与 y 轴的夹角 α）为

$$\tan\alpha = \frac{F_{Ix}}{F_{Iy}} = \tan\theta \tag{7-103}$$

即

$$\alpha = \theta$$

由上述计算可知，对于气缸中心线夹角为 $\gamma = 60°$ 的 W 型压缩机，当各列往复质量相等时，一阶往复惯性力的合力为定值，方向始终沿着曲柄的方向，并随曲轴一起旋转，故可用加平衡重的方法平衡之。若平衡重质心距主轴中心距离为 r，同时顾及到旋转质量 m_r，平衡重的质量为

$$m_0 = \frac{3}{2} m_s + m_r \tag{7-104}$$

同样的方法可以求出各列二阶往复惯性力的合力及方向为

$$F_{IIy} = \lambda m'_s r\omega^2 \cos 2(\theta + \gamma)\cos\gamma + \lambda m''_s r\omega^2 \cos 2\theta + \lambda m'''_s r\omega^2 \cos 2(\gamma - \theta)\cos\gamma \tag{7-105}$$

$$F_{IIx} = -\lambda m'_s r\omega^2 \cos 2(\theta + \gamma)\sin\gamma + \lambda m'''_s r\omega^2 \cos 2(\gamma - \theta)\sin\gamma \tag{7-106}$$

设各列的往复运动质量相等，即 $m'_s = m''_s = m'''_s = m_s$，气缸夹角 $\gamma = 60°$，则

$$F_{IIy} = \frac{1}{2} \lambda m_s r\omega^2 \cos 2\theta \tag{7-107}$$

$$F_{IIx} = \frac{3}{2} \lambda m_s r\omega^2 \sin 2\theta \tag{7-108}$$

二阶往复惯性力的合力为

$$F_{II} = \sqrt{F_{IIy}^2 + F_{IIx}^2} = \frac{1}{2} \lambda m_s r\omega^2 \sqrt{1 + 8\sin^2 2\theta} \tag{7-109}$$

二阶往复惯性力合力的方向(即合力与 y 轴的夹角 α)为

$$\tan \alpha = \frac{F_{\mathrm{II}x}}{F_{\mathrm{II}y}} = 3\tan 2\theta \qquad (7-110)$$

由式(7-109)和式(7-110)可知,对于气缸中心线夹角为 $\gamma=60°$ 的 W 型压缩机,当各列往复质量相等时,二阶往复惯性力合力并非定值,大小随曲柄的转角的变化而变化,其方向随二倍于曲轴的转角的变化而变化,故无法简单的使用加平衡重的方法平衡之。

对于往复惯性力矩,由于三列安装于同一曲柄,列间距很小,可以忽略不计。

在船用压缩机中,由于安装地点位置的限制,通常气缸之间的夹角取 $\gamma=45°$,当 $m'_{\mathrm{s}}=m''_{\mathrm{s}}=m'''_{\mathrm{s}}=m_{\mathrm{s}}$ 时,根据式(7-98)和式(7-99)可求出一阶往复惯性力的合力为

$$F_{\mathrm{I}} = \sqrt{F_{\mathrm{I}y}^2 + F_{\mathrm{I}x}^2} = m_{\mathrm{s}}r\omega^2 \sqrt{3\cos^2\theta + 1} \qquad (7-111)$$

一阶往复惯性力合力的方向(即合力与 y 轴的夹角 α)为

$$\tan \alpha = \frac{F_{\mathrm{I}x}}{F_{\mathrm{I}y}} = \frac{1}{2}\tan\theta \qquad (7-112)$$

由式(7-111)和式(7-112)可知,对于气缸中心线夹角为 $\gamma=45°$ 的 W 型压缩机,当各列往复质量相等时,一阶往复惯性力的合力并非定值,大小随曲柄的转角的变化而变化,故无法简单的使用加平衡重的方法平衡之。由于使用场合的限制,要减少一阶往复惯性力,最有效的方法是减少往复惯性质量 m_{s} 和转速。

同理可计算出二阶往复惯性力的合力

$$F_{\mathrm{II}} = \sqrt{F_{\mathrm{II}y}^2 + F_{\mathrm{II}x}^2} = 0 \qquad (7-113)$$

由式(7-113)可知,对于气缸中心线夹角为 $\gamma=45°$ 的 W 型压缩机,当各列往复质量相等,即 $m'_{\mathrm{s}}=m''_{\mathrm{s}}=m'''_{\mathrm{s}}=m_{\mathrm{s}}$ 时,二阶往复惯性力始终为零。

同样可以证明,当 $\gamma=90°$ 时,则成为倒 T 型压缩机,仍然以中间列为基准列,可得一阶往复惯性力在 x 轴和 y 轴的分力为

$$F_{\mathrm{I}y} = m''_{\mathrm{s}}r\omega^2 \cos\theta \qquad (7-114)$$

$$F_{\mathrm{I}x} = (m'_{\mathrm{s}} + m'''_{\mathrm{s}})r\omega^2 \sin\theta \qquad (7-115)$$

如果取 $m'_{\mathrm{s}} = m'''_{\mathrm{s}} = \dfrac{1}{2}m''_{\mathrm{s}} = \dfrac{1}{2}m_{\mathrm{s}}$,则一阶往复惯性力的合力为

$$F_{\mathrm{I}} = m_{\mathrm{s}}r\omega^2 \qquad (7-116)$$

一阶往复惯性力合力的方向(即合力与 y 轴的夹角 α)为

$$\tan \alpha = \frac{F_{\mathrm{I}x}}{F_{\mathrm{I}y}} = \tan\theta \qquad (7-117)$$

由式(7-116)和式(7-117)可知,当气缸夹角为 $\gamma=90°$ 时,一阶往复惯性力的合力为定值,方向始终沿着曲柄的旋转方向,并随曲轴一起旋转,故可用加平衡重的方法平衡之。若平衡重质心距主轴中心距离为 r,同时顾及到旋转质量 m_{r},则平衡质量为

$$m_0 = m_{\mathrm{s}} + m_{\mathrm{r}} \qquad (7-118)$$

对于二阶往复惯性力,水平两列往复惯性力相互抵消,仅有垂直列的二阶往复惯性力,其值为 $F_{\mathrm{II}} = \lambda m_{\mathrm{s}}r\omega^2\cos 2\theta$,方向始终沿着垂直列气缸中心线方向,所以二阶往复惯性力不能使用简单方法予以平衡。

(3)双 V 型压缩机。在角度式多列压缩机中,为了减少气缸的尺寸,常常采用多列的结构,

这样各列气缸之间既存在夹角 γ，曲柄之间也存在错角 δ，各列惯性力和惯性力矩的合成与角度式压缩机相同。以图 7-15 所示的双 V 型压缩机为例讨论其惯性力和惯性力矩的合成方法，此方法可以为其它任何类型的角度式往复压缩机惯性力平衡提供基础。其惯性力和力矩合成的方法与角度式压缩机相同，即先依据惯性力和力矩合成原则，将各列的惯性力分别投影到垂直方向和水平方向，然后进行合成。

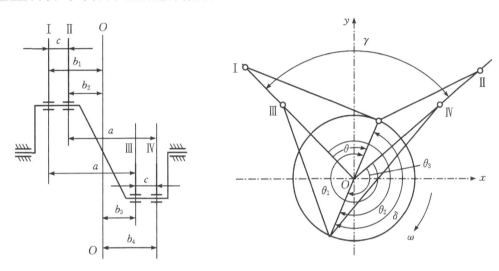

图 7-15　双 V 型压缩机运动机构示意图

在图 7-15 所示的双重 V 型四列压缩机中，气缸 I、II 列置于同一曲拐，而 III、IV 列气缸置于同一曲拐，其气缸中心线夹角 $\gamma=90°$，其中 I、II 列与 III、IV 列曲柄错角为 $\delta=180°$，各列往复质量相等，即 $m_{s1}=m_{s2}=m_{s3}=m_{s4}=m_s$，取第 I 列为基准列，按照曲柄旋转方向，某瞬时曲柄转角为 θ，第 II 列同一瞬时曲柄转角为 θ_1，第 III 列同一瞬时曲柄转角为 θ_2，第 IV 列同一瞬时曲柄转角为 θ_3。各列与基准列曲柄转角的函数关系为 $\theta_1=360°-(\gamma-\theta)$，$\theta_2=180°+\theta$，$\theta_3=180°-(\gamma-\theta)$。

各列一阶往复惯性力 F'_{I1}、F'_{I2}、F'_{I3}、F'_{I4} 分别为

$$F'_{I1}=m_s r\omega^2 \cos\theta \tag{7-119}$$

$$F'_{I2}=m_s r\omega^2 \cos[360-(\gamma-\theta)]=m_s r\omega^2\cos(\gamma-\theta) \tag{7-120}$$

$$F'_{I3}=m_s r\omega^2 \cos(180+\theta)=-m_s r\omega^2\cos\theta \tag{7-121}$$

$$F'_{I4}=m_s r\omega^2 \cos[180-(\gamma-\theta)]=-m_s r\omega^2\cos(\gamma-\theta) \tag{7-122}$$

各列往复惯性力均分别作用在各自的气缸轴线上。将一阶往复惯性力分别投影到垂直（y）方向和水平（x）方向，并各自代数相加，则得到一阶惯性力的两个分力 F_{Ix} 和 F_{Iy}。

因为气缸夹角 $\gamma=90°$，各列往复惯性力在 x 方向的分力为

$$F_{I1x}=m_s r\omega^2 \cos\theta \sin\left(-\frac{\gamma}{2}\right)=-\frac{\sqrt{2}}{2}m_s r\omega^2\cos\theta \tag{7-123}$$

$$F_{I2x}=m_s r\omega^2 \cos(\gamma-\theta)\sin\frac{\gamma}{2}=\frac{\sqrt{2}}{2}m_s r\omega^2\sin\theta \tag{7-124}$$

$$F_{I3x}=m_s r\omega^2 \cos(180+\theta)\sin\left(-\frac{\gamma}{2}\right)=\frac{\sqrt{2}}{2}m_s r\omega^2\cos\theta \tag{7-125}$$

$$F_{I4x} = m_s r\omega^2 \cos[180 - (\gamma - \theta)]\sin\frac{\gamma}{2} = -\frac{\sqrt{2}}{2}m_s r\omega^2 \sin\theta \qquad (7-126)$$

式(7-123)～式(7-126)相加,即得到各列一阶往复惯性力在 x 轴的分力为

$$F_{Ix} = F_{I1x} + F_{I2x} + F_{I3x} + F_{I4x} = 0 \qquad (7-127)$$

同理计算出各列一阶往复惯性力在 y 轴的分力

$$F_{I1y} = m_s r\omega^2 \cos\theta\cos\frac{\gamma}{2} = \frac{\sqrt{2}}{2}m_s r\omega^2 \cos\theta \qquad (7-128)$$

$$F_{I2y} = m_s r\omega^2 \cos(\gamma - \theta)\cos\frac{\gamma}{2} = \frac{\sqrt{2}}{2}m_s r\omega^2 \sin\theta \qquad (7-129)$$

$$F_{I3y} = m_s r\omega^2 \cos(180 + \theta)\cos\frac{\gamma}{2} = -\frac{\sqrt{2}}{2}m_s r\omega^2 \cos\theta \qquad (7-130)$$

$$F_{I4y} = m_s r\omega^2 \cos[180 - (\gamma - \theta)]\cos\frac{\gamma}{2} = -\frac{\sqrt{2}}{2}m_s r\omega^2 \sin\theta \qquad (7-131)$$

将式(7-128)～式(7-131)相加,即得到各列一阶往复惯性力在 y 轴的分力

$$F_{Iy} = F_{I1y} + F_{I2y} + F_{I3y} + F_{I4y}$$
$$= \frac{\sqrt{2}}{2}m_s r\omega^2 (\cos\theta + \sin\theta - \cos\theta - \sin\theta) = 0 \qquad (7-132)$$

由式(7-127)和式(7-132)可见,当各列往复运动质量相等,且同一曲拐气缸夹角为 $90°$ 和曲柄错角为 $180°$ 时,一阶往复惯性力在 x 轴和 y 轴的分力均为零,即一阶往复惯性力的合力为零。此机构的配置使得一阶往复惯性力在机器内部能自动平衡。

各列二阶往复惯性力 F'_{II1}、F'_{II2}、F'_{II3}、F'_{II4} 在 x 轴上的分量为

$$F_{II1x} = \lambda m_s r\omega^2 \cos 2\theta \sin\left(-\frac{\gamma}{2}\right) = -\frac{\sqrt{2}}{2}\lambda m_s r\omega^2 \cos 2\theta \qquad (7-133)$$

$$F_{II2x} = \lambda m_s r\omega^2 \cos 2(\gamma - \theta)\sin\frac{\gamma}{2} = -\frac{\sqrt{2}}{2}\lambda m_s r\omega^2 \cos 2\theta \qquad (7-134)$$

$$F_{II3x} = \lambda m_s r\omega^2 \cos 2(180 + \theta)\sin\left(-\frac{\gamma}{2}\right) = -\frac{\sqrt{2}}{2}\lambda m_s r\omega^2 \cos 2\theta \qquad (7-135)$$

$$F_{II4x} = \lambda m_s r\omega^2 \cos 2[180 - (\gamma - \theta)]\sin\frac{\gamma}{2} = -\frac{\sqrt{2}}{2}\lambda m_s r\omega^2 \cos 2\theta \qquad (7-136)$$

各列二阶往复惯性力在 $x-x$ 轴上分力代数和为

$$F_{IIx} = F_{II1x} + F_{II2x} + F_{II3x} + F_{II4x} = -2\sqrt{2}\lambda m_s r\omega^2 \cos 2\theta \qquad (7-137)$$

各列二阶往复惯性力 F'_{II1}、F'_{II2}、F'_{II3}、F'_{II4} 在 y 轴上的分量为

$$F_{II1y} = \lambda m_s r\omega^2 \cos 2\theta\cos\frac{\gamma}{2} = \frac{\sqrt{2}}{2}\lambda m_s r\omega^2 \cos 2\theta \qquad (7-138)$$

$$F_{II2y} = \lambda m_s r\omega^2 \cos 2(\gamma - \theta)\cos\frac{\gamma}{2} = -\frac{\sqrt{2}}{2}\lambda m_s r\omega^2 \cos 2\theta \qquad (7-139)$$

$$F_{II3y} = \lambda m_s r\omega^2 \cos 2(180 + \theta)\cos\frac{\gamma}{2} = \frac{\sqrt{2}}{2}\lambda m_s r\omega^2 \cos 2\theta \qquad (7-140)$$

$$F_{\text{II}4y} = \lambda m_s r \omega^2 \cos 2[180 - (\gamma - \theta)] \cos \frac{\gamma}{2} = -\frac{\sqrt{2}}{2} \lambda m_s r \omega^2 \cos 2\theta \qquad (7-141)$$

将式(7-138)～式(7-141)相加,即得到各列二阶往复惯性力在 y 轴上分力的代数和为

$$F_{\text{II}y} = F_{\text{II}1y} + F_{\text{II}2y} + F_{\text{II}3y} + F_{\text{II}4y} = 0 \qquad (7-142)$$

将式(7-137)和式(7-142)按照矢量叠加的方法,求出二阶往复惯性力的合力为

$$F_{\text{II}} = \sqrt{F_{\text{II}x}^2 + F_{\text{II}y}^2} = 2\sqrt{2} \lambda m_s r \omega^2 \cos 2\theta \qquad (7-143)$$

二阶往复合成惯性力与 y 轴的夹角 α 为

$$\alpha = \arctan \frac{F_{\text{II}x}}{F_{\text{II}y}} \left(\frac{F_{\text{II}x}}{F_{\text{II}y}} \to \infty \right) \qquad (7-144)$$

由此可见,只有当 $\alpha = 90°$、$270°$时才能满足上式,即二阶往复惯性力的合力始终是沿着 x 轴方向,即水平方向。

在计算惯性力矩时应注意,惯性力如果处于质心平面的两侧时,所形成的力矩方向相反。在本结构中Ⅰ、Ⅱ列为驱动侧,Ⅲ、Ⅳ列为非驱动侧,质心回转平面为 $o—o$, b_1、b_2、b_3、b_4 分别为各列气缸轴线到质心回转平面中心的距离,a 为列间距,c 为同一曲拐上两列气缸中心距。

根据式(7-123)～式(7-126)计算惯性力的方向,并各自乘以该列至质心平面 $o—o$ 的距离,考虑到Ⅰ、Ⅲ列对质心平面的矩的方向相同,均为顺时针,并规定为负,则Ⅱ、Ⅳ列对质心平面的矩方向相同,均为逆时针,规定为正,即求出各列一阶往复惯性力矩在 x 轴的分量为

$$M_{\text{I}1x} = -\frac{\sqrt{2}}{2} m_s r \omega^2 b_1 \cos \theta \qquad (7-145)$$

$$M_{\text{I}2x} = \frac{\sqrt{2}}{2} m_s r \omega^2 b_2 \sin \theta \qquad (7-146)$$

$$M_{\text{I}3x} = -\frac{\sqrt{2}}{2} m_s r \omega^2 b_3 \cos \theta \qquad (7-147)$$

$$M_{\text{I}4x} = \frac{\sqrt{2}}{2} m_s r \omega^2 b_4 \sin \theta \qquad (7-148)$$

将式(7-145)～式(7-148)相加,即得到各列一阶往复惯性力矩在 x 轴上的分量之和为

$$M_{\text{I}x} = M_{\text{I}1x} + M_{\text{I}2x} + M_{\text{I}3x} + M_{\text{I}4x}$$
$$= \frac{\sqrt{2}}{2} a m_s r \omega^2 (\sin \theta - \cos \theta) \qquad (7-149)$$

式中:$b_1 + b_3 = b_2 + b_4 = a$。

同理根据式(7-128)～式(7-131)惯性力的方向,各列对质心平面矩的方向相同,均为顺时针(即为负值),则各列一阶往复惯性力矩在 y 轴的分量为

$$M_{\text{I}1y} = -\frac{\sqrt{2}}{2} m_s r \omega^2 b_1 \cos \theta \qquad (7-150)$$

$$M_{\text{I}2y} = -\frac{\sqrt{2}}{2} m_s r \omega^2 b_2 \sin \theta \qquad (7-151)$$

$$M_{\text{I}3y} = -\frac{\sqrt{2}}{2} m_s r \omega^2 b_3 \cos \theta \qquad (7-152)$$

$$M_{I4y} = -\frac{\sqrt{2}}{2} m_s r \omega^2 b_4 \sin\theta \qquad (7-153)$$

将式(7-150)~式(7-153)相加,即得到一阶往复惯性力矩在 y 轴上的分量之和为

$$M_{Iy} = M_{I1y} + M_{I2y} + M_{I3y} + M_{I4y}$$

$$= -\frac{\sqrt{2}}{2} a m_s r \omega^2 (\sin\theta + \cos\theta) \qquad (7-154)$$

将式(7-149)和式(7-154)按照矢量叠加求出一阶往复惯性力矩值为

$$M_I = \sqrt{(M_{Ix})^2 + (M_{Iy})^2} = m_s r \omega^2 a \qquad (7-155)$$

一阶往复惯性力矩 M_I 与 y 轴的夹角为

$$\psi = \arctan\frac{M_{Ix}}{M_{Iy}} = \arctan\frac{\sin\theta - \cos\theta}{\sin\theta + \cos\theta} \qquad (7-156)$$

式中:θ 为基准列到曲柄的转角,如果以曲柄与 y 轴的夹角 α 来表示,则有 $\alpha = \theta - \dfrac{\gamma}{2}$,将 α 代入式(7-156)有

$$\psi = \arctan\frac{M_{Ix}}{M_{Iy}} = \arctan(\tan\alpha) = \alpha \qquad (7-157)$$

由式(7-155)式(7-157)可知,一阶往复惯性力矩为定值,方向随曲柄转角变化,可以采用在曲柄的相反方向加装平衡重予以平衡。

各列二阶往复惯性力矩在 x 轴的分量为

$$M_{II1x} = -\frac{\sqrt{2}}{2} \lambda m_s r \omega^2 b_1 \cos 2\theta \qquad (7-158)$$

$$M_{II2x} = -\frac{\sqrt{2}}{2} \lambda m_s r \omega^2 b_2 \cos 2\theta \qquad (7-159)$$

$$M_{II3x} = \frac{\sqrt{2}}{2} \lambda m_s r \omega^2 b_3 \cos 2\theta \qquad (7-160)$$

$$M_{II4x} = \frac{\sqrt{2}}{2} \lambda m_s r \omega^2 b_4 \cos 2\theta \qquad (7-161)$$

将式(7-158)~式(7-161)相加,即得到二阶往复惯性力矩在 x 轴上的分量之和为

$$M_{IIx} = M_{II1x} + M_{II2x} + M_{II3x} + M_{II4x} = 0 \qquad (7-162)$$

各列二阶往复惯性力矩在 y 轴的分量为

$$M_{II1y} = -\frac{\sqrt{2}}{2} \lambda m_s r \omega^2 b_1 \cos 2\theta \qquad (7-163)$$

$$M_{II2y} = \frac{\sqrt{2}}{2} \lambda m_s r \omega^2 b_2 \cos 2\theta \qquad (7-164)$$

$$M_{II3y} = \frac{\sqrt{2}}{2} \lambda m_s r \omega^2 b_3 \cos 2\theta \qquad (7-165)$$

$$M_{II4y} = -\frac{\sqrt{2}}{2} \lambda m_s r \omega^2 b_4 \cos 2\theta \qquad (7-166)$$

将式(7-163)~式(7-166)相加,即得到二阶往复惯性力矩在 y 轴上的分量之和为

$$M_{IIy} = M_{II1y} + M_{II2y} + M_{II3y} + M_{II4y}$$

$$= \frac{\sqrt{2}}{2} \lambda m_s r \omega^2 \cos 2\theta (b_2 + b_3 - b_1 - b_4) \tag{7-167}$$

$$= \sqrt{2} \lambda c m_s r \omega^2 \cos 2\theta$$

式中：$b_1 = b_2 + c$；$b_3 = b_4 - c$。

二阶往复惯性力矩合成值为

$$M_{II} = \sqrt{(M_{IIx})^2 + (M_{IIy})^2} = \sqrt{2} \lambda c m_s r \omega^2 \cos 2\theta \tag{7-168}$$

因为第Ⅰ列与第Ⅱ列之间、第Ⅲ列与第Ⅳ列之间的列间距很小，c 可以忽略不计，故 $M_{II} \approx 0$。

同理可计算旋转惯性力和力矩。旋转惯性力合力可自行平衡，旋转惯性力矩可以配置适当的平衡重使之完全平衡。

从以上计算可知：双重Ⅴ型压缩机的一阶惯性力 $F_I = 0$，在机器内部自行平衡；一阶惯性力矩 $M_I = m_s r \omega^2 a$，其值大小不变，其作用方向与第Ⅰ列曲柄的旋转方向相同；二阶惯性力 $F_{II} = 2\sqrt{2} \lambda m_s r \omega^2 \sin 2\theta$，大小随 2θ 角的正弦曲线变化，始终作用在水平方向上，而二阶惯性力矩 $M_{II} \approx 0$。

(4)S 型(扇型)压缩机和 X 型(星型)压缩机。扇型压缩机一个曲拐上具有四个连杆，列之间的夹角可以是 45°，也可以是 60°。星型压缩机可以看成是角度式压缩机在对称方向再增设一倍的气缸，或者说，角度式压缩机是星型压缩机的一半，表 7-2 给出了按轴线方向合并或者分开的示意图。

惯性力和惯性力矩的平衡与角度式压缩机完全相同，可以证明，星型和扇型压缩机，当各列往复运动质量相等，列间距等分时，一阶往复惯性力的合力是一个定值，且方向总沿着曲柄向外，并随曲轴一同旋转，可以使用加装平衡重的办法予以平衡。二阶惯性力和惯性力矩均随二倍曲柄转角变化，其值对压缩机运行影响不大，任其存在。旋转惯性力和力矩的平衡比较简单，选择在各自的曲拐反方向加装平衡重予以平衡。

表 7-2 扇型、星型压缩机平衡一阶往复惯性力的条件及平衡重的质量

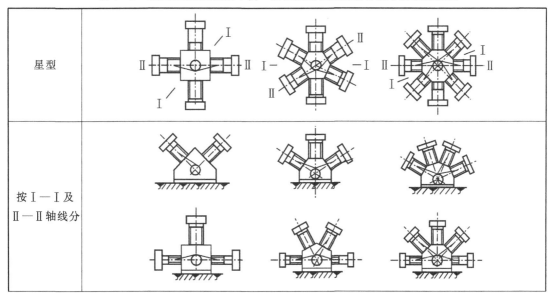

续表 7－2

夹角	90°		60°		45°	
各列往复质量的关系	$m'_s=m''_s=m_s$	$m''_s=2m'_s$ $=2m'''_s$ $=m_s$	$m'_s=m''_s=m'''_s$ $=m_s$	$m''_s=m'''_s$ $=2m'_s=2m''''_s$ $=m_s$	$m'_s=m''_s=m'''_s$ $=m_s$	$m''_s=m'''_s=m''''_s$ $=2m'_s=2m''''_s$ $=m_s$
一阶往复惯性力合力	$F_{\mathrm{I}}=\dfrac{z}{2}m_s r\omega^2$ 式中：z 为列数，但当按轴线 Ⅱ—Ⅱ 分时，两水平列相加作为一列					
平衡重质量 $(r'=r)$	$m_0=\dfrac{z}{2}m_s+m_r$ 式中：z 为列数，但当按轴线 Ⅱ—Ⅱ 分时，两水平列相加作为一列					

注：各列顺序均自左至右排列

7.3　惯性力平衡分析的复数解析法与图解法

压缩机惯性力平衡的方法通常有两类，即解析法和图解法。在解析法中又有三角函数解析法与复数解析法两种型式。对于三角函数解析法的分析在 7.1、7.2 节中已经作了详细的介绍。本节将介绍复数解析法与图解法。

7.3.1　惯性力复数解析法

旋转惯性力 F_r 和往复惯性力 F_{I} 等矢量均可以很方便地用复数形式表示。众所周知，复数可用三角函数形式或指数形式表示

$$z=R(\cos\theta+\mathrm{i}\sin\theta)=R\,\mathrm{e}^{\mathrm{i}\theta}$$

式中：i 为虚数单位，$\mathrm{i}=\sqrt{-1}$；R 为复数 z 的模；θ 为复数 z 的幅角。

这样利用上式就容易将旋转惯性力和往复惯性力使用复数的形式表示出来。现以三列立式压缩机为例，介绍惯性力平衡的复数解析法的基本思想。

1. 旋转惯性力与力矩的计算

（1）旋转惯性力及合力。图 7－16 表示了三列立式压缩机的运动机构，假设各列的旋转质量相等且均为 m_r。旋转惯性力的复数表示为 $F_r=m_r r\omega^2\,\mathrm{e}^{\mathrm{i}\theta}$，复数 F_r 的模为 $m_r r\omega^2$，表示该矢量大小的变化规律，幅角 θ 表示该矢量方向变化规律为与曲柄转角同步。由此，各列的旋转惯性力为

$$F'_{r1}=m_r r\omega^2\,\mathrm{e}^{\mathrm{i}\theta} \tag{7-169}$$

$$F'_{r2}=m_r r\omega^2\,\mathrm{e}^{\mathrm{i}(\theta+\frac{2}{3}\pi)} \tag{7-170}$$

$$F'_{r3}=m_r r\omega^2\,\mathrm{e}^{\mathrm{i}(\theta+\frac{4}{3}\pi)} \tag{7-171}$$

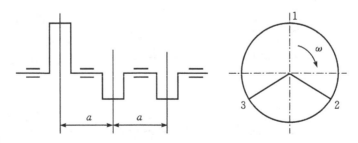

图 7－16　三列压缩机运动机构简图

式(7-169)~式(7-171)相加,得出旋转惯性力的合力矢量为

$$F_r = F'_{r1} + F'_{r2} + F'_{r3}$$

$$= m_r r \omega^2 e^{i\theta}(1 + e^{i\frac{2}{3}\pi} + e^{i\frac{4}{3}\pi})$$

$$= m_r r \omega^2 e^{i\theta}(1 + \cos\frac{2}{3}\pi + i\sin\frac{2}{3}\pi + \cos\frac{4}{3}\pi + i\sin\frac{4}{3}\pi) \qquad (7-172)$$

$$= m_r r \omega^2 e^{i\theta}(1 - \frac{1}{2} + i\frac{\sqrt{3}}{2} + \frac{1}{2} - i\frac{\sqrt{3}}{2}) = 0$$

上式说明,当各列曲柄错角为120°且旋转质量相等时,旋转惯性力的合力为零。比较上式与式(7-37),其计算结果完全相同,即三角函数解析法与复数解析法均可以分析旋转惯性力。

(2)旋转惯性力的合力矩。同理可分析旋转惯性力的合力矩。若简化中心点取在第二拐的中心 O 点,则在质心的左边 a 取正值,而质心右边 a 取负值,有

$$M_r = m_r r \omega^2 e^{i\theta}a - m_r r \omega^2 e^{i(\theta + \frac{4}{3}\pi)}a = a m_r r \omega^2 e^{i\theta}(1 - e^{i\frac{4\pi}{3}})$$

$$= a m_r r \omega^2 e^{i\theta}(\frac{3}{2} + i\frac{\sqrt{3}}{2}) = a m_r r \omega^2 e^{i\theta}\sqrt{(\frac{3}{2})^2 + (\frac{\sqrt{3}}{2})^2} \ e^{i\arctan(\frac{\sqrt{3}}{2}/\frac{3}{2})} \qquad (7-173)$$

$$= a m_r r \omega^2 e^{i\theta}\sqrt{3}\ e^{i\frac{\pi}{6}} = \sqrt{3} a m_r r \omega^2 e^{i(\theta + \frac{\pi}{6})}$$

这表示旋转惯性力仍为一旋转矢量,其模的大小为 $\sqrt{3} a m_r r \omega^2$,其相位较第一列曲柄转角超前 $\frac{\pi}{6}$(即30°)。上式与式(7-40)三角函数解析法计算结果相同。由此可以看出,利用复数解析法不仅可以求出力矩的大小,还可以方便地确定力矩作用的方向。

而如果将简化中心点取在第三拐的中心 O 点时,旋转惯性力矩的合力矩为

$$M_r = m_r r \omega^2 e^{i\theta}2a + m_r r \omega^2 e^{i(\theta + \frac{2}{3}\pi)}a$$

$$= a m_r r \omega^2 e^{i\theta}(2 + e^{i\frac{2\pi}{3}})$$

$$= a m_r r \omega^2 e^{i\theta}\sqrt{3}\ e^{i\frac{\pi}{6}} = \sqrt{3} a m_r r \omega^2 e^{i(\theta + \frac{\pi}{6})}$$

上式与式(7-173)计算结果相同,这就说明力系简化点即坐标原点 O(见图7-16)的选择以及它的位置对分析结果无任何影响。这是因为:根据刚体静力学普遍原理可知,空间力系向一点简化结果,主矢量大小和方向与简化点选择无关,而主矩的大小和方向只有在主矢量为零的条件下才与简化点选择无关,否则就有关。在这里因 $F_r = 0$,所以力矩 M_r 与 O 点位置无关。当然如果 $F_r \neq 0$ 时,研究 M_r 就没有意义(静不平衡时就无条件研究动平衡)。当 $F_r = 0$ 时,一般习惯上取曲轴的质心拐作为力矩的简化点。

2.往复惯性力与力矩的计算

由式(6-19)可知,压缩机的往复惯性力为一阶和二阶往复惯性力之和,即

$$F_I = m_s r \omega^2 \cos\theta$$
$$F_{II} = \lambda m_s r \omega^2 \cos 2\theta \qquad (7-174)$$

为分析方便起见,令

$$C = m_s r \omega^2$$

从形式上看,往复惯性力与离心力一样。如果把 C 假想看成是一个作用在曲柄上的离心

力,则一阶往复惯性力 F_I 就相当于该离心力在气缸中心线上的投影。因为这个离心力是假想的,只是形式上相当于一个离心力,故把它称为一阶往复惯性力的当量离心力。现把这个当量离心力的旋转质量分成完全相等的两部分,即各等于 $\frac{1}{2} m_s$,如图 7 - 17(a)所示,其中一部分 $(\frac{1}{2} m_s)$ 由气缸中心线开始,在半径为 r 的圆上,以 ω 角速度顺时针方向旋转(曲柄旋转方向);另一部分 $(\frac{1}{2} m_s)$ 以同样条件逆时针方向旋转。显然它们的离心力各为 $C/2$。正转部分的离心力称为 F_I 的正转矢量,用 A_I 表示;反转部分的离心力称为 F_I 的反转矢量,用 B_I 表示。在活塞位于上止点时,此两矢量重合于气缸中心线上。此后正、反转矢量都以曲轴角速度 ω 旋转。在任一曲轴转角时,正转矢量 A_I 与反转矢量 B_I 的合矢量都落在气缸中心线上,其方向及大小与一阶往复惯性力的方向及大小一致。这是因为 A_I 与 B_I 在气缸中心线上投影和为

$$A_I \cos \theta + B_I \cos(-\theta) = \frac{C}{2} \cos \theta + \frac{C}{2} \cos \theta$$

$$= C \cos \theta = F_I \tag{7-175}$$

在垂直于气缸中心线方向上,这两个矢量的投影正好大小相等,方向相反,其和为零,即

$$A_I \sin \theta + B_I \sin(-\theta) = \frac{C}{2} \sin \theta - \frac{C}{2} \sin \theta = 0 \tag{7-176}$$

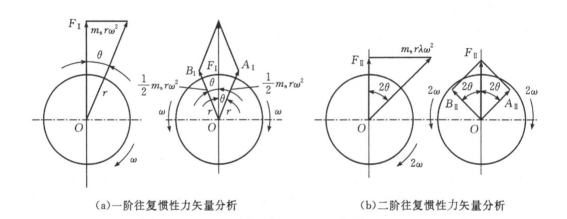

(a)一阶往复惯性力矢量分析　　　　　　(b)二阶往复惯性力矢量分析

图 7 - 17　往复惯性力正反转矢量分析

同理,二阶惯性力的正转矢量用 A_{II} 表示,二阶惯性力的反转矢量用 B_{II} 表示,如图 7 - 17(b)所示。在活塞位于上止点位置时,两个矢量重合于气缸中心线上,此后一正一反都以二倍于曲轴的角速度(即 2ω)旋转。在任一曲轴转角时,正转矢量 A_{II} 与反转矢量 B_{II} 的矢量和,都落在气缸中心线上,其方向及大小与二次惯性力的方向及大小相同。

(1)一阶往复惯性力。各列的往复惯性力均作用在各自气缸中心线上,现在利用正反两个离心力来等效其作用,因此对于图 7 - 16 运动机构的一阶惯性力为

第 I 列的一阶往复惯性力:

$$F'_{11} = \frac{1}{2} m_s r \omega^2 (e^{i\theta} + e^{-i\theta}) \qquad\qquad (7-177)$$

第Ⅱ列的一阶往复惯性力：

$$F'_{12} = \frac{1}{2} m_s r \omega^2 (e^{i(\theta + \frac{2}{3}\pi)} + e^{-i(\theta + \frac{2}{3}\pi)}) \qquad\qquad (7-178)$$

第Ⅲ列的一阶往复惯性力：

$$F'_{13} = \frac{1}{2} m_s r \omega^2 (e^{i(\theta + \frac{4}{3}\pi)} + e^{-i(\theta + \frac{4}{3}\pi)}) \qquad\qquad (7-179)$$

一阶往复惯性力的合力为

$$
\begin{aligned}
F_I &= \sum F'_{1i} = \frac{1}{2} m_s r \omega^2 \left[e^{i\theta}(1 + e^{i\frac{2}{3}\pi} + e^{i\frac{4}{3}\pi}) + e^{-i\theta}(1 + e^{-i\frac{2}{3}\pi} + e^{-i\frac{4}{3}\pi}) \right] \\
&= \frac{1}{2} m_s r \omega^2 \left[e^{i\theta}(1 - \frac{1}{2} + i\frac{\sqrt{3}}{2} - \frac{1}{2} - i\frac{\sqrt{3}}{2}) + e^{-i\theta}(1 - \frac{1}{2} - i\frac{\sqrt{3}}{2} - \frac{1}{2} + i\frac{\sqrt{3}}{2}) \right] \\
&= 0
\end{aligned}
$$

$$\qquad\qquad (7-180)$$

比较上式与式(7-35)，其计算结果相同，即对于三列曲柄错角 $\delta = 120°$ 的压缩机，一阶往复惯性力在机器内部能自动平衡。由上式可见，复数解析法计算往复惯性力更为简单明了。

（2）一阶往复惯性力矩。对第Ⅱ列曲拐中心取矩，在质心的左边矩取正值，而质心右边矩取负值，有

$$
\begin{aligned}
M_{Is} &= \frac{1}{2} m_s r \omega^2 a (e^{i\theta} + e^{-i\theta}) - \frac{1}{2} m_s r \omega^2 a (e^{i(\theta + \frac{4}{3}\pi)} + e^{-i(\theta + \frac{4}{3}\pi)}) \\
&= \frac{1}{2} m_s r \omega^2 a \left[e^{i\theta}(1 - e^{i\frac{4}{3}\pi}) + e^{-i\theta}(1 - e^{-i\frac{4}{3}\pi}) \right] \\
&= \frac{1}{2} m_s r \omega^2 a \left[e^{i\theta}(\frac{3}{2} + i\frac{\sqrt{3}}{2}) + e^{-i\theta}(\frac{3}{2} - i\frac{\sqrt{3}}{2}) \right] \\
&= \frac{1}{2} m_s r \omega^2 a \left[e^{i\theta}\sqrt{3} e^{i\frac{\pi}{6}} + e^{-i\theta}\sqrt{3} e^{-i\frac{\pi}{6}} \right] \\
&= \frac{\sqrt{3}}{2} m_s r \omega^2 a (e^{i(\theta + \frac{\pi}{6})} + e^{-i(\theta + \frac{\pi}{6})}) \\
&= \sqrt{3} m_s r \omega^2 a \cos(\theta + \frac{\pi}{6}) \\
&= \frac{\sqrt{3}}{2} m_s r \omega^2 a (\sqrt{3} \cos\theta - \sin\theta)
\end{aligned}
$$

$$\qquad\qquad (7-181)$$

比较上式与式(7-38)，其计算结果相同，说明利用三角函数法和复数解析法均可行，也验证了三角函数法计算的正确性。对于三列曲柄错角 $\delta = 120°$ 的压缩机，一阶往复惯性力的合力矩不为零，即一阶往复惯性力矩在机器内部不能自动平衡。

（3）二阶往复惯性力。同理计算二阶往复惯性力

第Ⅰ列的二阶往复惯性力：

$$F'_{11} = \frac{1}{2} \lambda m_s r \omega^2 (e^{2i\theta} + e^{-2i\theta}) \qquad\qquad (7-182)$$

第Ⅱ列的二阶往复惯性力：

$$F'_{I2} = \frac{1}{2}\lambda m_s r\omega^2 (e^{2i(\theta+\frac{2}{3}\pi)} + e^{-2i(\theta+\frac{2}{3}\pi)})$$ (7-183)

第Ⅲ列的二阶往复惯性力：

$$F'_{I3} = \frac{1}{2}\lambda m_s r\omega^2 (e^{2i(\theta+\frac{4}{3}\pi)} + e^{-2i(\theta+\frac{4}{3}\pi)})$$ (7-184)

二阶往复惯性力的合力为

$$\begin{aligned}
F_{II} = \sum F'_{IIi} &= \frac{1}{2}\lambda m_s r\omega^2 \left[e^{2i\theta}(1 + e^{i\frac{4}{3}\pi} + e^{i\frac{8}{3}\pi}) + e^{-2i\theta}(1 + e^{-i\frac{4}{3}\pi} + e^{-i\frac{8}{3}\pi}) \right] \\
&= \frac{1}{2}\lambda m_s r\omega^2 \left[e^{2i\theta}(1 - \frac{1}{2} - i\frac{\sqrt{3}}{2} - \frac{1}{2} + i\frac{\sqrt{3}}{2}) + e^{-2i\theta}(1 - \frac{1}{2} + i\frac{\sqrt{3}}{2} - \frac{1}{2} - i\frac{\sqrt{3}}{2}) \right] \\
&= 0
\end{aligned}$$

(7-185)

比较上式与式(7-36)其计算结果相同，说明利用三角函数法和复数解析法均可行，也验证了三角函数法计算的正确性。对于三列曲柄错角 $\delta=120°$ 的压缩机，二阶往复惯性力的合力为零，即二阶往复惯性力在机器内部能自动平衡。

(4)二阶往复惯性力矩。对第Ⅱ列曲拐中心取矩，在质心的左边矩取正值，而质心右边矩取负值，有

$$\begin{aligned}
M_{IIs} &= \frac{1}{2}\lambda m_s r\omega^2 a \left[e^{2i\theta} + e^{-2i\theta} \right] - \frac{1}{2}\lambda m_s r\omega^2 a \left[e^{2i(\theta+\frac{4}{3}\pi)} + e^{-2i(\theta+\frac{4}{3}\pi)} \right] \\
&= \frac{1}{2}\lambda m_s r\omega^2 a \left[e^{2i\theta}(\frac{3}{2} - i\frac{\sqrt{3}}{2}) + e^{-2i\theta}(\frac{3}{2} + i\frac{\sqrt{3}}{2}) \right] \\
&= \frac{\sqrt{3}}{2}\lambda m_s r\omega^2 a (e^{i(2\theta-\frac{\pi}{6})} + e^{-i(2\theta-\frac{\pi}{6})}) \\
&= \sqrt{3}\lambda m_s r\omega^2 a \left[\cos(2\theta - \frac{\pi}{6}) \right] \\
&= \frac{\sqrt{3}}{2} m_s r\omega^2 a (\sqrt{3}\cos 2\theta + \sin 2\theta)
\end{aligned}$$

(7-186)

上式与式(7-39)计算结果完全相同，说明利用三角函数法和复数解析法均可行，也验证了三角函数法计算的正确性。

3. 多列压缩机惯性力的复数解析法

前面以三列压缩机为例讨论了惯性力的复数解析法，这个结论可以推广到多列压缩机惯性力复数解析法中。图7-18为多列压缩机，其各列的曲柄错角均布，各列往复运动质量 m_s 相等，并利用正、反矢量的方法计算惯性力。为计算方便起见，令 $C=m_s r\omega^2$，并对曲轴质心列取矩，质心左边的各列到质心的距离取正值，质心右边的各列到质心的距离取负值。

(1)旋转惯性力的合力及力矩。假设各列旋转运动质量相等，各列旋转惯性力为

$$\begin{aligned}
F'_{r1} &= m_r r\omega^2 e^{i(\theta+\delta_1)} \\
F'_{r2} &= m_r r\omega^2 e^{i(\theta+\delta_2)} \\
&\vdots \\
F'_{rn} &= m_r r\omega^2 e^{i(\theta+\delta_n)}
\end{aligned}$$

(7-187)

式中:δ 为各列曲拐相对于第 Ⅰ 列曲拐的转角,$\delta_i = \frac{2\pi}{z}(n-1)$;$n$ 为各列的序号数,$n=1,2,3,$ $\cdots,z$;z 为压缩机曲轴的曲拐数。

旋转惯性力的合力为

$$F_r = \sum F'_{ri} = F'_{r1} + F'_{r2} + \cdots + F'_{rn}$$
$$= m_r r \omega^2 e^{i\theta}(1 + e^{i\delta_2} + \cdots + e^{i\delta_n}) \tag{7-188}$$

如果 $F_r = 0$,则旋转惯性力在机器内部平衡,否则旋转惯性力不平衡,一般情况下,当各列曲拐错角相同,在列数大于三列时,总有 $F_r = 0$。

旋转惯性力的合力矩,通过对曲轴中心列取矩,质心左边的矩为正,质心右边的矩取负值,参照式(7-173)也易于求出。

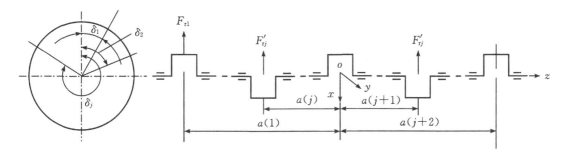

图 7-18　多列压缩机运动机构简图

(2)多列往复惯性力。多列往复惯性力仍利用正反两个矢量进行分析计算。其中 C 为当量离心力,$C = m_s r \omega^2$,即

各列的一阶往复惯性力为

$$F'_{I1} = \frac{C}{2}(e^{i(\theta+\delta_1)} + e^{-i(\theta+\delta_1)})$$

$$F'_{I2} = \frac{C}{2}(e^{i(\theta+\delta_2)} + e^{-i(\theta+\delta_2)}) \tag{7-189}$$

$$\vdots$$

$$F'_{In} = \frac{C}{2}(e^{i(\theta+\delta_n)} + e^{-i(\theta+\delta_n)})$$

式中:δ 为各列曲拐相对于第一列曲拐的转角,$\delta_n = \frac{2\pi}{z}(n-1)$;$n$ 为各列的序号数,$n=1,2,3,$ $\cdots,z$;z 为压缩机曲轴的曲拐数。

由此一阶往复惯性力的合力为

$$F_I = \sum F'_{Ii} = \frac{C}{2}[e^{i\theta}(1 + e^{i\delta_2} + \cdots + e^{i\delta_n}) + e^{-i\theta}(1 + e^{-i\delta_2} + \cdots + e^{-i\delta_n})] \tag{7-190}$$

同理二阶往复惯性力的合力为

$$F_{II} = \sum F'_{IIi}$$
$$= \frac{C\lambda}{2}[e^{2i\theta}(1 + e^{2i(\delta_2)} + \cdots + e^{2i(\delta_n)}) + e^{-2i\theta}(1 + e^{-2i(\delta_2)} + \cdots + e^{-2i(\delta_n)})] \tag{7-191}$$

F_I、F_{II} 均作用在气缸轴线方向。

(3)多列往复惯性力的合力矩。对于多列压缩机往复一、二阶惯性力矩,根据所取质心不

同,参照三列压缩机的复数解析法,也易于计算出来。

假设第 i 列为曲轴质心,各列对质心列取矩,则一阶、二阶往复惯性力合力矩分别为

$$M_I = \frac{C}{2}[e^{i\theta}(a(1)+a(2)e^{i\delta_2}+\cdots+a(i-1)e^{i(\delta(i-1))}-a(i+1)e^{i(\delta(i+1))}-\cdots-a(n)e^{i(\delta_n)})+$$
$$e^{-i\theta}(a(1)+a(2)e^{-i\delta_2}+\cdots+a(i-1)e^{-i(\delta(i-1))}-a(i+1)e^{-i(\delta(i+1))}\cdots-a(n)e^{-i(\delta_n)})]$$

$$(7-192)$$

$$M_{II} = \frac{\lambda C}{2}[e^{2i\theta}(a(1)+a(2)e^{2i\delta_2}+\cdots+a(i-1)e^{2i(\delta(i-1))}-a(i+1)e^{2i(\delta(i+1))}-\cdots-a(n)e^{2i(\delta_n)})+$$
$$e^{-2i\theta}(a(1)+a(2)e^{-2i\delta_2}+\cdots+a(i-1)e^{-2i(\delta(i-1))}-a(i+1)e^{-2i(\delta(i+1))}-\cdots-a(n)e^{-2i(\delta_n)})]$$

$$(7-193)$$

式中:$a(j)$ 为各列距质心列的距离,其它符号同前。

7.3.2 惯性力平衡分析图解法

在前面对压缩机进行平衡分析时,曾引入正、反转矢量的概念,正、反转矢量的合矢量也是个旋转矢量。下面就用"旋转矢量"的概念研究惯性力与力矩平衡分析的图解法。这种以旋转矢量表示的图解法比较直观,特别是对惯性力矩的平衡分析会带来方便。

1.旋转惯性力平衡分析图解法

旋转惯性力的作用线与曲柄中心线重合,所以利用曲柄端视图可以画出它们的矢量图,仍以图 7-16 三列压缩机为例。旋转惯性力的矢量合成可以用画矢量多边形的方法求出,如图 7-19(a)所示。多边形的各边与相应的曲柄平行,每边的长度等于每个曲柄上的离心力 $F_r=m_r r\omega^2$,如图 7-19(b)所示,它们正好组成闭合的三角形,因此三列压缩机,当各列曲拐均分且各列旋转质量相等时,旋转惯性力的合力等于零。由此可见,对于两列以上的多拐压缩机,由于其曲柄一般都是均匀分布的,所以旋转惯性力的矢量图总是封闭的,因此它们完全可以自行平衡。这与前面分析得出的结论完全一致。

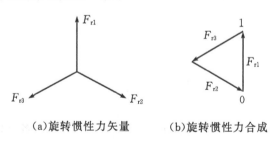

(a)旋转惯性力矢量　　　(b)旋转惯性力合成

图 7-19　三列压缩机旋转惯性力矢量图

2.旋转惯性力矩平衡分析图解法

力矩为矢量,该矢量在力学中通常画成与力所在平面相垂直,即 $\boldsymbol{M}_{ri}$ 与 $\boldsymbol{F}_{ri}$ 成 $90°$,不与曲柄方向一致,使作图过程有点麻烦。为使作图过程简化,利用曲柄端视图求合力矩时方便,把力矩矢量都画在力矩所在平面内,使其与相应的曲柄平行,即可以先直接沿相应的曲柄线画出 $\boldsymbol{M}_{ri}$,利用力矩多边形求出合力矩 $\sum \boldsymbol{M}_r$,这样做,等于把所有力矩矢量都旋转了 $90°$,但其计算结果对力矩大小毫无影响。最后把合力矩矢量逆时针转过 $90°$,才是合力矩的真正方向。这在分析复杂系统时特别有效。

在画力矩矢量时要注意:凡在矩心 O 点左边的各气缸的离心力矩矢量均为离心方向;凡

在矩心 O 右边的离心力矩则画在向心方向上。

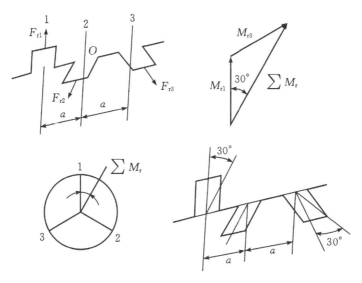

图 7 - 20　三列压缩机旋转惯性力矩平衡分析图解法

图 7 - 20 所示为三列压缩机以第二曲柄中心 O 为矩心,画出的旋转惯性力矩矢量图。矢量 $\boldsymbol{M}_{r1}$ 代表第 I 列的离心力矩,其矢量长度为 $M_{r1} = m_r r\omega^2 a$,方向与第 I 列曲柄方向一致,即离心力方向。其中 a 为气缸的中心距,即 F_{r1} 到矩心的距离。M_{r3} 代表第 III 列的离心力矩,其矢量长度为 $M_{r3} = m_r r\omega^2 a$,因为第 III 列在矩心 O 的右边,所以所画方向与 F_{r3} 方向相反,即向心方向。由于这个多边形没有闭合,矢量和 $\sum M_r$ 就是所求的不平衡的旋转惯性力矩 M_r,它以角速度 ω 随曲轴一起旋转。根据图中的几何关系,可以求出不平衡旋转力矩的大小为

$$\sum M_r = \sqrt{3}\, m_r r\omega^2 a \qquad\qquad (7-194)$$

由图 7 - 20 所示,合力矩多边形不平衡惯性力矩的位置在第一曲柄超前 30° 的方向。将合力矩的方向逆时针转过 90°,就可以得到真正不平衡旋转惯性力矩所在的位置。平衡重就应该加载在该方向反向延长线上,如图 7 - 21(b) 所示。

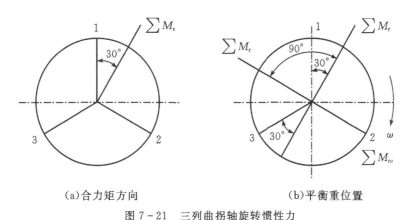

（a）合力矩方向　　　　　　　　　（b）平衡重位置

图 7 - 21　三列曲拐轴旋转惯性力

如果采用首尾两块平衡重,即平衡重应分别在第一曲柄延长线超前30°和第六曲柄延长线落后30°的位置,如图7-25所示(详细讨论见下节),平衡重的质量为

$$m_0 = \frac{\sqrt{3}}{b} \frac{r}{r_0} m_r a \tag{7-195}$$

3.一阶往复惯性力及力矩平衡分析图解法

(1)一阶往复惯性力。如前所述,一阶往复惯性力可以假想为一个当量的旋转离心力在气缸中心线上的投影,其中假想的质量为 m_s,旋转半径为 r,角速度为 ω。因此前述关于离心力和离心力矩的图解分析法也适用于一阶往复惯性力和力矩,区别在于它们永远只作用在垂直平面(气缸中心线平面)内。所以,只要把这些假想的离心力及力矩画在矢量图中,将求出的合矢量再投影到垂直方向去即可。

仍以图7-16三列压缩机为例,首先求出这些假想离心力的矢量。根据"矢量投影之和"等于"矢量和的投影"这一原理,可以像求旋转惯性力合力一样,把一阶往复惯性力全画在曲柄离心方向上,然后矢量相加。

图7-22与图7-19比较,不同的是组成旋转惯性力矢量多边形的每个矢量大小为 $m_r r \omega^2$。由于一阶往复惯性力假想离心力的矢量三角形是封闭的,可知其合矢量等于零。因此在垂直方向(气缸中心线平面)投影也为零,所以一阶惯性力是平衡的。这与式(7-35)的结论是一致的。

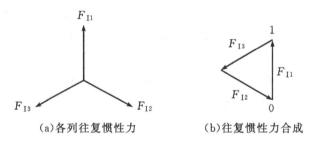

(a)各列往复惯性力　　　　(b)往复惯性力合成

图7-22　三列压缩机一阶往复惯性力图解分析法

(2)一阶往复惯性力矩。在垂直曲轴中心线的平面内,对第二曲拐中心取矩。根据前述,凡在矩心 O 点左边的各气缸的当量离心力矩矢量均为离心方向;凡在矩心 O 右边的当量离心力矩则画在向心方向上,第三拐位于质心右边,故取向心方向,如图7-23所示。由图看出,一阶往复不平衡惯性力矩总是超前第一曲拐30°。

由图7-23计算出一阶往复惯性力矩最大值为

$$\sum M_{Ii} = \sqrt{3} m_s r \omega^2 a \tag{7-196}$$

因往复惯性力矩永远作用在垂直面内,所以,只有当第一曲柄转至上止点逆转30°后时,力矩 $\sum M_I$ 才能达到最大值,如图7-23(a)、(b)、(c)所示。所以曲柄在任意转角 θ 时,一阶往复不平衡惯性力矩的大小应为矢量 $O3$ 在垂直轴上的投影,即

$$\sum M_I = \sqrt{3} m_s r \omega^2 a \cos\left(\theta + \frac{\pi}{6}\right) \tag{7-197}$$

上式与式(7-38)结论一致。

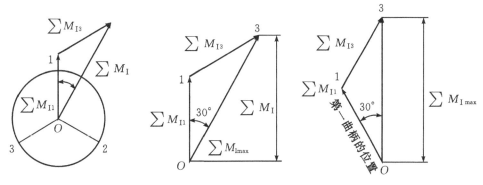

（a）一阶往复惯性力矩　　　　（b）一阶往复惯性力矩合成　　　（c）一阶往复惯性合力矩的位置

图 7-23　一阶往复惯性力矩平衡图解法

同理，压缩机的二阶往复惯性力及惯性力矩也可以使用图解法进行研究。

4.旋转平衡质量的位置

曲柄连杆机构旋转惯性力的不平衡或曲轴本身所承受的内弯矩，均可采用加装平衡重的方法来解决。对同一种曲轴来说，考虑问题的出发点不同，加装平衡重的布置方法可以有多种，所得到的平衡效果也不完全一样，现举几例加以说明。

（1）单列曲轴。单列曲轴如图 7-1(b)所示，用两块平衡块，每块质量为 m_0，其质心位置均在曲柄销对角 r_0 处，其动平衡条件为

$$m_0 r_0 \omega^2 = m_r r \omega^2 \tag{7-198}$$

当选择平衡重的质心半径 r_0，则平衡重的质量 m_0 为

$$m_0 = m_r \frac{r}{r_0} \tag{7-199}$$

即在两侧曲柄的相反方向各安装一个质量为 $\dfrac{m_0}{2}$ 的平衡重，可以完全平衡惯性力和力矩。上式说明，平衡重的质心半径 r_0 选得愈大，则平衡块质量就可以愈轻，这样做有利于减轻曲轴系的重量。但由于受到曲轴箱尺寸的限制，r_0 不能取得过大，通常取 $r_0 \leqslant r$。

（2）双列曲轴。两列压缩机运动机构如图 7-4 所示，两列的曲柄错角为 $\delta = 180°$，且两列的旋转运动质量 m_r 相等，不平衡的旋转惯性力矩为 $M_r = m_r r \omega^2 a$，为了平衡旋转惯性力矩，可以采用二块或四块平衡重。

当选用两块平衡重时，如图 7-24(a)所示，平衡重 m_0 一般在第一和第二曲柄的延长线上，此种布置称为整体平衡法。其动平衡的条件为

$$m_r r \omega^2 a = m_0' r_0 \omega^2 b$$

$$m_0' = \frac{a}{b} \frac{r}{r_0} m_r \tag{7-200}$$

当选用四块平衡重时，如图 7-24(b)所示，这相当于按照单列曲拐平衡重布置法，称为完全平衡法。其动平衡的条件为

$$m_r r \omega^2 a = b m_0'' r_0 \omega^2 + 2 m_0'' r_0 \omega^2 \left(a - \frac{b}{2}\right)$$

$$m_0'' = \frac{1}{2} \frac{r}{r_0} m_r \tag{7-201}$$

如果取 $a/b \approx 2/3$，则有

$$\frac{m_0'}{m_0''} = \frac{4}{3} \tag{7-202}$$

考虑到平衡重的块数，则

$$\frac{2m_0'}{4m_0''} = \frac{2}{3} \tag{7-203}$$

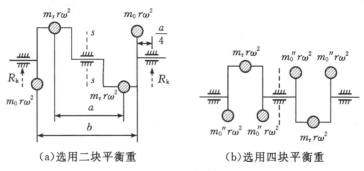

(a)选用二块平衡重　　　　　　(b)选用四块平衡重

图 7-24　两曲拐压缩机平衡重位置

由此可以看出，两块平衡重比四块平衡重使曲轴系统的总质量减轻。但此时还要考虑两端主轴承承受附加离心负荷是否增加。平衡重 m_0' 和旋转惯性质量 m_r 对主轴承产生的附加负荷为

$$R_k \left(\frac{1}{2}b + \frac{1}{4}a \right) = \frac{1}{2}a m_r r \omega^2 - \frac{1}{2}b m_0' r_0 \omega^2 \tag{7-204}$$

将 $\dfrac{a}{b} = \dfrac{2}{3}$ 代入式(7-204)并考虑到式(7-200)有

$$R_k = \frac{1}{2} m_r r \omega^2 - \frac{3}{4} m_0' r_0 \omega^2 = 0 \tag{7-205}$$

由此可见，布置两块平衡重对主轴承并无附加负荷，所以只要两块平衡重布置在结构上允许，则采用两块平衡重的布置最为合适。

(3)三列曲拐轴。三列压缩机运动机构如图 7-6 所示，曲柄错角为 $\delta = 120°$，且三列的旋转运动质量 m_r 相等，不平衡的旋转惯性力矩为 $M_r = \sqrt{3}\, m_r r \omega^2 a$，为了平衡旋转惯性力矩，可以采用两块或四块平衡重平衡旋转惯性力矩。平衡重的布置如图 7-25(b)和图 7-25(c)所示。

如果采用两块平衡重，根据平衡条件，平衡重的质量为

$$2 m_0' r_0 \omega^2 \frac{b}{2} = \sqrt{3}\, m_r r \omega^2 a$$

$$m_0' = \frac{\sqrt{3}}{b} \frac{r}{r_0} m_r a \tag{7-206}$$

如果采用四块平衡重时，平衡重的质量为

$$m_0'' r_0 \omega^2 b + 2 m_0'' r_0 \omega^2 \left(2a - \frac{b}{2} \right) = \sqrt{3}\, m_r r \omega^2 a$$

$$m_0'' = \frac{\sqrt{3}}{4} \frac{r}{r_0} m_r \tag{7-207}$$

这两种平衡重的布置方案,虽可以保证外平衡,但曲轴在离心力系 F_r 和 F_{r0} 的作用下,存在内弯矩。质心端面最大的内弯矩为 $\frac{1}{2}F_r a$,相应主轴承均承受一定的附加离心负荷。

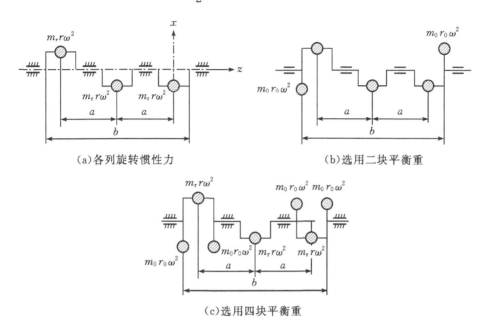

(a)各列旋转惯性力　　　　　　　　　(b)选用二块平衡重

(c)选用四块平衡重

图 7 - 25　三列曲拐及平衡重的位置

为了全部平衡内弯矩,彻底消除主轴承附加负荷,可以采用完全平衡法,即每个曲拐加平衡重,如图 7 - 26 所示。如果每列曲拐单独加平衡重,则每块平衡重的质量由式(7 - 199)确定,即

$$m_0 = \frac{1}{2}\frac{r}{r_0}m_r \qquad\qquad (7-208)$$

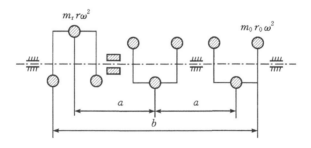

图 7 - 26　三列曲拐每列单独加平衡重

此种平衡重的布置必然使曲轴总重量和转动惯量增加。所以,从减轻轴系重量的角度出发,设置两块平衡重比较合适。但从减小主轴承附加负荷角度出发,设置六块平衡重比较合适。

其它多列曲轴平衡重的布置方式参照上述分析方法,同理进行讨论。

第8章 压缩机热动力计算实例

压缩机热力计算是压缩机设计的重要环节,是其它计算的基础与依据。压缩机设计类型不同,其热力计算的目的和方法也不相同。动力计算也是压缩机设计和分析的重要内容,是解决运动机构惯性力平衡和旋转角速度不均匀的技术问题,为运动机构的强度和刚度设计提供依据。在具备了上述章节的基础之后,现以具体的实例讨论热、动力计算的方法和步骤。

8.1 压缩机设计的类型

尽管压缩机设计的种类很多,但从设计的角度出发,压缩机设计一般分为三种类型。

1.开发性设计

开发性设计是针对新的任务,应用可行的新技术,进行创新构思,提出新的功能原理方案,完成从产品规划到施工设计,这是一种完全创新的设计。例如,赶超先进水平,或适应政策要求,或避开市场热点开发有新特色的有希望成为新的热点的"冷门"产品,这种设计就属于开发性设计或称为创新设计。

2.适应性设计

在工作原理基本保持不变的情况下,对现有系统功能及结构进行重新设计,提高系统的性能和质量的设计,称为适应性设计。例如,检测压缩机温度、压力、油温、振动等参数,利用互联网技术,采用远传仪表实现数据远传,提高测量精度代替手动调整,做出相应的高低值报警,增加机组的安全联锁保护功能,使其小型化、智能化;或对产品作局部变更或增设部件,使产品能更广泛地适应使用要求。

3.变型设计

在工作原理和功能结构都不变的情况下,变更现有产品的结构配置和尺寸,使之满足不同的工作要求。例如,不同压力、流量的压缩机系列设计等。

在压缩机设计中,虽然开发性设计所占比重不大,但开发性产品具有冲击旧产品、迅速占领市场的良好效果,因此开发性设计一般效益高,风险也大。为满足市场多品种、多规格产品的需要,适应性设计和变型设计同样受到人们的普遍重视。

8.2 热力计算的方法

根据不同的设计类型,压缩机热力计算有正常性热力计算和复算性热力计算两种。所谓正常性热力计算,是指根据所要求的容积流量、排气压力以及已知的进气压力、温度、湿度等参数,确定压缩机的级数、级间压力比分配、各级气缸工作容积、功率和效率,并且根据所选定的结构型式、转速、行程等确定各级气缸的直径。

复算性热力计算,是指在已知压缩机的主要尺寸和主要参数的情况下,计算在不同进气温度、排气压力时,各级压力比分配及其它气体参数、功率及容积流量等。除此之外,由于工艺流程或者系统工况发生变化、压缩介质变化或由于调节时某级接入补助容积等,导致实际使用的工况与原设计工况有变化,也要进行复算性热力计算,以确定实际运行工况下压缩机的主要性能和气体参数。

8.2.1 正常性热力计算的方法及步骤

1.结构型式与方案的选择

首先确定总压力比、压缩机的级数,然后根据容积流量、级数、压缩机的用途及用户的要求,决定采用的合适设计方案和结构型式。

2.确定各级压力比分配并初步估算排气温度

对于各种气体的压缩机,由于种种原因,对排气温度有着严格的限制。估算排气温度的目的,主要是判断所取压力比是否合适,如果排气温度过高,超出了温度的允许值,必须重新进行压力比分配。对于实际气体,可按估算的排气温度和确定的级间压力,求取过程指数和压缩性系数。

3.计算与容积流量有关的各种系数

压缩机的气缸直径和行程容积与这些系数有关,计算进气系数、泄漏系数、析水系数、净化系数等的目的,就是要确定合适的气缸直径和工作容积值。

4.计算各级气缸直径和行程容积

根据设计参数的容积流量确定气缸直径。如果没有提供进气状态下的容积流量时,必须首先将设计参数中的容积流量换算到进气状态下后,再计算其行程容积值和气缸直径。气缸直径必须根据有关标准进行圆整,然后选择活塞杆直径。

5.计算气缸直径调整后各热力和结构参数的变化

气缸直径圆整后,若其它参数不变,会导致各级压力比的重新分配,为了满足容积流量的要求,可以采用调整级间压力比或余隙容积的方法。

(1)气缸直径圆整后,调整压力比。先忽略压力比改变对容积系数的影响,且假设是理想气体且回冷完善,则压力比的改变与工作容积的改变成正比。先引入调整系数,即调整后的压力为

$$p_{si}^0 = \beta_{si} p_{si} \qquad (8-1)$$

由于回冷完善,且第一级进气压力和末级排气压力是已知值,不能修正,即

$$p_{si}^0 V_{si}^0 = p_{s1} V_{s1}^0 \qquad (8-2)$$

$$p_{si} V_{si} = p_{s1} V_{s1} \qquad (8-3)$$

调整系数为

$$\beta_{si} = \frac{p_{si}^0}{p_{si}} = \frac{V_{si}}{V_{si}^0} \frac{V_{s1}^0}{V_{s1}} \qquad (8-4)$$

$$\beta_{di} = \beta_{s(i+1)} \qquad (8-5)$$

(2)气缸直径调整后的相对余隙容积。气缸直径圆整后,容积系数与工作容积间根据状态方程应满足

$$\lambda_{vi}^0 V_{si}^0 p_{si}^0 Z_{si} = \lambda_{vi} V_{si} p_{si} Z_{si}^0 \qquad (8-6)$$

如果忽略压力比的变化对压缩性系数的影响,则调整后的相对余隙容积为

$$\alpha_i^0 = \frac{1-\lambda_{vi}}{\left(\dfrac{Z_{si}}{Z_{di}} (\varepsilon_i^0)^{\frac{1}{m}} - 1 \right)} \qquad (8-7)$$

如果维持原来压力比不变,则相对余隙容积为

$$\alpha_i^0 = \frac{(1-\lambda_{vi}^0)\alpha_i}{1-\lambda_{vi}} \tag{8-8}$$

式中：$\lambda_{vi} = V_{si}\lambda_{vi}/V_{si}^0$。式(8-6)、式(8-7)、式(8-8)中：$p_{si}$、$p_{si}^0$ 为第 i 级调整前和调整后的进气压力(Pa)；V_{si}、V_{si}^0 为第 i 级调整前和调整后的气缸工作容积(m^3)；λ_{vi}、λ_{vi}^0 为第 i 级调整前和调整后的容积系数；α_i、α_i^0 为第 i 级调整前和调整后的相对余隙容积；Z_{si}、Z_{di} 为第 i 级进气和排气的压缩性系数。

通常当气缸圆整后，气缸直径与圆整前相差较小，采用维持原压力比不变，调整相对余隙容积的方法较为简单。如果圆整后气缸直径与圆整前有明显的变化，则应先调整压力比，再修正余隙容积。

6.计算实际的压力比及压缩终了的温度

根据压缩机的结构型式，首先确定进、排气相对压力损失，然后计算各级实际的进、排气压力和实际的压力比，再确定实际的压缩终了的温度。如果发现实际的压缩终了温度超出了温度的允许值，则必须重新调整各级的压力比。

7.计算各列的最大活塞力

各列的最大活塞力力求比较接近，以使运动机构的强度能得到充分的利用，并且每列往返行程的活塞力也应尽量接近，以使运动机构受力均匀，增加其工作的可靠性，也以此判断是否具有足够的反向角，以保证曲柄销良好的润滑条件。

8.计算功率、效率并选择驱动机功率和形式

通常需要计算压缩机等温指示效率、指示功率。选择机械效率后，进一步计算压缩机轴功率和容积比能，为压缩机选择驱动电机的功率提供依据，也用以判断所设计的压缩机的经济性。

根据轴功率的计算确定驱动机功率值，考虑到压缩机的运转可能超负荷，故应使驱动机增加 $10\% \sim 20\%$ 的储备功率，同时还要考虑到驱动机与压缩机之间的驱动方式，附加其传动功率损失。

8.2.2　正常性热力计算实例

设计一台合成氨大型氮氢气压缩机，其有关的设计参数如下。

(1)第一级进气状态下的参数：容积流量：$Q_0 = 165$ m^3/min；进气压力 $p_s = 1.02 \times 10^5$ Pa (绝对压力)；各级的进气温度 $t_s = 38$ ℃；混合气体相对湿度 $\varphi = 1.0$。

(2)压缩机使用的工艺要求：在压力为 $p = 21 \times 10^5$ Pa 时进行 CO_2、CO 和 O_2 等气体的碱洗工序，在碱洗塔内压力损失为 $\Delta p = 4 \times 10^5$ Pa；最终排气压力为 $p_d = 321 \times 10^5$ Pa。

(3)碱洗后的工艺：碱洗后的气体量为第一级气体量的 88.4%。

(4)混合气体成分由表 8-1 给出。

表 8-1　混合气体的容积成分

成分/%	H_2	N_2	CO	CO_2	$CH_4 + Ar$	O_2
第一段	38.3	22.1	30.7	7.7	1	0.2
第二段	73.7	24.5			1.8	

1.结构型式与方案的选择

该机属于大型压缩机,由于工艺的要求,须在压力为 $p=21\times10^5$ Pa 时进行碱洗工艺,所以整个流程分为二段压缩,且第二段的进气压力应考虑到在碱洗工艺中的压力损失$\Delta p=4\times10^5$ Pa,即第二段的进气压力为 $p=17\times10^5$ Pa。另外应考虑到力的平衡问题,经过初步分析及计算,选择图示 8 - 1 的对动式结构型式,六级压缩,其中第一段为三级压缩,第二段为二级压缩,并采用Ⅴ-平-Ⅲ和Ⅳ-平-Ⅵ的结构型式,冷却方式为水冷。考虑采用同步电动机直接驱动,转速取 $n=375$ r/min;行程取 $s=360$ mm。

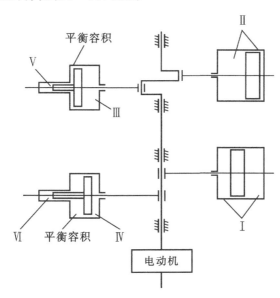

图 8 - 1　四列对动式压缩机示意图

2.确定各级压力比分配并初步估算名义排气温度

(1)总压力比及各级压力比的求取。根据式(3 - 48)按照等压比求取各级的压力比,然后根据压缩机实际运行条件加以修正。

第一段

$$\varepsilon_1=\varepsilon_2=\varepsilon_3=\sqrt[3]{\frac{21}{1.02}}=2.74$$

第二段

$$\varepsilon_4=\varepsilon_5=\varepsilon_6=\sqrt[3]{\frac{321}{17}}=2.66$$

考虑对动式结构方案,在Ⅴ-平-Ⅲ和Ⅳ-平-Ⅵ列中采用的是级差式结构型式,为了使各列活塞力尽量接近,对第Ⅰ级和第Ⅱ级的压力比取值稍大一些。同时,考虑到压缩机可能在超过规定的排气压力下工作,或者所用的排气量调节方式可能会引起末级压力比上升而造成末级温度过高,所以Ⅵ级压力比取得稍低些。

按照工艺要求,该压缩机须进行二段压缩,其中,第一段分三级压缩,碱洗工艺后的第二段再分为三级压缩,因此可以初步确定各级的进、排气压力。

各级压力比及吸、排气压力初步确定如表 8 - 2 所示。

表 8-2　各级进、排气压力初步确定

级次	Ⅰ	Ⅱ	Ⅲ	Ⅳ	Ⅴ	Ⅵ
进气压力 $p_s/10^5\,\mathrm{Pa}$	1.02	3.00	9.00	17.00	48.00	135.00
排气压力 $p_d/10^5\,\mathrm{Pa}$	3.00	9.00	21.00	48.00	135.00	321.00
压力比 $\varepsilon=\dfrac{p_d}{p_s}$	2.94	3.00	2.33	2.82	2.81	2.33

(2)各级名义排气温度。按照公式(2-72)计算各级的排气温度。由于工作介质为混合气体,在初步计算时可以看作理想气体,混合气体的绝热指数根据式(2-19)计算。各组分气体所对应的绝热指数如表 8-3 所示。

表 8-3　各组分气体所对应的绝热指数

气体名称	H_2	N_2	CO	CO_2	CH_4+Ar	O_2
k	1.407	1.40	1.40	1.30	1.308	1.40

Ⅰ~Ⅲ级绝热指数为

$$\frac{1}{k-1}=\sum\frac{r_i}{k_i-1}$$

$$=\frac{0.383}{1.407-1}+\frac{0.221}{1.40-1}+\frac{0.307}{1.4-1}+\frac{0.077}{1.30-1}+\frac{0.01}{1.308-1}+\frac{0.002}{1.40-1}=2.56$$

由此 $k_1=k_2=k_3=1.39$。

同理由于Ⅳ级的绝热指数为

$$\frac{1}{k_4-1}=\sum\frac{r_i}{k_i-1}=\frac{0.737}{1.407-1}+\frac{0.245}{1.40-1}+\frac{0.018}{1.308-1}=2.48$$

所以 $k_4=1.4$。

Ⅴ、Ⅵ级压力较高,按实际气体处理,由于温度绝热指数 k_T 的变化较小,由表 8-4 中 k_T 来代替气体绝热指数 k,即 $k_T=1.4$。

表 8-4　各级的排气温度

级次	吸气温度		压力比 ε	k	排气温度	
	$t_s/℃$	T_s/K			$t_d/℃$	T_d/K
Ⅰ	38	311	2.94	1.39	148	421
Ⅱ	38	311	3.00	1.39	150	423
Ⅲ	38	311	2.33	1.39	121	394
Ⅳ	38	311	2.82	1.40	145	418
Ⅴ	38	311	2.81	1.40	145	418
Ⅵ	38	311	2.38	1.40	126	399

3.计算与容积流量有关的各种系数

(1)计算容积系数 λ_v。容积系数 λ_v 的计算,对于 $\mathrm{I}\sim\mathrm{IV}$ 级,根据式(3-10)$\lambda_v=1-\alpha(\varepsilon^{\frac{1}{m}}-1)$ 确定,对于 $\mathrm{V}\sim\mathrm{VI}$ 级则由式(3-13),即 $\lambda_v=1-\alpha\left(\dfrac{Z_s}{Z_d}\varepsilon^{\frac{1}{m}}-1\right)$ 来确定。

相对余隙按表 3-1 选取。各级膨胀指数依据表 3-2 计算,即

$m_1=1+0.5\times(k_1-1)=1+0.5\times(1.39-1)=1.195$

$m_2=1+0.62\times(k_2-1)=1+0.62\times(1.39-1)=1.242$

$m_3=1+0.75\times(k_3-1)=1+0.75\times(1.39-1)=1.292$

$m_4=1+0.88\times(k_4-1)=1+0.88\times(1.4-1)=1.352$

$m_5=k_5=1.40$

$m_6=k_6=1.40$

对于 $\mathrm{V}\sim\mathrm{VI}$ 级要考虑到实际压缩性系数的影响,压缩性系数由式(2-43)根据对比压力和对比温度的值,然后查图 2-4～图 2-6 确定。有关系数列表如表 8-5 所示。

表 8-5　各级容积系数值

级次	α	ε	m	Z_s	Z_d	λ_v
I	0.0824	2.94	1.195	1	1	0.878
II	0.10	3.00	1.242	1	1	0.858
III	0.116	2.33	1.292	1	1	0.893
IV	0.12	2.82	1.352	1	1	0.862
V	0.1307	2.81	1.4	1.027	1.064	0.867
VI	0.16	2.38	1.4	1.075	1.17	0.887

(2)确定压力系数 λ_p。根据该级布局,由第 3 章选取各级的压力系数为

$\lambda_{p1}=0.97;\lambda_{p2}=0.99;\lambda_{p3}=\lambda_{p4}=\lambda_{p5}=\lambda_{p6}=1$

(3)确定温度系数 λ_T。温度系数查图 3-16,其值分别为

$\lambda_{T1}=0.96;\lambda_{T2}=0.955;\lambda_{T3}=0.962;\lambda_{T4}=0.955;\lambda_{T5}=0.96;\lambda_{T6}=0.965$

(4)确定泄漏系数 λ_1。泄漏系数根据式(4-12)计算,分别为

$\lambda_{11}=0.917;\lambda_{12}=0.920;\lambda_{13}=0.925;\lambda_{14}=0.935;\lambda_{15}=0.950;\lambda_{16}=0.965$

(5)计算排气系数 λ_d。排气系数根据式(4-5)计算,计算结果如表 8-6 所示。

表 8-6　各级的排气系数

级次	I	II	III	IV	V	VI
λ_v	0.878	0.858	0.893	0.862	0.867	0.887
λ_p	0.97	0.99	1	1	1	1
λ_T	0.96	0.955	0.962	0.955	0.96	0.965
λ_1	0.917	0.920	0.925	0.935	0.950	0.965
λ_d	0.750	0.746	0.795	0.770	0.790	0.826

(6)计算析水系数 λ_φ。析水系数根据式(4-20),即 $\lambda_{\varphi j} = \dfrac{p_1 - \varphi_1 p_{s1}}{p_j - p_{sj}} \times \dfrac{p_j}{p_1}$ 计算。

查饱和水蒸气表,$p_{s1} = p_{s2} = p_{s3} = 0.06755 \times 10^5$ Pa。各级的析水系数为

$\lambda_{\varphi 1} = 1$,即一级无水分析出;

$$\lambda_{\varphi 2} = \frac{1.02 - 0.06755}{3.0 - 0.06755} \times \frac{3.0}{1.02} = 0.96$$

$$\lambda_{\varphi 3} = \frac{1.02 - 0.06755}{9.0 - 0.06755} \times \frac{9.0}{1.02} = 0.94$$

对于 Ⅳ～Ⅵ级,实际上吸气压力已较高,p_{sj} 与 p_j 相比很小,可以忽略,故此时析水系数可依据式(4-21),即 $\lambda_{\varphi j} = \dfrac{p_1 - \varphi_1 p_{s1}}{p_1}$ 计算,由此

$$\lambda_{\varphi 4} = \lambda_{\varphi 5} = \lambda_{\varphi 6} = \frac{1.02 - 0.06755}{1.02} = 0.934$$

(7)计算净化系数 λ_c。根据设计的工艺流程,各级的净化系数为

$$\lambda_{c1} = \lambda_{c2} = \lambda_{c3} = 1; \lambda_{c4} = \lambda_{c5} = \lambda_{c6} = 0.884$$

4.计算各级气缸直径和行程容积

(1)各级的行程容积。对于 Ⅰ～Ⅳ级,气缸的行程容积由式(4-8),即 $V_{hj} = q_v \dfrac{p_1}{p_j} \dfrac{T_j}{T_1} \dfrac{\lambda_{\varphi j} \lambda_{cj}}{\lambda_{vj} \lambda_{pj} \lambda_{Tj} \lambda_{lj}}$ 给出。

$$V_{h1} = q_v \frac{p_1}{p_1} \frac{T_1}{T_1} \frac{\lambda_{\varphi 1} \lambda_{c1}}{\lambda_{v1} \lambda_{p1} \lambda_{T1} \lambda_{l1}} \frac{1}{n} = q_v \frac{\lambda_{\varphi 1} \lambda_{c1}}{\lambda_{d1}} = 165 \times \frac{1}{0.75} \times \frac{1}{375} = 0.587 \text{ m}^3$$

$$V_{h2} = q_v \frac{p_1}{p_2} \frac{T_2}{T_1} \frac{\lambda_{\varphi 2} \lambda_{c2}}{\lambda_{d2}} \frac{1}{n} = 165 \times \frac{1.02}{3.0} \times \frac{0.96}{0.746} \times \frac{1}{375} = 0.193 \text{ m}^3$$

$$V_{h3} = q_v \frac{p_1}{p_3} \frac{T_3}{T_1} \frac{\lambda_{\varphi 3} \lambda_{c3}}{\lambda_{d3}} \frac{1}{n} = 165 \times \frac{1.02}{9.0} \times \frac{0.94}{0.795} \times \frac{1}{375} = 0.059 \text{ m}^3$$

$$V_{h4} = q_v \frac{p_1}{p_{s4}} \frac{T_{s4}}{T_1} \frac{\lambda_{\varphi 4} \lambda_{c4}}{\lambda_{d4}} \frac{1}{n} = 165 \times \frac{1.02}{17.0} \times \frac{0.934 \times 0.884}{0.770} \times \frac{1}{375} = 0.028 \text{ m}^3$$

对于 Ⅴ～Ⅵ级,考虑到压缩性系数的影响,气缸的行程容积由式(4-9),即 $V_{hj} = q_v \dfrac{p_1}{p_j} \dfrac{T_j}{T_1} \times \dfrac{Z_j}{Z_1} \dfrac{\lambda_{\varphi j} \lambda_{cj}}{\lambda_{vj} \lambda_{pj} \lambda_{Tj} \lambda_{lj}}$ 给出。

$$V_{h5} = q_v \frac{p_1}{p_5} \frac{T_5}{T_1} \frac{Z_{s5}}{Z_1} \frac{\lambda_{\varphi 5} \lambda_{c5}}{\lambda_{d5}} \frac{1}{n} = 165 \times \frac{1.02}{48} \times \frac{1.027 \times 0.884}{0.79} \times \frac{1}{375} = 0.011 \text{ m}^3$$

$$V_{h6} = q_v \frac{p_1}{p_{s6}} \frac{T_6}{T_1} \frac{Z_{sj}}{Z_1} \frac{\lambda_{\varphi 6} \lambda_{c6}}{\lambda_{d6}} \frac{1}{n} = 165 \times \frac{1.02}{135} \times \frac{1.075}{1} \times \frac{0.934 \times 0.884}{0.826} \times \frac{1}{375} = 0.004 \text{ m}^3$$

(2)确定等温指示功率和最大轴功率。初步确定等温指示功率和最大轴功率,由此进一步确定活塞杆的直径,计算时认为回冷完善且不考虑析水系数的影响。

对于 Ⅰ～Ⅳ级等温功率,根据式(4-30),即 $P_{is} = \dfrac{1}{60} p_s q_v \ln \varepsilon$ 计算。

$$P_{is1} = \frac{1}{60} p_{1s} q_v \ln \frac{p_{1d}}{p_{1s}} = \frac{1}{60} \times 1.02 \times 10^5 \times 165 \times \ln \frac{3.0}{1.02} = 303 \text{ kW}$$

$$P_{is2} = \frac{1}{60}p_{1s}q_v \ln\frac{p_{2d}}{p_{2s}} = \frac{1}{60}\times1.02\times10^5\times165\times\ln\frac{9.0}{3.02} = 306 \text{ kW}$$

$$P_{is3} = \frac{1}{60}p_{1s}q_v \ln\frac{p_{3d}}{p_{3s}} = \frac{1}{60}\times1.02\times10^5\times165\times\ln\frac{21}{9.0} = 238 \text{ kW}$$

Ⅳ级以后的气体流量为Ⅰ级气量的88.4%，其Ⅳ级的等温指示功率为

$$P_{is4} = \frac{1}{60}p_{1s}q_v \ln\frac{p_{4d}}{p_{4s}} = \frac{1}{60}\times1.02\times10^5\times165\times0.884\times\ln\frac{48}{17} = 257 \text{ kW}$$

Ⅴ～Ⅵ级的等温指示功率依据式(4-32)计算。

$$P_{is5} = \frac{1}{60}p_{1s}q_v \ln\frac{p_{5d}}{p_{5s}}\frac{Z_{5s}+Z_{5d}}{2Z_{5s}}$$

$$= \frac{1}{60}\times1.02\times10^5\times165\times0.884\times\ln\frac{135}{48}\times\frac{1.027+1.064}{2\times1.027} = 261 \text{ kW}$$

$$P_{is6} = \frac{1}{60}p_{s}q_v \ln\frac{p_{6d}}{p_{6s}}\frac{Z_{6s}+Z_{6d}}{2Z_{6s}}$$

$$= \frac{1}{60}\times1.02\times10^5\times165\times0.884\times\ln\frac{321}{135}\times\frac{1.075+1.17}{2\times1.075} = 224 \text{ kW}$$

根据计算结果可知，Ⅲ-平-Ⅴ列等温指示功率最大，按式(4-44)求出该列轴功率，其中等温效率由表4-3查得。列的最大轴功率为

$$P_{sh} = \frac{P_{is}}{\eta_{is}} = \frac{238+261}{0.68} = 734 \text{ kW}$$

(3)确定活塞杆直径。活塞杆直径根据《往复式压缩机结构设计》一书中的表1-6选取，取为 $d=90$ mm。

(4)计算各级气缸直径。Ⅰ～Ⅱ级为双作用，气缸直径依据《往复式压缩机结构设计》一书中的式(1-22)计算，为

$$D_1 = \sqrt{\frac{2V_{h1}}{\pi SZ_1}+\frac{d^2}{2}} = \sqrt{\frac{2\times0.587}{3.14\times0.36\times1}+\frac{(0.09)^2}{2}} = 1.02 \text{ m}$$

$$D_2 = \sqrt{\frac{2V_{h2}}{\pi SZ_2}+\frac{d^2}{2}} = \sqrt{\frac{2\times0.193}{3.14\times0.36\times1}+\frac{(0.09)^2}{2}} = 0.588 \text{ m}$$

Ⅲ～Ⅳ级是单作用轴侧气缸，需要考虑到活塞杆的影响。

$$D_3 = \sqrt{\frac{4V_{h3}}{\pi SZ_3}+d^2} = \sqrt{\frac{4\times0.059}{3.14\times0.36\times1}+(0.09)^2} = 0.466 \text{ m}$$

$$D_4 = \sqrt{\frac{4V_{h4}}{\pi SZ_4}+d^2} = \sqrt{\frac{4\times0.028}{3.14\times0.36\times1}+(0.09)^2} = 0.327 \text{ m}$$

Ⅴ～Ⅵ级为单作用轴侧气缸，依据《往复式压缩机结构设计》一书中的式(1-20)计算。

$$D_5 = \sqrt{\frac{4V_{h5}}{\pi SZ_5}} = \sqrt{\frac{4\times0.011}{3.14\times0.36\times1}} = 0.197 \text{ m}$$

$$D_6 = \sqrt{\frac{4V_{h6}}{\pi SZ_6}} = \sqrt{\frac{4\times0.004}{3.14\times0.36\times1}} = 0.119 \text{ m}$$

上述气缸直径须按照《往复式压缩机结构设计》中的表1-7进行圆整，圆整后的结果如表8-7所示。

表 8-7　各级气缸直径的圆整值

级次	I	II	III	IV	V	VI
各级气缸直径计算值/mm	1020	588	466	327	197	119
各级气缸直径圆整值/mm	1030	580	470	330	200	120

5.计算气缸直径调整后各热力和结构参数的变化

(1)确定气缸直径圆整后实际的行程容积。根据各级气缸的结构型式计算各级气缸直径圆整后的行程容积为

$$V_{h1} = (\frac{D_1^2}{2} - \frac{d^2}{4})\pi S = (\frac{1.03^2}{2} - \frac{0.09^2}{4}) \times 3.14 \times 0.36 = 0.597 \ m^3$$

$$V_{h2} = (\frac{D_2^2}{2} - \frac{d^2}{4})\pi S = (\frac{0.58^2}{2} - \frac{0.09^2}{4}) \times 3.14 \times 0.36 = 0.188 \ m^3$$

$$V_{h3} = \frac{\pi}{4} S (D_2^2 - d^2) = \frac{3.14}{4} \times 0.36 \times (0.47^2 - 0.09^2) = 0.06 \ m^3$$

$$V_{h4} = \frac{\pi}{4} S (D_4^2 - d^2) = \frac{3.14}{4} \times 0.36 \times (0.33^2 - 0.09^2) = 0.028 \ m^3$$

$$V_{h5} = \frac{\pi}{4} S D_5^2 = \frac{3.14}{4} \times 0.36 \times 0.2^2 = 0.011 \ m^3$$

$$V_{h6} = \frac{\pi}{4} S D_6^2 = \frac{3.14}{4} \times 0.36 \times 0.12^2 = 0.004 \ m^3$$

(2)复算气缸圆整后名义压力。气缸直径圆整后,如其它参数不变,则压力比就要重新分配,所以要重新复算压力比。如果忽略压力比改变后对容积系数的影响,即认为压力比的改变与行程容积成比例。也可以用调整余隙容积的方法保持原压力比不变,以满足压缩机容积流量的要求。气缸圆整后压力的修正系数根据式(8-4)和式(8-5)计算,计算结果如表8-8所示。

表 8-8　气缸圆整后各级行程容积及压力比

级次		I	II	III	IV	V	VI
气缸圆整前行程容积 V_{hj}/m^3		0.587	0.184	0.059	0.028	0.011	0.004
气缸圆整后行程容积 V_{hj}^0/m^3		0.597	0.188	0.06	0.028	0.011	0.004
V_{hj}/V_{hj}^0		0.983	0.979	0.983	1	1	1
V_{h1}^0/V_{h1}		1.017	1.017	1.017	1.017	1.017	1.017
修正系数 $\beta_{si} = \frac{V_{h1}^0}{V_{h1}} \frac{V_{hi}}{V_{hi}^0}$		1	0.996	1	1.017	1.017	1.017
$\beta_{di} = \beta_{s(i+1)}$		0.996	1	1.017	1.017	1.017	1
圆整前进排气压力/10^5 Pa	p_s	1.02	3	9	17	48	135
	p_d	3	9	21	48	135	321
圆整后进排气压力/10^5 Pa	$p_s^0 = \beta_{si} p_{si}$	1.02	2.99	9	17.3	48.8	137.3
	$p_d^0 = \beta_{di} p_{di}$	2.99	9	21.4	48.8	137.3	321
修正后的压力比 ε_i^0	$\varepsilon_i^0 = \frac{p_{di}^0}{p_{si}^0}$	2.93	3.01	2.38	2.82	2.81	2.34

如果采用保持原来压力比不变而调整余隙容积的方法,余隙容积的调整则采用式(8-8)进行计算。

(3)复算气缸直径圆整后的名义排气温度。在气缸直径圆整后,由于各级的压力比发生变化,所以排气温度也相应发生变化,I~IV级排气温度依据式(2-72)计算,V~VI级排气温度依据式(2-74)计算。各级名义排气温度计算结果如表8-9所示,其中温度绝热指数由表2-5查出。

表8-9 各级名义压力比及名义排气温度

级次		I	II	III	IV	V	VI
压力比 ε		2.93	3.01	2.38	2.82	2.81	2.34
吸气温度 T_s/K		311	311	311	311	311	311
绝热指数 k		1.39	1.39	1.39	1.4	1.4	1.4
排气温度	T_d/K	420	424	396	418	418	397
	t_d/℃	147	150	123	145	145	123

6.计算实际的压力比及压缩终了的温度

(1)实际压力比计算。考虑到各级的进气和排气压力损失,使得实际的压力比有所变化。实际的进气压力 p'_s 和排气压力 p'_d 以及压力比 ε' 根据式(3-33)计算,相对压力损失 δ_s 和 δ_d 查图3-22。各级实际进、排气压力及压力比计算结果如表8-10所示。

表8-10 各级实际进、排气压力及压力比

级数	相对压力损失		$1-\delta_s$	$1+\delta_d$	名义压力/10^5Pa		实际压力/10^5Pa		实际压力比
	进气 δ_s	排气 δ_d			进气 p_s	排气 p_d	进气 p'_s $p_s(1-\delta_s)$	排气 p'_d $p_d(1+\delta_d)$	$\varepsilon'=\dfrac{p'_d}{p'_s}$
I	0.046	0.08	0.954	1.08	1.02	2.99	0.97	3.23	3.31
II	0.032	0.062	0.968	1.062	2.89	9	2.87	9.56	3.33
III	0.025	0.049	0.975	1.049	9	21.4	8.78	22.45	2.56
IV	0.021	0.039	0.979	1.039	17.3	48.8	16.94	50.70	2.99
V	0.017	0.025	0.983	1.025	48.8	137.3	47.97	140.73	2.93
VI	0.012	0.021	0.988	1.021	137.3	321	135.65	327.74	2.42

(2)各级实际排气温度。在实际压力比时的各级排气温度计算结果如表8-11所示。

表8-11 各级实际排气温度

级次	t_s/℃	T_s/K	ε'	k	$\varepsilon'^{\frac{k-1}{k}}$	$T'_d=T_s\varepsilon'^{\frac{k-1}{k}}$/K	t'_d/℃
I	38	311	3.31	1.39	1.399	435.1	162
II	38	311	3.33	1.39	1.401	435.7	163
III	38	311	2.56	1.39	1.302	404.9	132
IV	38	311	2.99	1.4	1.367	425.1	152
V	38	311	2.93	1.4	1.360	423	150
VI	38	311	2.42	1.4	1.287	400.3	127

7.计算各列的最大活塞力

根据各列的活塞面积和实际压力计算各列最大活塞力。根据表 6-1 各列的活塞面积,盖侧无活塞杆,活塞面积为 $A_G = \frac{\pi}{4}D^2$;轴侧有活塞杆,活塞面积为 $A_Z = \frac{\pi}{4}(D^2 - d^2)$。当活塞向盖行程至止点位置时活塞力为 $F_g^G = p'_s A_Z - p'_d A_G$;当活塞向轴行程至止点位置时活塞力为 $F_g^Z = p'_d A_Z - p'_s A_G$。其中平衡容积中使用所指定的压力,本题中平衡容积使用第 I 级的进气压力。其计算结果如表 8-12 所示。

表 8-12 各列最大活塞力

级次	活塞面积/m²		实际压力/10⁵Pa			活塞杆作用力/kN	活塞力/kN	
	轴侧	盖侧	进气 p'_s	排气 p'_d	平衡腔压力/Pa	$\frac{\pi}{4}d^2 \times 1.02$	向轴行程	向盖行程
I	0.8264	0.8328	0.97	3.23	—	0.649	186.8	−188.2
II	0.2577	0.2641	2.87	9.56	—	0.649	171.2	−177.9
III	0.1670	—	8.78	22.45	—	—	—	—
IV	0.0791	—	16.94	50.70	—	—	—	—
V	—	0.0314	47.97	140.73	—	—	—	—
VI	—	0.0113	135.65	327.74	—	—	—	—
III-平-V	—	0.1420	—	—	1.02	0.649	210.5	−309.1
IV-平-VI	—	0.0742	—	—	1.02	0.649	240.8	−243.3

8.计算功率和效率

(1)各级指示功率。I～IV级的指示功率根据式(4-38),即 $P_i = \frac{n}{60} p'_{js} \lambda_{vj} V_{hj} \frac{n_j}{n_j-1} \{[\varepsilon_j(1+\delta_{0j})]^{\frac{n_j-1}{n_j}} - 1\}$ 计算,V～VI级考虑到压缩性系数的影响,根据式(4-39),即 $P_i = \frac{n}{60} p'_{js} \times \lambda_{vj} V_{hj} \frac{n_{Tj}}{n_{Tj}-1} \{[\varepsilon_j(1+\delta_{0j})]^{\frac{n_{Tj}-1}{n_{Tj}}} - 1\} \frac{Z_{sj}+Z_{dj}}{2Z_{sj}}$ 计算。各级指示功率计算结果如表 8-13 所示。

表 8-13 各级指示功率与总指示功率

参数名称	I级	II级	III级	IV级	V级	VI级
指示功率 p_i/kW	452	413	316	329	368	316
总指示功率 p_i/kW	$p_i = \sum_1^6 p_{ij} = 2194$					

(2)轴功率。取机械效率 $\eta_m = 0.93$,根据式(4-48),压缩机的轴功率为

$$P_{sh} = \frac{P_i}{\eta_m} = \frac{2194}{0.93} = 2359 \text{ kW}$$

（3）选择电动机功率。驱动机应留有 $5\% \sim 15\%$ 的储备功率，由式（4-42）可得电动机功率为

$$P_E = (1.05 \sim 1.15)P_{sh} = (1.05 \sim 1.15) \times 2359 = 2477 \sim 2713 \text{ kW}$$

由此选用同步电动机，其功率为 $P_E = 2500 \text{ kW}$，转速为 $n = 375 \text{r/min}$，则功率储备为 6.0%。

（4）计算等温效率。等温效率依据式（4-44）计算。

①各级理论循环等温功率 P_{is}。对于 Ⅰ～Ⅳ级等温功率依据式（4-31）计算，而 Ⅴ～Ⅵ级使用式（4-33）计算，同时应注意Ⅳ级以后的容积流量为第一级容积流量的 88.4%，各级等温功率计算结果如表 8-14 所示。

表 8-14　各级理论循环等温功率

参数名称	Ⅰ级	Ⅱ级	Ⅲ级	Ⅳ级	Ⅴ级	Ⅵ级
等温功率 p_{is}/kW	300	286	229	240	244	206
总等温功率 p_{is}/kW	$p_{is} = \sum\limits_{1}^{6} p_{isj} = 1505$					

②压缩机的等温效率 η_{is}。等温效率根据式（4-44）计算。

$$\eta_{is} = \frac{P_{is}}{P_{sh}} = \frac{1505}{2359} = 63.8\%$$

8.3　复算性热力计算

8.3.1　复算性热力计算的目的及步骤

1.复算性热力计算的目的

对已有的压缩机，主要的结构尺寸和进、排气压力已知，由于工艺流程发生变化、进气压力或排气压力变化、容积流量调节等，需要计算其级间压力和该压力下的其它气体参数、压缩机容积流量、最大活塞力、功率和效率等，用以判断此压缩机能否满足新的使用条件下的工况。这种校核性的计算称为压缩机复算性热力计算。

2.复算性计算的方法和步骤

（1）计算压缩机的行程容积。根据给定压缩机的结构参数及布置方式，按照式（4-8）计算压缩机的行程容积。

（2）确定与容积流量有关的系数。与容积流量有关的系数包括 λ_v、λ_p、λ_T、λ_1、λ_φ 和 λ_c，其中 λ_p、λ_T 和 λ_1 虽然与各级的压力和温度有关，但它们对复算精度的影响不显著，为了计算简单起见，可认为 λ_p、λ_T 和 λ_1 为定值；λ_v 与压力比有关，各级级间压力和温度可按等压比分配条件确定；λ_φ 与给定的相对湿度和各级进气温度有关，根据式（4-20）计算；同样，求取 λ_p、λ_T 和 λ_1 时，各级级间压力和温度也按等压比分配条件确定。

（3）复算各级级间压力和压力比。根据式（4-27），相邻级的行程容积关系，可确定各级间压力的表达式，即

$$p_{sj} = \frac{V_{h1}}{V_{hj}} \frac{\lambda_{v1} \lambda_{p1} \lambda_{T1} \lambda_{l1}}{\lambda_{\varphi 1} \lambda_{c1}} \frac{\lambda_{\varphi j} \lambda_{cj}}{\lambda_{vj} \lambda_{pj} \lambda_{Tj} \lambda_{lj}} \frac{T_{sj}}{T_{s1}} \frac{Z_j}{Z_1} p_{s1} \tag{8-9}$$

引入假想行程容积 V_{hj}^0

$$V_{hj}^0 = V_{hj} \frac{T_{s1}}{T_{sj}} \lambda_{0j} \tag{8-10}$$

式中：$\lambda_{0j} = \lambda_{pj} \lambda_{Tj} \lambda_{lj} / \lambda_{\varphi j} \lambda_{cj}$。

各级级间压力的计算公式(8-9)可以简化为

$$p_{sj} = \frac{V_{h1}^0}{V_{hj}^0} \frac{\lambda_{v1}}{\lambda_{vj}} \frac{Z_j}{Z_1} p_{s1} \tag{8-11}$$

各级的压力比为

$$\begin{cases} p_{dj} = p_{s(j+1)} \\ \varepsilon_j = \dfrac{p_{s(j+1)}}{p_{sj}} \end{cases} \tag{8-12}$$

为了检验复算性计算后级间压力的准确度，采用压缩机每转中的进气量(换算到第Ⅰ级的进气状态)应该相等的原则，即根据式(5-43)，可得

$$V_j = \frac{p_{sj}}{p_{s1}} V_{hj}^0 \lambda_{vj} \tag{8-13}$$

找出各级进气量 V_j 中的最大值和最小值，若 $\dfrac{V_{min}}{V_{max}} > 0.97$，则复算精度足够准确，否则要根据式(5-39)再次进行计算。

8.3.2　复算性热力计算实例

1.计算依据

(1)机型。对于上面的例题，由于工艺流程的变化，其气体成分与进气参数发生了变化，对其进行复算性计算，确定各级的压力、温度，并核算活塞力、功率等，判断该压缩机是否能够满足新工艺流程下的要求。所选机型仍然为图8-1所示的四列对动式压缩机。

(2)气体成分。各段的气体成分的组成如表8-15所示。

表 8-15　气体组分的体积分数

气体成分	H_2/%	CO/%	CO_2/%	N_2/%	CH_4＋Ar/%	O_2/%
第一段	50.6	2.00	30.15	16.8	0.38	0.07
第二段	71.35	2.80	1.55	23.75	0.45	0.1
第三段	74.66	—	—	24.84	0.50	—

(3)容积流量及各段中间抽气量。容积流量 $q_v = 165$ m³/min，第二段的容积流量为第一段容积流量的67%，第三段容积流量为第一段容积流量的63%。

(4)各段的进、排气压力。第一段进气压力 $p_s = 1.05 \times 10^5$ Pa，排气压力 $p_d = 19 \times 10^5$ Pa；第二段进气压力 $p_s = 18 \times 10^5$ Pa，排气压力 $p_d = 126 \times 10^5$ Pa；第三段进气压力 $p_s = 124 \times 10^5$ Pa，排气压力 $p_d = 321 \times 10^5$ Pa。

(5)各段进气温度。第一段进气温度 $t_s = 40$ ℃；第二段进气温度 $t_s = 35$ ℃；第三段进气温

度 $t_s = 35\ ℃$。各级回冷完善。

(6)压缩机结构尺寸。气缸直径 $D_1 = 1030\ \text{mm}$;$D_2 = 580\ \text{mm}$;$D_3 = 470\ \text{mm}$;$D_4 = 330\ \text{mm}$;$D_5 = 200\ \text{mm}$;$D_6 = 120\ \text{mm}$;活塞杆直径 $d = 90\ \text{mm}$;活塞行程 $s = 360\ \text{mm}$;压缩机转速 $n = 375\ \text{r/min}$;相对余隙容积 $\alpha_1 = 8.24\%$,$\alpha_2 = 10\%$,$\alpha_3 = 11.6\%$,$\alpha_4 = 12\%$,$\alpha_5 = 13.07\%$,$\alpha_6 = 16\%$。

2. 复算性热力计算

复算性热力计算采用分段进行,第一段的复算性计算。

(1)计算行程容积。根据工艺流程,第一段分为三级压缩,进气压力 $p_s = 1.05 \times 10^5\ \text{Pa}$,排气压力 $p_d = 19 \times 10^5\ \text{Pa}$,Ⅰ～Ⅱ级气缸为双作用,Ⅲ级为单作用,各级行程容积为

$$V_{h1} = \left(\frac{D_1^2}{2} - \frac{d^2}{4}\right)\pi S = \left(\frac{1.03^2}{2} - \frac{0.09^2}{4}\right) \times 3.14 \times 0.36 = 0.5973\ \text{m}^3$$

$$V_{h2} = \left(\frac{D_2^2}{2} - \frac{d^2}{4}\right)\pi S = \left(\frac{0.58^2}{2} - \frac{0.09^2}{4}\right) \times 3.14 \times 0.36 = 0.1878\ \text{m}^3$$

$$V_{h3} = \frac{\pi}{4}S(D_2^2 - d^2) = \frac{3.14}{4} \times 0.36 \times (0.47^2 - 0.09^2) = 0.0601\ \text{m}^3$$

(2)确定与容积流量有关的系数。第一段没有析水和抽气,所以,$\lambda_\varphi = 1$,$\lambda_c = 1$。考虑到压力重分配后对 λ_p、λ_T 和 λ_1 影响不大,故这几个系数在复算性计算中被认为是常量。λ_p 的取值根据该级布局,按 3.3 节介绍方法选取;各级的温度系数 λ_T 根据图 3-16 选取;各级的泄漏系数 λ_1 根据式(4-12)计算。各级的系数计算结果如表 8-16 所示。

表 8-16　各级系数取值

级次	λ_{pj}	λ_{Tj}	λ_{1j}	$\lambda_{\varphi j}$	λ_{cj}	$\lambda_{0j} = \lambda_{pj}\lambda_{Tj}\lambda_{1j}/\lambda_{\varphi j}\lambda_{cj}$
Ⅰ	0.97	0.96	0.917	1	1	0.854
Ⅱ	0.99	0.955	0.920	1	1	0.870
Ⅲ	1	0.962	0.925	1	1	0.890

(3)复算各级级间压力和压力比。假想容积根据式(8-10)计算;各级压力根据式(8-11)计算;而各级压力比则依据式(8-12)计算。由于各级的原始压力值并不知道,计算各级压力时,容积系数无法确定,所以第一次近似计算时,可按照 $p_{sj} = \frac{V_{h1}^0}{V_{hj}^0}p_{1s}$ 计算。各级膨胀过程指数 m 值依据表 3-2 计算;各级混合气体的绝热指数根据式(2-19)计算。各级假想容积值和压力比、容积系数计算结果如表 8-17、表 8-18 所示。

表 8-17　各级假想容积值

级次	V_{hj}/m^3	T_{sj}/K	λ_{0j}	k	$V_{hj}^0 = V_{hj}\dfrac{T_{s1}}{T_{sj}}\lambda_{0j}/\text{m}^3$
Ⅰ	0.5973	313	0.854	1.35	0.5101
Ⅱ	0.1878	313	0.870	1.35	0.1634
Ⅲ	0.0601	313	0.890	1.35	0.0535

表 8-18　初算各级压力比及容积系数

级次	$p_{sj}=p_{s1}\dfrac{V_{h1}^0}{V_{hj}^0}/10^5\ \text{Pa}$	$p_{dj}=p_{s(j+1)}/10^5\ \text{Pa}$	$\varepsilon_j=\dfrac{p_{dj}}{p_{sj}}$	α_j	m_j	$\lambda_{vj}=1-\alpha_j(\varepsilon_j^{\frac{1}{m_j}}-1)$
Ⅰ	1.05	3.278	3.122	0.0824	1.185	0.867
Ⅱ	3.278	10.011	3.054	0.100	1.229	0.852
Ⅲ	10.011	19.0	1.898	0.116	1.326	0.928

各级压力比复算结果如表 8-19 所示。

表 8-19　各级压力比复算

参数名称及表达式	单位	第一次复算		
		Ⅰ	Ⅱ	Ⅲ
各级假想行程容积 V_{hj}^0	m^3	0.5101	0.1634	0.0535
各级容积系数 λ_{vj}	—	0.867	0.852	0.928
各级进气压力 $p_{sj}=\dfrac{V_{h1}^0}{V_{hj}^0}\dfrac{\lambda_{v1}}{\lambda_{vj}}p_{s1}$	$10^5\ \text{Pa}$	1.05	3.336	9.353
各级排气压力 $p_{dj}=p_{s(j+1)}$	$10^5\ \text{Pa}$	3.336	9.353	19.00
各级压力比 $\varepsilon_j=\dfrac{p_{dj}}{p_{sj}}$	—	3.177	2.804	2.031
各级进气量 $V_j=\dfrac{p_{sj}}{p_{s1}}V_{hj}^0\lambda_{vj}$	m^3	0.4423	0.4423	0.4422

第一次复算精度为

$$\frac{V_{min}}{V_{max}}=\frac{0.4422}{0.4423}=0.99>0.97\sim0.98$$

对于第一段经过复算,其值已经足够准确,取第一段的最终计算结果如表 8-20 所示。

表 8-20　第一段计算结果

级次	$p_{sj}/10^5\ \text{Pa}$	$p_{dj}/10^5\ \text{Pa}$	ε_j	λ_{vj}	T_s/K	$T_d/℃$
Ⅰ	1.05	3.34	3.18	0.867	313	149
Ⅱ	3.34	9.35	2.80	0.852	313	136
Ⅲ	9.35	19.00	2.03	0.928	313	103

第二段的复算性计算。

第二段气体的进气压力 $p_s=18\times10^5\ \text{Pa}$,排气压力 $p_d=126\times10^5\ \text{Pa}$,第二段各级的进气温度 $t_s=35℃$。根据式(2-19)计算各级的绝热指数 $k=1.4$。

(1)计算行程容积。根据工艺流程,Ⅳ级和Ⅴ垃均为单作用,各级行程容积为

$$V_{h4}=\frac{1}{4}(D_4^2-d^2)\pi S=\frac{1}{4}(0.33^2-0.09^2)\times3.14\times0.36=0.0285\ \mathrm{m}^3$$

$$V_{h5}=\frac{1}{4}(D_5^2)\pi S=\frac{1}{4}\times0.2^2\times3.14\times0.36=0.0113\ \mathrm{m}^3$$

(2)确定与容积流量有关的系数。第二段没有析水但有净化抽气,所以,$\lambda_\varphi=1$,$\lambda_c=0.67$。考虑到压力重分配后对 λ_p、λ_T 和 λ_1 影响不大,这几个系数在复算性计算中认为是常量。λ_p 的取值根据该级布局,按 3.3 节介绍方法选取;各级的温度系数 λ_T 根据图 3-16 选取;各级的泄漏系数 λ_1 根据式(4-12)计算,第二段各级系数计算结果如表 8-21 所示。

表 8-21　各级系数取值

级次	λ_{pj}	λ_{Tj}	λ_{1j}	$\lambda_{\varphi j}$	λ_{cj}	$\lambda_{0j}=\lambda_{pj}\lambda_{Tj}\lambda_{1j}/\lambda_{\varphi j}\lambda_{cj}$
Ⅳ	1.00	0.97	0.95	1	0.67	1.375
Ⅴ	1.00	0.96	0.96	1	0.67	1.375

(3)复算各级级间压力和压力比。假想容积根据式(8-10)计算;各级压力根据式(8-11)计算;而各级压力比则依据式(8-12)计算。由于第Ⅴ级的进、排气压力较高,压缩性系数根据式(2-43)计算;初次计算时,各级的原始压力值并不知道,计算各级压力时,容积系数无法确定,所以第一次近似计算时,可按照 $p_{sj}=\dfrac{V_{h1}^0}{V_{hj}^0}p_{1s}$ 计算。各级膨胀过程指数 m 值依据表 3-2 计算;各级假想容积值、压力比及容积系数计算结果如表 8-22 和表 8-23 所示。其中,进、排气压缩性系数由式(2-43)确定。

表 8-22　各级假想容积值

级次	V_{hj}/m^3	T_{sj}/K	λ_{0j}	k	$V_{hj}^0=V_{hj}\dfrac{T_{s1}}{T_{sj}}\lambda_{0j}/\mathrm{m}^3$
Ⅳ	0.0285	308	1.375	1.4	0.0392
Ⅴ	0.0113	308	1.375	1.4	0.0158

表 8-23　初算各级压力比及容积系数

级次	$p_{sj}=p_{s1}\dfrac{V_{h1}^0}{V_{hj}^0}$ /10^5 Pa	$p_{dj}=p_{s(j+1)}$ /10^5 Pa	$\varepsilon_j=\dfrac{p_{dj}}{p_{sj}}$	α_j	m_j	Z_{sj}	Z_{dj}	$\lambda_{vj}=1-$ $\alpha_j(\dfrac{Z_{sj}}{Z_{dj}}\varepsilon_j^{\frac{1}{m_j}}-1)$
Ⅳ	18.0	44.66	2.48	0.12	1.352	1	1	0.885
Ⅴ	44.66	126.0	2.82	0.13	1.4	1.027	1.064	0.867

各级压力比复算结果如表 8-24 所示。

表 8-24　各级压力比复算

参数名称及表达式	各级容积系数 λ_{vj}	各级进气压力 $p_{sj}=\dfrac{V_{h4}^0\lambda_{v4}}{V_{hj}^0\lambda_{vj}}\dfrac{Z_j}{Z_4}p_{s4}$ /10^5 Pa	各级排气压力 $p_{dj}=p_{s(j+1)}$ /10^5 Pa	各级压力比 $\varepsilon_j=\dfrac{p_{dj}}{p_{sj}}$ /10^5 Pa	容积系数 $\lambda_{vj}=1-\alpha_j(\dfrac{Z_{sj}}{Z_{dj}}\varepsilon_j^{\frac{1}{mj}}-1)$	假想行程容积 V_{hj}^0 /m^3	各级进气量 $V_j=\dfrac{p_{sj}}{p_{s1}}V_{hj}^0\lambda_{vj}$ /m^3
第一次复算 Ⅳ	0.885	18.0	46.82	2.60	0.8767	0.0392	0.5891
Ⅴ	0.867	46.82	126.0	2.69	0.8756	0.0158	0.6169

第一次复算精度为

$$\frac{V_{min}}{V_{max}}=\frac{0.5891}{0.6169}=0.95<0.97\sim0.98$$

对于第二段经过一次复算后,其值不能满足要求,则还需进行第二次复算性计算。

第二次复算性计算结果如表 8-25 所示。

表 8-25　各级压力比复算

参数名称及表达式	各级容积系数 λ_{vj}	各级进气压力 /10^5 Pa $p_{sj}=\dfrac{V_{h4}^0\lambda_{v4}}{V_{hj}^0\lambda_{vj}}\dfrac{Z_j}{Z_4}p_{s4}$	各级排气压力 /10^5 Pa $p_{dj}=p_{s(j+1)}$	各级压力比 /10^5 Pa $\varepsilon_j=\dfrac{p_{dj}}{p_{sj}}$	容积系数 $\lambda_{vj}=1-\alpha_j(\dfrac{Z_{sj}}{Z_{dj}}\varepsilon_j^{\frac{1}{mj}}-1)$	假想行程容积 V_{hj}^0 /m^3	各级进气量 $V_j=\dfrac{p_{sj}}{p_{s1}}V_{hj}^0\lambda_{vj}$ /m^3
第二次复算 Ⅳ	0.8767	18.0	45.92	2.55	0.8802	0.0392	0.5915
Ⅴ	0.8756	45.92	126.0	2.74	0.8722	0.0158	0.6027

第二次复算精度为

$$\frac{V_{min}}{V_{max}}=\frac{0.5915}{0.6027}=0.98>0.97\sim0.98$$

对于第二段经过二次复算后,其值已经满足要求,取第二段的最终计算结果如表 8-26 所示。

表 8-26　第二段复算结果

级次	p_{sj}/10^5 Pa	p_{dj}/10^5 Pa	ε_j	λ_{vj}	T_s/K	T_d/℃
Ⅳ	18.0	45.92	2.55	0.8802	308	120
Ⅴ	45.92	126	2.74	0.8722	308	138

第三段复算性计算。

第三段进气压力 $p_s=124\times10^5$ Pa,排气压力 $p_d=321\times10^5$ Pa,第三段容积流量为第一段

容积流量的 63%。

(1)计算行程容积。根据工艺流程,Ⅵ级为单作用,行程容积为

$$V_{h6} = \frac{1}{4}(D_6^2)\pi S = \frac{1}{4} \times 0.12^2 \times 3.14 \times 0.36 = 0.0041 \text{ m}^3$$

(2)确定与容积流量有关的系数。同理选取各种进气系数值如表 8-27 所示。

表 8-27　各级系数取值

级次	λ_{pj}	λ_{Tj}	λ_{lj}	$\lambda_{\varphi j}$	λ_{cj}	$\lambda_{0j} = \lambda_{pj}\lambda_{Tj}\lambda_{lj}/\lambda_{\varphi j}\lambda_{cj}$
Ⅵ	1.00	0.98	0.97	1	0.63	1.509

(3)复算各级级间压力和压力比。由于第Ⅵ级的进、排气压力较高,压缩性系数根据式(2-43)选取;过程指数 k 值依据表 3-2 计算。各级的假想容积值、压力比及容积系数如表 8-28、表 8-29 所示。

表 8-28　假想容积值

级次	V_{hj}/m^3	T_{sj}/K	λ_{0j}	k	$V_{hj}^0 = V_{hj}\dfrac{T_{s1}}{T_{sj}}\lambda_{0j}/\text{m}^3$
Ⅵ	0.0041	308	1.509	1.4	0.00629

表 8-29　初算Ⅵ级压力比及容积系数

级次	$p_{sj} = p_{s1}\dfrac{V_{h1}^0}{V_{hj}^0}$ /10^5Pa	$p_{dj} = p_{s(j+1)}$ /10^5Pa	$\varepsilon_j = \dfrac{p_{dj}}{p_{sj}}$	α_j	m_j	Z_{sj}	Z_{dj}	$\lambda_{vj} = 1 - \alpha_j\left(\dfrac{Z_{sj}}{Z_{dj}}\varepsilon_j^{\frac{1}{m_j}} - 1\right)$
Ⅵ	124.0	321.0	2.589	0.16	1.4	1.071	1.16	0.8686

第Ⅵ级压力比复算结果如表 8-30 所示。

表 8-30　Ⅵ级压力比复算

参数名称及表达式		级的容积系数 λ_{vj}	Ⅵ级进气压力 $p_{sj} = \dfrac{V_{h1}^0}{V_{hj}^0}\dfrac{\lambda_{v1}}{\lambda_{vj}}\dfrac{Z_j}{Z_1}p_{s1}$ /10^5Pa	Ⅵ级排气压力 $p_{dj} = p_{s(j+1)}$ /10^5Pa	级压力比 $\varepsilon_j = \dfrac{p_{dj}}{p_{sj}}$ /10^5Pa	容积系数 $\lambda_{vj} = 1 - \alpha_j\left(\dfrac{Z_{sj}}{Z_{dj}}\varepsilon_j^{\frac{1}{m_j}} - 1\right)$	假想行程容积 V_{hj}^0/m^3	各级进气量 $V_j = \dfrac{p_{sj}}{p_{s1}}V_{hj}^0\lambda_{vj}$ /m^3
第一次复算	Ⅵ	0.8686	124.0	321.0	2.589	0.8686	0.00629	0.6452

经过第一次复算后,Ⅵ级的 V_j 值与前几级的 V_j 值差异较大,即必须修正其气缸直径。当然也可以采用调整余隙容积的方法。无论采用何种方法,均要遵守使得各级的进气量基本相等的原则。如果采用调整气缸直径的方法时,取第一级为基准,按照压缩机每转中的进气量(换算到第一级的进气状态)应该相等的原则,根据式(8-13),即 $V_j = \dfrac{p_{sj}}{p_{s1}} V_{hj}^0 \lambda_{vj}$,Ⅰ级和Ⅵ级的每转进气量分别为

$$V_1 = V_{h1}^0 \lambda_{v1} = 0.5101 \times 0.867 = 0.4423 \ \text{m}^3$$

$$V_6 = \frac{p_{s6}}{p_{s1}} V_{h6}^0 \lambda_{v6} = \frac{124}{1.05} \times 0.00629 \times 0.8686 = 0.6452 \ \text{m}^3$$

根据式(5-43),修正后的Ⅵ级的进气量为

$$V_6' = V_{h6} \frac{V_1}{V_6} = 0.0041 \times \frac{0.4423}{0.6452} = 0.00286 \ \text{m}^3$$

经修正后的气缸直径为

$$D_6' = \sqrt{\frac{4 V_6'}{\pi S}} = \sqrt{\frac{4 \times 0.00286}{3.14 \times 0.36}} = 0.101 \ \text{mm}$$

气缸直径圆整后取 $D_6' = 100 (\text{mm})$,修正后第Ⅵ级的行程容积为

$$V_{h6}' = \frac{1}{4} (D_6'^2) \pi S = \frac{1}{4} (0.100)^2 \times 3.14 \times 0.36 = 0.00283 \ \text{m}^3$$

经过修正后的假想容积如表 8-31 所示。

表 8-31 假想容积值

级次	V_{hj}'/m^3	T_{sj}/K	λ_{0j}	k	$V_{hj}^0 = V_{hj}' \dfrac{T_{s1}}{T_{sj}} \lambda_{0j} /\text{m}^3$
Ⅵ	0.00283	308	1.509	1.4	0.00434

第Ⅵ级压力比复算结果如表 8-32 所示。

表 8-32 第Ⅵ级压力比复算

参数名称及表达式		Ⅵ级容积系数 λ_{vj}	Ⅵ级进气压力 $p_{sj} = \dfrac{V_{h1}^0 \lambda_{v1}}{V_{hj}^0 \lambda_{vj}} \dfrac{Z_j}{Z_1} p_{s1}$ /10^5 Pa	Ⅵ级排气压力 $p_{dj} = p_{s(j+1)}$ /10^5 Pa	级压力比 $\varepsilon_j = \dfrac{p_{dj}}{p_{sj}}$ /10^5 Pa	容积系数 $\lambda_{vj} = 1 - \alpha_j \left(\dfrac{Z_{sj}}{Z_{dj}} \varepsilon_j^{\frac{1}{m_j}} - 1 \right)$	假想行程容积 V_{hj}^0 /m^3	Ⅵ级进气量 $V_j = \dfrac{p_{sj}}{p_{s1}}$ $V_{hj}^0 \lambda_{vj} /\text{m}^3$
第一次复算	Ⅵ	0.8686	124.0	321.0	2.59	0.8686	0.00434	0.4452

第二次复算精度为

$$\frac{V_{\min}}{V_{\max}} = \frac{0.4423}{0.4452} = 0.99 > 0.97 \sim 0.98$$

对于第三段经过二次复算后,其值已经满足要求,取第三段的最终计算结果如表 8-33 所示。

表 8-33　第三段复算结果

级次	$p_{sj}/10^5\mathrm{Pa}$	$p_{dj}/10^5\mathrm{Pa}$	ε_j	λ_{vj}	T_s/K	$T_d/\mathrm{℃}$
Ⅵ	124.0	321.0	2.59	0.8686	308	131

3.复算容积流量

由式(4-6)可知,容积流量为

$$q_v = V_{h1}\lambda_{v1}\lambda_{p1}\lambda_{T1}\lambda_{l1}n$$
$$= 0.5973 \times 0.864 \times 0.97 \times 0.96 \times 0.917 \times 375 = 165.3\ \mathrm{m^3/min}$$

4.复算轴功率

(1)顾及到压力损失后的各级实际压力。由图 3-22 选取各级进、排气相对压力损失,实际压力比如表 8-34 所示。

表 8-34　各级进、排气实际压力及压力比

级次	相对压力损失		名义压力 /$10^5\mathrm{Pa}$		$1-\delta_s$	$1+\delta_d$	实际压力/$10^5\mathrm{Pa}$		实际压力比
	进气 δ_s	排气 δ_d	p_s	p_d			$p_s'=p_s(1-\delta_s)$	$p_d'=p_d(1+\delta_d)$	ε'
Ⅰ	0.045	0.08	1.05	3.34	0.955	1.08	1.00	3.61	3.61
Ⅱ	0.032	0.06	3.34	9.35	0.968	1.06	3.23	9.91	3.07
Ⅲ	0.025	0.05	9.35	18	0.975	1.05	9.12	18.90	2.07
Ⅳ	0.020	0.04	18	45.92	0.980	1.04	17.64	47.76	2.71
Ⅴ	0.015	0.03	45.92	124	0.985	1.03	45.23	127.72	2.82
Ⅵ	0.012	0.02	124	321	0.988	1.02	122.51	327.42	2.67

(2)复算各列活塞力。各列最大活塞力的复算结果如表 8-35 所示。

表 8-35　各列最大活塞力

级次	活塞面积/$\mathrm{m^2}$		实际压力/$10^5\mathrm{Pa}$			活塞杆作用力/kN	活塞力/kN	
	轴侧	盖侧	进气 p_s'	排气 p_d'	平衡腔压力	$\frac{\pi}{4}d^2 \times 1.05$	向轴行程	向盖行程
Ⅰ	0.8264	0.8328	1.00	3.61	—	0.668	215.1	-218.0
Ⅱ	0.2577	0.2641	3.23	9.91	—	0.668	169.4	-177.8
Ⅲ	0.1670	—	9.12	18.90	—	—	—	—
Ⅳ	0.0791	—	17.64	47.76	—	—	—	—
Ⅴ	—	0.0314	45.23	127.72	—	—	—	—
Ⅵ	—	0.0079	122.51	327.42	—	—	—	—
Ⅲ-平-Ⅴ	—	0.1420	—	—	1.05	0.668	159.4	-263.0
Ⅳ-平-Ⅵ	—	0.0776	—	—	1.05	0.668	126.6	-126.6

(3)复算各级指示功率。

对于 I ~ IV 级 的 指示功率，根据式（4-38），即 $P_i = \dfrac{n}{60} p'_{sj} \lambda_{vj} V_{hj} \dfrac{n_j}{n_j - 1} \times$

$\left\{ \left[\varepsilon_j (1 + \delta_{0j}) \right]^{\frac{n_j - 1}{n_j}} - 1 \right\}$ 计算，V ~ VI 级考虑到压缩性系数的影响，根据式（4-39）$P_i = \dfrac{n}{60} p'_{sj} \lambda_{vj}$

$\times V_{hj} \dfrac{n_{Tj}}{n_{Tj} - 1} \left\{ \left[\varepsilon_j (1 + \delta_{0j}) \right]^{\frac{n_{Tj} - 1}{n_{Tj}}} - 1 \right\} \dfrac{Z_{sj} + Z_{dj}}{2 Z_{sj}}$ 计算，即各级指示功率计算结果如下。

$$P_{i1} = \frac{n}{60} p'_{s1} \lambda_{v1} V_{h1} \frac{n_1}{n_1 - 1} \left\{ \left[\varepsilon_1 (1 + \delta_{01}) \right]^{\frac{n_1 - 1}{n_1}} - 1 \right\}$$

$$= \frac{375}{60} \times 1.0 \times 0.867 \times 0.5973 \times \frac{1.35}{1.35 - 1} \times \left\{ \left[3.18 (1 + 0.125) \right]^{\frac{1.35 - 1}{1.35}} - 1 \right\} = 489 \text{ kW}$$

$$P_{i2} = \frac{n}{60} p'_{s2} \lambda_{v2} V_{h2} \frac{n_2}{n_2 - 1} \left\{ \left[\varepsilon_2 (1 + \delta_{02}) \right]^{\frac{n_2 - 1}{n_2}} - 1 \right\}$$

$$= \frac{375}{60} \times 3.23 \times 0.852 \times 0.1878 \times \frac{1.35}{1.35 - 1} \times \left\{ \left[2.8 (1 + 0.092) \right]^{\frac{1.35 - 1}{1.35}} - 1 \right\} = 419 \text{ kW}$$

$$P_{i3} = \frac{n}{60} p'_{s3} \lambda_{v3} V_{h3} \frac{n_3}{n_3 - 1} \left\{ \left[\varepsilon_3 (1 + \delta_{03}) \right]^{\frac{n_3 - 1}{n_3}} - 1 \right\}$$

$$= \frac{375}{60} \times 9.12 \times 0.928 \times 0.061 \times \frac{1.35}{1.35 - 1} \times \left\{ \left[2.03 (1 + 0.075) \right]^{\frac{1.35 - 1}{1.35}} - 1 \right\} = 279 \text{ kW}$$

$$P_{i4} = \frac{n}{60} p'_{s4} \lambda_{v4} V_{h4} \frac{n_4}{n_4 - 1} \left\{ \left[\varepsilon_4 (1 + \delta_{04}) \right]^{\frac{n_4 - 1}{n_4}} - 1 \right\}$$

$$= \frac{375}{60} \times 17.64 \times 0.8802 \times 0.0285 \times \frac{1.4}{1.4 - 1} \times \left\{ \left[2.55 (1 + 0.06) \right]^{\frac{1.4 - 1}{1.4}} - 1 \right\} = 318 \text{ kW}$$

$$P_{i5} = \frac{n}{60} p'_{s5} \lambda_{v5} V_{h5} \frac{n_5}{n_5 - 1} \left\{ \left[\varepsilon_5 (1 + \delta_{05}) \right]^{\frac{n_5 - 1}{n_5}} - 1 \right\} \times \frac{Z_{s5} + Z_{d5}}{2 Z_{s5}}$$

$$= \frac{375}{60} \times 45.23 \times 0.8722 \times 0.0113 \times \frac{1.4}{1.4 - 1} \times \left\{ \left[2.74 (1 + 0.045) \right]^{\frac{1.4 - 1}{1.4}} - 1 \right\} \times \frac{1.027 + 1.064}{2 \times 1.027}$$

$$= 348 \text{ kW}$$

$$P_{i6} = \frac{n}{60} p'_{s6} \lambda_{v6} V_{h6} \frac{n_6}{n_6 - 1} \left\{ \left[\varepsilon_6 (1 + \delta_{06}) \right]^{\frac{n_6 - 1}{n_6}} - 1 \right\} \times \frac{Z_{s6} + Z_{d6}}{2 Z_{s6}}$$

$$= \frac{375}{60} \times 122.51 \times 0.8686 \times 0.00283 \times \frac{1.4}{1.4 - 1} \times \left\{ \left[2.59 (1 + 0.032) \right]^{\frac{1.4 - 1}{1.4}} - 1 \right\} \times \frac{1.071 + 1.16}{2 \times 1.071}$$

$$= 223 \text{ kW}$$

各级指示功率与总指示功率的计算结果如表 8-36 所示。

表 8-36　各级指示功率与总指示功率

参数名称	I 级	II 级	III 级	IV 级	V 级	VI 级
指示功率 p_i/kW	489	419	279	318	348	223
总指示功率 p_i/kW	$p_i = \sum\limits_1^6 p_{ij} = 2076$					

(4)复算轴功率。机械效率取 $\eta_{m}=0.93$，根据式(4-48)，压缩机的轴功率为

$$P_{sh}=\frac{P_{i}}{\eta_{m}}=\frac{2076}{0.93}=2232\ kW$$

(5)复算电动机功率。电动机功率为 2500(kW)，由此，功率储备为

$$功率储备=\frac{P_{E}-P_{sh}}{P_{sh}}=\frac{2500-2232}{2232}=12\%$$

结论：经复算性计算，活塞力、容积流量和电动机功率均满足工艺流程变化后的运行要求。但由于第三段抽气的变化，其原Ⅵ级气缸直径需要减小到 $D_{6}=100(mm)$，可以采用加大原Ⅵ级气缸缸套的方法解决。

8.4 动力计算

8.4.1 动力计算的任务及步骤

1.动力计算的任务

动力计算的任务是计算压缩机中各种作用力的大小，为气缸、活塞杆、活塞、连杆、曲轴等强度的设计计算以及轴承、连接螺栓的选取提供依据；确定压缩机所需要的飞轮矩，为压缩机转速的均匀性提供依据；解决惯性力和惯性力矩的平衡问题，确定未平衡惯性力的大小，为压缩机的基础设计提供依据。

2.动力计算的方法和步骤

首先将相对余隙容积折算为相对余隙行程，按照活塞的转角 1°或者 10°为计算步长，从每列的外止点开始，先分别计算出每级或各列的力(气体力、往复惯性力、往复摩擦力，包括向轴行程和向盖行程，且考虑平衡腔的压力和大气压力)；然后合成总切向力，计算所需要的飞轮矩。其具体步骤如下。

(1)各级气体力计算。由式(6-22)～式(6-23)，使用计算机中的 Excel 计算出各过程的气体力。在使用 Excel 计算时，要注意盖侧和轴侧的差别。

①盖侧活塞的位移由式(6-6)确定，轴侧活塞的位移由式(6-24)确定。

②盖侧气缸工作容积气体力计算依据表 6-2 确定。

③轴侧气缸工作容积气体力计算依据表 6-3 确定。

(2)往复惯性力由式(6-26)确定，在初步设计计算时，由于每列的往复运动质量难以确定，通常依据气体力来确定每列的最大往复运动质量，即由式(6-42a)确定。

(3)往复摩擦力为恒值，其值由式(6-44)确定。

(4)合成各列活塞力，依据式(6-46)确定。

(5)计算各列切向力、法向力，依据式(6-52)～式(6-53)确定。

(6)合成切向力，依据式(6-63)确定，合成方法见 6.3 节。

(7)计算平均切向力，依据式(6-67)或式(6-68)确定。

(8)计算所需的飞轮矩，依据式(6-72)确定。

8.4.2 动力计算例题

为了使读者对压缩机热、动力计算有一个完整的概念，以本章中热力计算的实例为例，该机的结构如图 8-1 所示。

1.计算原始数据

由热力计算确定的有关热力参数及主要结构参数如下。各级的热力参数如表 8 - 37 所示。

活塞行程 $S = 360(\text{mm})$;曲轴转速 $n = 375(\text{r/min})$;曲柄连杆比 $\lambda = 0.2$;机械效率 $\eta_m = 0.93$;活塞杆直径 $d = 90(\text{mm})$。

表 8 - 37 各级的其他热力参数如下

级次	I	II	III	IV	V	VI
各级实际进气压力/10^5 Pa	0.97	2.87	8.78	16.94	47.97	135.65
各级实际排气压力/10^5 Pa	3.21	9.56	22.45	50.7	140.73	327.74
各级气缸直径/mm	1030	580	470	330	200	120
各级指示功率/kW	452	413	316	329	368	316
各级气缸的相对余隙容积	0.0824	0.10	0.116	0.12	0.1307	0.16
相对余隙容积折合相对余隙行程/mm $S_c = \alpha S$	29.7	36.0	41.8	43.2	47.1	57.6

在计算气体力时,注意盖侧气体力计算和轴侧气体力计算差异,表 8 - 38 为盖侧气体力计算用表,表 8 - 37 为轴侧气体力计算用表。

盖侧活塞位移计算公式

$$x_i = r\left[(1 - \cos\theta) + \frac{1}{\lambda}(1 - \sqrt{1 - \lambda^2 \sin^2\theta})\right]$$

表 8 - 38 盖侧气缸工作容积气体力计算用表

角度	活塞位移/x_i	膨胀过程/Pa	进气过程/Pa	压缩过程/Pa	排气过程/Pa	气体力/N
θ	$r\left[(1 - \cos\theta) + \frac{1}{\lambda}(1 - \sqrt{1 - \lambda^2 \sin^2\theta})\right]$	$p_i = \left(\dfrac{S_0}{x_i + S_0}\right)^m p_3$	$p_i = p_1$	$p_i = \left(\dfrac{S + S_0}{x + S_0}\right)^n p_1$	$p_i = p_3$	$F_g = -p_i A_G$
0	0	p_3				
10		$\vdots$				
$\vdots$		$p_i \leqslant p_1$ 取 $p_i = p_1$	p_1			
180		$\vdots$	$\vdots$	p_1		$\vdots$
$\vdots$				$p_i \geqslant p_3$ 取 $p_i = p_3$	p_3	
350						

轴侧活塞位移计算公式

$$x_i = r\left[(1 + \cos\theta) - \frac{1}{\lambda}(1 - \sqrt{1 - \lambda^2 \sin^2\theta})\right]$$

轴侧气缸工作容积气体力计算用表如表 8-39 所示。

表 8-39 轴侧气缸工作容积气体力计算

角度	活塞位移/x_i	膨胀过程/Pa	进气过程/Pa	压缩过程/Pa	排气过程/Pa	气体力/N
θ	$r\left[(1+\cos\theta)-\dfrac{1}{\lambda}(1-\sqrt{1-\lambda^2\sin^2\theta})\right]$	$p_i=\left(\dfrac{S_0}{x_i+S_0}\right)^m p_3$	$p_i=p_1$	$p_i=\left(\dfrac{S+S_0}{x+S_0}\right)^n p_1$	$p_i=p_3$	$F_g=-p_iA_z$
180	0	p_3				
190		$\vdots$				
$\vdots$	$\vdots$	$p_i\leqslant p_1$ 取 $p_i=p_1$	p_1			
0	$\vdots$		$\vdots$	p_1		$\vdots$
10				$\vdots$		
$\vdots$				$p_i\geqslant p_3$ 取 $p_i=p_3$	p_3	
180					$\vdots$	

2.计算各种作用力

第Ⅰ、Ⅱ、Ⅲ-平-Ⅴ、Ⅳ-平-Ⅵ各级各种力计算值如表 8-40、表 8-41、表 8-42、表 8-43 所示。

表 8-40 第Ⅰ级各种力计算值

角度/℃	盖侧位移/m	轴侧位移/m	盖侧过程/10^5 Pa	轴侧过程/10^5 Pa	气体力/100 kN	往复惯性力/100 kN	摩擦力/100 kN	活塞力/100 kN	切向力/100 kN
0	0	0.36	3.21	0.97	-1.87168	2.14849	0.052405797	0.329215	0
10	0.003278	0.35672247	2.832146	0.981456	-1.54754	2.099694	0.052405797	0.604564	0.125671189
20	0.012963	0.3470366	2.081332	1.016708	-0.89313	1.95674	0.052405797	1.11602	0.453605947
30	0.028627	0.33137327	1.431951	1.078534	-0.30123	1.72958	0.052405797	1.480757	0.869262033
40	0.04958	0.31041985	0.992096	1.171997	0.142321	1.433712	0.052405797	1.628439	1.208452377
50	0.074924	0.28507621	0.97	1.305202	0.270803	1.088672	0.052405797	1.41188	1.222267288
60	0.103603	0.2563972	0.97	1.490573	0.423994	0.716163	0.052405797	1.192563	1.137653362
70	0.134474	0.22552634	0.97	1.746988	0.635895	0.338049	0.052405797	1.02635	1.031622871
80	0.166373	0.19362676	0.97	2.103298	0.93035	-0.02559	0.052405797	0.95717	0.976019644
90	0.198184	0.16181631	0.97	2.604226	1.344317	-0.35808	0.052405797	1.038641	1.038640766
100	0.228887	0.13111342	0.97	3.21	1.844928	-0.64739	0.052405797	1.249946	1.187351771
110	0.257601	0.10239909	0.97	3.21	1.844928	-0.88666	0.052405797	1.010672	0.883577492

角度/℃	盖侧位移/m	轴侧位移/m	盖侧过程/10^5 Pa	轴侧过程/10^5 Pa	气体力/100 kN	往复惯性力/100 kN	摩擦力/100 kN	活塞力/100 kN	切向力/100 kN
120	0.283603	0.0763972	0.97	3.21	1.844928	−1.07424	0.052405797	0.823089	0.64044052
130	0.306327	0.05367267	0.97	3.21	1.844928	−1.21303	0.052405797	0.684302	0.456009725
140	0.325356	0.03464385	0.97	3.21	1.844928	−1.30935	0.052405797	0.587982	0.319558093
150	0.340396	0.01960412	0.97	3.21	1.844928	−1.3715	0.052405797	0.525836	0.217149787
160	0.351253	0.00874726	0.97	3.21	1.844928	−1.40813	0.052405797	0.489207	0.135799226
170	0.357808	0.00219167	0.97	3.21	1.844928	−1.42672	0.052405797	0.470613	0.065615436
180	0.36	0	0.97	3.21	1.844928	−1.43233	0.052405797	0.465007	4.55763E−17
190	0.357808	0.00219167	0.977635	2.94789	1.621962	−1.42672	−0.0524058	0.142835	−0.019914903
200	0.351253	0.00874726	1.0011	2.357174	1.114252	−1.40813	−0.0524058	−0.34628	0.096124099
210	0.340396	0.01960412	1.042157	1.750665	0.578842	−1.3715	−0.0524058	−0.84506	0.348977845
220	0.325356	0.03464385	1.104027	1.273339	0.132854	−1.30935	−0.0524058	−1.2289	0.667887959
230	0.306327	0.05367267	1.191887	0.97	−0.191	−1.21303	−0.0524058	−1.45643	0.970548717
240	0.283603	0.0763972	1.313743	0.97	−0.29248	−1.07424	−0.0524058	−1.41913	1.10421424
250	0.257601	0.10239909	1.481898	0.97	−0.43252	−0.88666	−0.0524058	−1.37158	1.199104834
260	0.228887	0.13111342	1.715509	0.97	−0.62707	−0.64739	−0.0524058	−1.32686	1.260415203
270	0.198184	0.16181631	2.045056	0.97	−0.90151	−0.35808	−0.0524058	−1.312	1.312001949
280	0.166373	0.19362676	2.520465	0.97	−1.29743	−0.02559	−0.0524058	−1.37543	1.402512786
290	0.134474	0.22552634	3.21	0.97	−1.87168	0.338049	−0.0524058	−1.58604	1.594184987
300	0.103603	0.2563972	3.21	0.97	−1.87168	0.716163	−0.0524058	−1.20792	1.152306199
310	0.074924	0.28507621	3.21	0.97	−1.87168	1.088672	−0.0524058	−0.83541	0.72321938
320	0.04958	0.31041985	3.21	0.97	−1.87168	1.433712	−0.0524058	−0.49037	0.363902484
330	0.028627	0.33137327	3.21	0.97	−1.87168	1.72958	−0.0524058	−0.19451	0.114182727
340	0.012963	0.3470366	3.21	0.97	−1.87168	1.95674	−0.0524058	0.032654	−0.013272101
350	0.003278	0.35672247	3.21	0.97	−1.87168	2.099694	−0.0524058	0.175608	−0.036503871
360	0	0.36	3.21	0.97	−1.87168	2.14849	−0.0524058	0.224404	−6.59827E−17

表 8－41　第Ⅱ级各种力计算值

角度/℃	盖侧位移/m	轴侧位移/m	盖侧过程/10^5 Pa	轴侧过程/10^5 Pa	气体力/100 kN	往复惯性力/100 kN	摩擦力/100 kN	活塞力/100 kN	切向力/100 kN
0	0	0.36	−9.56	2.87	−1.785197	2.14848951	0.048232	0.411524	0
10	0.003277535	0.356722465	−8.57943082	2.903347	−1.517635	2.09969423	0.048232	0.630291	0.131019135
20	0.012963397	0.347036603	−6.52476904	3.005898	−0.948572	1.95673952	0.048232	1.0564	0.4293735

角度/℃	盖侧位移/m	轴侧位移/m	盖侧过程/10^5 Pa	轴侧过程/10^5 Pa	气体力/100 kN	往复惯性力/100 kN	摩擦力/100 kN	活塞力/100 kN	切向力/100 kN
30	0.028626734	0.331373266	−4.62225218	3.185508	−0.399831	1.72957954	0.048232	1.37798	0.808927796
40	0.049580152	0.310419848	−3.26120626	3.456451	0.0294428	1.43371226	0.048232	1.511387	1.121588745
50	0.074923787	0.285076213	−2.87	3.84143	0.2319695	1.08867181	0.048232	1.368873	1.185035947
60	0.103602798	0.256397202	−2.87	4.374974	0.3694637	0.71616317	0.048232	1.133859	1.081652455
70	0.13447366	0.22552634	−2.87	5.108951	0.5586097	0.33804917	0.048232	0.944891	0.949745191
80	0.166373236	0.193626764	−2.87	6.121487	0.8195402	−0.0255855	0.048232	0.842186	0.858771788
90	0.198183693	0.161816307	−2.87	7.531369	1.1828667	−0.3580816	0.048232	0.873017	0.873016969
100	0.22888658	0.13111342	−2.87	9.521217	1.6956506	−0.6473877	0.048232	1.096495	1.041584935
110	0.257600912	0.102399088	−2.87	9.56	1.705645	−0.886662	0.048232	0.867215	0.758160618
120	0.283602798	0.076397202	−2.87	9.56	1.705645	−1.0742448	0.048232	0.679632	0.528817578
130	0.306327327	0.053672673	−2.87	9.56	1.705645	−1.2130322	0.048232	0.540845	0.360411889
140	0.325356151	0.034643849	−2.87	9.56	1.705645	−1.3093518	0.048232	0.444525	0.241591727
150	0.340395879	0.019604121	−2.87	9.56	1.705645	−1.371498	0.048232	0.382379	0.157907652
160	0.351252741	0.008747259	−2.87	9.56	1.705645	−1.4081267	0.048232	0.34575	0.095976954
170	0.357808326	0.002191674	−2.87	9.56	1.705645	−1.426721	0.048232	0.327156	0.045613881
180	0.36	0	−2.87	9.56	1.705645	−1.4323263	0.048232	0.321551	3.15158E−17
190	0.357808326	0.002191674	−2.89222585	8.883426	1.525422	−1.426721	−0.04823	0.050469	−0.00703668
200	0.351252741	0.008747259	−2.96050535	7.296821	1.0985212	−1.4081267	−0.04823	−0.35784	0.099332236
210	0.340395879	0.019604121	−3.0798662	5.571379	0.6223518	−1.371498	−0.04823	−0.79738	0.329286168
220	0.325356151	0.034643849	−3.25947704	4.138427	0.2056446	−1.3093518	−0.04823	−1.15194	0.626059081
230	0.306327327	0.053672673	−3.51402158	3.077384	−0.135011	−1.2130322	−0.04823	−1.39628	0.930459837
240	0.283602798	0.076397202	−3.86606819	2.87	−0.28143	−1.0742448	−0.04823	−1.40391	1.092370811
250	0.257600912	0.102399088	−4.35006173	2.87	−0.409252	−0.886662	−0.04823	−1.34415	1.175116674
260	0.22888658	0.13111342	−5.01908865	2.87	−0.585942	−0.6473877	−0.04823	−1.28156	1.217384319
270	0.198183693	0.161816307	−5.95654548	2.87	−0.833525	−0.3580816	−0.04823	−1.23984	1.23983813
280	0.166373236	0.193626764	−7.29668217	2.87	−1.187455	−0.0255855	−0.04823	−1.26127	1.286110592
290	0.13447366	0.22552634	−9.261356	2.87	−1.706325	0.33804917	−0.04823	−1.41651	1.423785228
300	0.103602798	0.256397202	−9.56	2.87	−1.785197	0.71616317	−0.04823	−1.11727	1.065823406
310	0.074923787	0.285076213	−9.56	2.87	−1.785197	1.08867181	−0.04823	−0.74476	0.644737528
320	0.049580152	0.310419848	−9.56	2.87	−1.785197	1.43371226	−0.04823	−0.39972	0.296626677
330	0.028626734	0.331373266	−9.56	2.87	−1.785197	1.72957954	−0.04823	−0.10385	0.060963599
340	0.012963397	0.347036603	−9.56	2.87	−1.785197	1.95673952	−0.04823	0.123311	−0.050119586
350	0.003277535	0.356722465	−9.56	2.87	−1.785197	2.09969423	−0.04823	0.266265	−0.0553488
360	0	0.36	−9.56	2.87	−1.785197	2.14848951	−0.04823	0.315061	−9.2639E−17

表 8-42　Ⅲ-平-Ⅴ级各种力计算值

角度/℃	盖侧位移/m	轴侧位移/m	盖侧过程/10⁵ Pa	轴侧过程/10⁵ Pa	气体力/100 kN	往复惯性力/100 kN	摩擦力/100 kN	活塞力/100 kN	切向力/100 kN
0	0	0.36	−140.73	8.78	−3.0975	2.14849	0.079304	−0.86971	0
10	0.003278	0.3567225	−128.069	8.8805408	−2.68316	2.099694	0.079304	−0.50416	−0.104799517
20	0.012963	0.3470366	−100.099	9.1895448	−1.75328	1.95674	0.079304	0.28276	0.114927753
30	0.028627	0.3313733	−72.349	9.7301	−0.79167	1.72958	0.079304	1.017212	0.597142695
40	0.04958	0.3104198	−51.3837	10.544004	0.002559	1.433712	0.079304	1.515576	1.124697364
50	0.074924	0.2850762	−47.97	11.697399	0.302368	1.088672	0.079304	1.470344	1.272879192
60	0.103603	0.2563972	−47.97	13.290131	0.568354	0.716163	0.079304	1.363821	1.301026852
70	0.134474	0.2255263	−47.97	15.47072	0.932512	0.338049	0.079304	1.349866	1.356800735
80	0.166373	0.1936268	−47.97	18.459978	1.431718	−0.02559	0.079304	1.485437	1.514690099
90	0.198184	0.1618163	−47.97	22.45	2.098052	−0.35808	0.079304	1.819275	1.819274763
100	0.228887	0.1311134	−47.97	22.45	2.098052	−0.64739	0.079304	1.529969	1.453351458
110	0.257601	0.1023991	−47.97	22.45	2.098052	−0.88666	0.079304	1.290694	1.128386558
120	0.283603	0.0763972	−47.97	22.45	2.098052	−1.07424	0.079304	1.103112	0.858324343
130	0.306327	0.0536727	−47.97	22.45	2.098052	−1.21303	0.079304	0.964324	0.642613139
140	0.325356	0.0346438	−47.97	22.45	2.098052	−1.30935	0.079304	0.868005	0.471745535
150	0.340396	0.0196041	−47.97	22.45	2.098052	−1.3715	0.079304	0.805858	0.332788227
160	0.351253	0.0087473	−47.97	22.45	2.098052	−1.40813	0.079304	0.76923	0.213530817
170	0.357808	0.0021917	−47.97	22.45	2.098052	−1.42672	0.079304	0.750635	0.104657725
180	0.36	0	−47.97	22.45	2.098052	−1.43233	0.079304	0.74503	7.30218E−17
190	0.357808	0.0021917	−48.3339	21.014287	1.84686	−1.42672	−0.0793	0.340835	−0.047521041
200	0.351253	0.0087473	−49.4513	17.559243	1.234782	−1.40813	−0.0793	−0.25265	0.070132955
210	0.340396	0.0196041	−51.4021	13.653794	0.521317	−1.3715	−0.0793	−0.92949	0.38384123
220	0.325356	0.0346438	−54.3316	10.286177	−0.13306	−1.30935	−0.0793	−1.52172	0.827027384
230	0.306327	0.0536727	−58.4712	8.78	−0.51458	−1.21303	−0.0793	−1.80691	1.204102927
240	0.283603	0.0763972	−64.1734	8.78	−0.69362	−1.07424	−0.0793	−1.84717	1.437273745
250	0.257601	0.1023991	−71.9701	8.78	−0.93844	−0.88666	−0.0793	−1.90441	1.664923801
260	0.228887	0.1311134	−82.6689	8.78	−1.27438	−0.64739	−0.0793	−2.00108	1.900866483
270	0.198184	0.1618163	−97.513	8.78	−1.74049	−0.35808	−0.0793	−2.17787	2.177873425
280	0.166373	0.1936268	−118.45	8.78	−2.39791	−0.02559	−0.0793	−2.5028	2.552091576
290	0.134474	0.2255263	−140.73	8.78	−3.0975	0.338049	−0.0793	−2.83876	2.853341463
300	0.103603	0.2563972	−140.73	8.78	−3.0975	0.716163	−0.0793	−2.46064	2.347347689
310	0.074924	0.2850762	−140.73	8.78	−3.0975	1.088672	−0.0793	−2.08813	1.807701804

角度/℃	盖侧位移/m	轴侧位移/m	盖侧过程/10^5 Pa	轴侧过程/10^5 Pa	气体力/100 kN	往复惯性力/100 kN	摩擦力/100 kN	活塞力/100 kN	切向力/100 kN
320	0.04958	0.3104198	−140.73	8.78	−3.0975	1.433712	−0.0793	−1.74309	1.293536898
330	0.028627	0.3313733	−140.73	8.78	−3.0975	1.72958	−0.0793	−1.44723	0.849578331
340	0.012963	0.3470366	−140.73	8.78	−3.0975	1.95674	−0.0793	−1.22007	0.495895939
350	0.003278	0.3567225	−140.73	8.78	−3.0975	2.099694	−0.0793	−1.07711	0.223900198
360	0	0.36	−140.73	8.78	−3.0975	2.14849	−0.0793	−1.02832	3.02362E−16

表 8 – 43　Ⅳ-平-Ⅵ级各种力计算值

角度/℃	盖侧位移/m	轴侧位移/m	盖侧过程/10^5 Pa	轴侧过程/10^5 Pa	气体力/100kN	往复惯性力/100kN	摩擦力/100kN	活塞力/100kN	切向力/100kN
0	0	0.36	−327.74	16.94	−2.43919	2.1484895	0.074783	−0.21592	0
10	0.003278	0.356722	−300.47128	17.13468	−2.11566	2.0996942	0.074783	0.058821	0.012227085
20	0.012963	0.347037	−238.94894	17.73303	−1.37312	1.9567395	0.074783	0.658398	0.267605649
30	0.028627	0.331373	−175.99474	18.77979	−0.57894	1.7295795	0.074783	1.225419	0.719368349
40	0.04958	0.31042	−135.65	20.35593	0.001625	1.4337123	0.074783	1.51012	1.120648271
50	0.074924	0.285076	−135.65	22.58952	0.178302	1.0886718	0.074783	1.341756	1.16156081
60	0.103603	0.256397	−135.65	25.67375	0.422265	0.7161632	0.074783	1.21321	1.157350403
70	0.134474	0.225526	−135.65	29.89564	0.756216	0.3380492	0.074783	1.169048	1.175053687
80	0.166373	0.193627	−135.65	35.68117	1.213851	−0.025586	0.074783	1.263048	1.287921712
90	0.198184	0.161816	−135.65	43.66549	1.845412	−0.358082	0.074783	1.562113	1.562112529
100	0.228887	0.131113	−135.65	50.7	2.401841	−0.647388	0.074783	1.829236	1.737632125
110	0.257601	0.102399	−135.65	50.7	2.401841	−0.886662	0.074783	1.589962	1.390020268
120	0.283603	0.076397	−135.65	50.7	2.401841	−1.074245	0.074783	1.402379	1.091182357
130	0.306327	0.053673	−135.65	50.7	2.401841	−1.213032	0.074783	1.263591	0.84204098
140	0.325356	0.034644	−135.65	50.7	2.401841	−1.309352	0.074783	1.167272	0.634392147
150	0.340396	0.019604	−135.65	50.7	2.401841	−1.371498	0.074783	1.105126	0.456373986
160	0.351253	0.008747	−135.65	50.7	2.401841	−1.408127	0.074783	1.068497	0.296604556
170	0.357808	0.002192	−135.65	50.7	2.401841	−1.426721	0.074783	1.049903	0.146383218
180	0.36	0	−135.65	50.7	2.401841	−1.432326	0.074783	1.044297	1.02354E−16
190	0.357808	0.002192	−136.66872	47.41876	2.130783	−1.426721	−0.07478	0.629279	−0.08773762
200	0.351253	0.008747	−139.79554	39.51312	1.470114	−1.408127	−0.07478	−0.0128	0.003551846
210	0.340396	0.019604	−145.25155	30.57046	0.701097	−1.371498	−0.07478	−0.74518	0.307731843
220	0.325356	0.034644	−153.43785	22.86898	−0.0006	−1.309352	−0.07478	−1.38473	0.752576988

角度 /℃	盖侧位移/m	轴侧位移/m	盖侧过程 /10⁵Pa	轴侧过程 /10⁵Pa	气体力 /100kN	往复惯性力 /100kN	摩擦力 /100kN	活塞力 /100kN	切向力 /100kN
230	0.306327	0.053673	−164.99136	17.01523	−0.59418	−1.213032	−0.07478	−1.882	1.254138163
240	0.283603	0.076397	−180.87954	16.94	−0.77967	−1.074245	−0.07478	−1.9287	1.500706587
250	0.257601	0.102399	−202.55555	16.94	−1.02461	−0.886662	−0.07478	−1.98605	1.736301608
260	0.228887	0.131113	−232.21214	16.94	−1.35973	−0.647388	−0.07478	−2.0819	1.977641038
270	0.198184	0.161816	−273.19885	16.94	−1.82288	−0.358082	−0.07478	−2.25574	2.255741255
280	0.166373	0.193627	−330.70936	16.94	−2.47275	−0.025586	−0.07478	−2.57311	2.623786596
290	0.134474	0.225526	−327.74	16.94	−2.43919	0.3380492	−0.07478	−2.17593	2.187104387
300	0.103603	0.256397	−327.74	16.94	−2.43919	0.7161632	−0.07478	−1.79781	1.715034737
310	0.074924	0.285076	−327.74	16.94	−2.43919	1.0886718	−0.07478	−1.4253	1.233887181
320	0.04958	0.31042	−327.74	16.94	−2.43919	1.4337123	−0.07478	−1.08026	0.801654494
330	0.028627	0.331373	−327.74	16.94	−2.43919	1.7295795	−0.07478	−0.7844	0.460470363
340	0.012963	0.347037	−327.74	16.94	−2.43919	1.9567395	−0.07478	−0.55724	0.2264881
350	0.003278	0.356722	−327.74	16.94	−2.43919	2.0996942	−0.07478	−0.41428	0.08611681
360	0	0.36	−327.74	16.94	−2.43919	2.1484895	−0.07478	−0.36549	1.07466E−16

各列活塞力如图 8-2 所示。

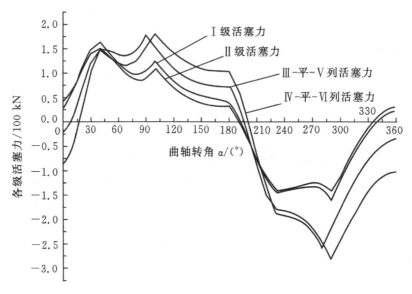

图 8-2　各列活塞力图

3.切向力的合成

在切向力合成时要注意到两列曲柄的错角,按照第 6 章切向力的合成原则,第一列和第二列曲柄错角为180°,所以合成总的切向力为两列同角度切向力叠加。图 8-3 表示了Ⅰ级对应的列和Ⅳ-平-Ⅵ级对应的列合成切向力。

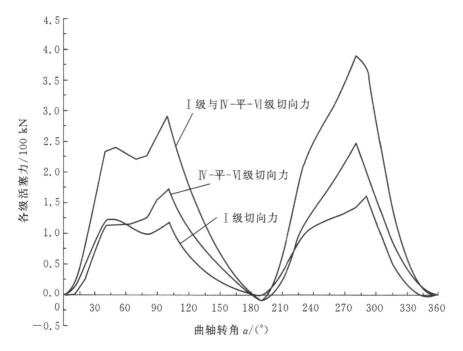

图 8-3　Ⅰ列与Ⅱ列切向力及切向力合成图

同理,Ⅱ级所对应的列与Ⅲ-平-Ⅴ对应的列合成切向力,也为两列同角度切向力叠加,图 8-4 表示了该两列切向力的合成。

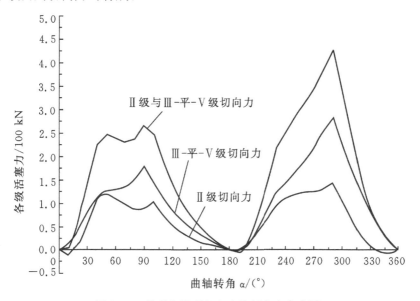

图 8-4　Ⅲ列与Ⅳ列切向力及切向力合成图

在合成前两列与后两列切向力时,由于它们之间的曲柄错角为90°,如果以前两列(前置列)的合成切向力为基准,则总的切向力为前置列曲柄转角 α 所对应的切向力与后两列(后置列) $\alpha+90°$ 所对应的切向力叠加。图 8-5 表示了总合成切向力的曲线。

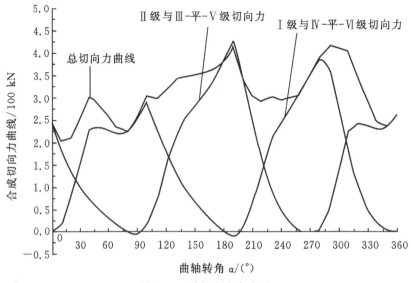

图 8-5 总切向力合成图

4.计算飞轮矩

(1)旋转摩擦力。旋转摩擦力依据式(6-45)确定,并加到总切向力中。

$$F_r=0.4\frac{P_i(1/\eta_m-1)\times60}{\pi Sn}=0.4\times\frac{2197\times(\frac{1}{0.93}-1)\times60\times1000}{3.1416\times0.36\times375}=9357.8\text{ N}$$

(2)计算平均切向力。在总切向力计入旋转摩擦力后,用 Excel 自动求平均值: $F_{Tm}=333.603(\text{kN})$,按照式(6-68),根据热力计算所得出的平均切向力为

$$T'_m=\frac{P_i\frac{1}{\eta_m}\times60}{\pi Sn}=\frac{2197\times\frac{1}{0.92}\times60\times1000}{3.14159\times0.36\times375}=337.8\text{ kN}$$

其误差 $\Delta=\frac{333.603-337.8}{333.603}=-1.25\%$, Δ 在允许的误差范围内。

(3)确定所需的飞轮矩。

①当I级与IV-平-VI超前于II级与III-平-V级时,即逆时针旋转时,依据式(6-73),利用 Excel 自动求取总切向力图进行积分,如图 8-6 所示,依次求出 $A—B$ 段、 $A—C$ 段、 $A—D$ 段、 $A—E$ 段、 $A—F$ 段和 $A—G$ 段中的 L_1 、 L_2 、 L_3 、 L_4 、 L_5 、 L_6 和 L_7 ,其中 L_7 应等于零。再在 L_1 ,…, L_6 中找出最大值和最小值,则 $L_{max}=12.09908(\text{kN})$, $L_{min}=-3.750894(\text{kN})$, $L=L_{max}-L_{min}=12.09908+3.750894=15.84997(\text{kN})$ 。

再根据式(6-72)求取飞轮矩,选择 $\delta=\frac{1}{100}$ 。

$$GD^2\approx3600\frac{L}{n^2\delta}=3600\times\frac{15.84997}{375^2\times\frac{1}{100}}=40.576\text{ kN}\cdot\text{m}^2$$

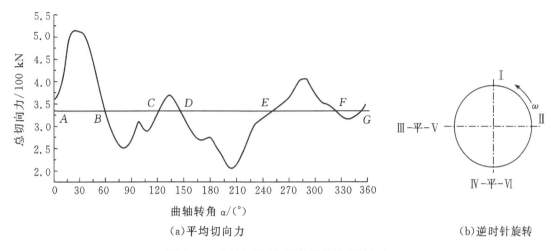

（a）平均切向力　　　　　　　　（b）逆时针旋转

图 8 - 6　Ⅰ级与Ⅳ-平-Ⅵ级超前平均切向力

　　②Ⅰ级与Ⅳ-平-Ⅵ级落后于Ⅱ级与Ⅲ-平-Ⅴ级时,即顺时针旋转时,计算方法相同,如图 8 - 7 所示。依次求出 $A—B$ 段、$A—C$ 段、$A—D$ 段、$A—E$ 段和 $A—F$ 段中的 L_1、L_2、L_3、L_4 和 L_5,其中 L_5 应等于零。在 $L_1,\cdots,L_5$ 中找出最大值和最小值,则

$$L_{max}=3.78364 \text{ kN}, L_{min}=-12.4951 \text{ kN}$$
$$L=L_{max}-L_{min}=3.78364+12.4951=16.2787 \text{ kN}$$

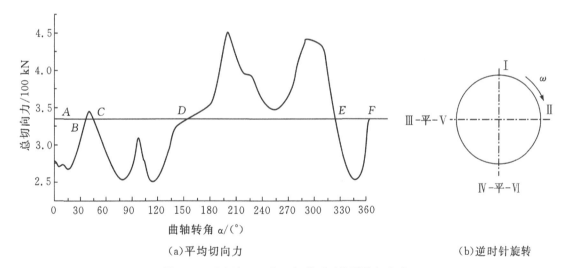

（a）平均切向力　　　　　　　　（b）逆时针旋转

图 8 - 7　Ⅰ级与Ⅳ-平-Ⅵ级落后时的平均切向力

其飞轮矩为

$$GD^2 \approx 3600\frac{L}{n^2\delta}=3600\times\frac{16.2787}{375^2\times\dfrac{1}{100}}=41.674 \text{kN} \cdot \text{m}^2$$

　　由此,可以看出,当选择飞轮矩为 $41.674 \text{kN} \cdot \text{m}^2$ 时,无论压缩机的转向为顺时针或者逆时针均能满足要求。

附　录

附录1　常用气体的物理参数

气体	化学式	分子量	气体常数/J·(kg·K)⁻¹	密度/(kg·m⁻²) 当t=0℃ p=1.013×10⁵Pa	临界参数			摩尔比热/kJ·(kmol·℃)⁻¹ (当p=1.013×10⁵Pa)			质量比热/kJ·(kmol·℃)⁻¹ (当p=1.013×10⁵Pa)	绝热指数 (当t=0℃ p=1.013×10⁵Pa)
					T_0/K	p_0/10⁵Pa	Z_0	0℃	100℃	200℃		
氩气	Ar	39.94	208.2	1.7839	150.6	48.6	0.290	20.73	20.73	20.73	0.519	1.68
氦气	He	4.00	2077.7	0.1785	5.0	2.3	0.300	20.84	20.84	20.84	5.207	1.66
氢气	H_2	2.02	4125.0	0.08987	32.8	12.9	0.304	28.62	29.13	29.24	14.195	1.41
氧气	O_2	32.0	259.9	1.42895	154.6	50.8	0.202	29.28	29.88	30.82	0.915	1.40
空气	—	28.96	287.2	1.2928	132.5	37.7	—	29.10	29.22	29.71	1.005	1.40
一氧化碳	CO	28.01	296.9	1.250	133.0	35	0.294	29.13	29.26	29.65	1.040	1.40
氯气	Cl_2	70.91	117.3	3.220	417.0	77.1	0.276	33.49	35.34	36.09	4.723	1.36
硫化氢	H_2S	34.08	244.1	1.5392	373.4	90.0	—	33.81	34.96	36.40	0.992	1.33
二氧化碳	CO_2	44.01	188.9	1.9768	304.0	73.8	0.274	35.87	40.21	43.69	0.815	1.31
甲烷	CH_4	16.03	518.9	0.7168	190.5	46.4	—	34.73	39.28	45.03	2.165	1.32
氨气	NH_3	17.03	488.3	0.7714	405.4	11.30	0.276	34.80	37.79	40.86	2.043	1.31
二氧化硫	SO_2	64.06	129.8	2.9263	430.5	78.8	—	38.89	42.38	45.69	0.607	1.27
乙烯	C_2H_4	28.05	296.5	1.2605	282.9	51.9	—	40.93	51.24	61.04	1.459	1.26
乙炔	C_2H_2	26.04	319.4	1.1709	308.5	62.4	—	41.92	48.69	53.88	1.610	1.25
乙烷	C_2H_6	30.07	276.6	1.356	305.3	48.6	—	49.52	62.16	74.78	1.647	1.20
丙烷	C_3H_8	44.09	188.6	2.01	309.8	42.7	—	68.30	88.93	108.38	1.549	1.16
丙烯	C_3H_6	42.08	197.6	1.915	364.9	46.0	—	60.09	76.03	90.90	1.428	1.16
苯	C_6H_6	78.10	1065.5	3.49	562.5	49.2	—	73.65	104.28	130.89	0.943	1.127
环己烷	C_6H_{12}	84.10	98.9	3.75	552.9	40.3	—	92.01	138.49	179.93	1.094	1.10
丁烷	C_4H_{10}	58.12	143.1	2.703	425.0	38.0	—	92.53	117.82	142.72	1.592	1.10
戊烷	C_5H_{12}	72.15	115.3	3.457	469.6	33.7	—	14.93	146.10	176.58	1.593	1.03
己烷	C_6H_{14}	86.17	96.5	3.845	507.7	30.1	—	38.05	174.33	210.59	1.602	1.06
庚烷	C_7H_{16}	100.18	83.1	4.459	540.0	27.4	—	61.32	202.37	244.27	1.610	1.05

各种温度时的水蒸气饱和蒸汽压密度如附表2所示。

附录2 各种温度时的水蒸气饱和蒸汽压及密度

t /℃	p_s /N·m^{-2}	ρ_s /kg·m^{-3}	t /℃	p_s /(N·m^{-2})	ρ_s /(kg·m^{-3})
10	1228	0.00940	28	3779	0.02722
11	1312	0.01001	29	4004	0.02875
12	1402	0.01066	30	4241	0.03036
13	1497	0.01134	31	4491	0.03205
14	1597	0.01206	32	4753	0.03381
15	1704	0.01282	33	5029	0.03565
16	1817	0.01363	34	5318	0.03758
17	1936	0.01447	35	5622	0.03960
18	2062	0.01536	36	5940	0.04172
19	2196	0.01630	37	6247	0.04393
20	2337	0.01729	38	6624	0.04623
21	2486	0.01833	39	6991	0.04864
22	2643	0.01942	40	7375	0.05115
23	2808	0.02057	41	7777	0.05376
24	2982	0.02177	42	8198	0.05649
25	3166	0.02304	43	8639	0.05935
26	3360	0.02437	44	9101	0.06234
27	3564	0.02576	45	9584	0.06545

附录3 常用气体压缩性系数 Z 值曲线图

常用气体中氮气、氮氢混合气、氢气、空气、氧气、甲烷、一氧化碳、二氧化碳、乙烷、氧气、丙烷、乙烯、丙烯的压缩性系数 Z 值曲线图如附图1～附图13所示，气体通用压缩性系数 Z 值曲线如附图14所示。

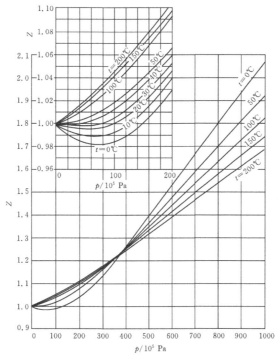

附图1 氮气的压缩性系数 Z 值曲线

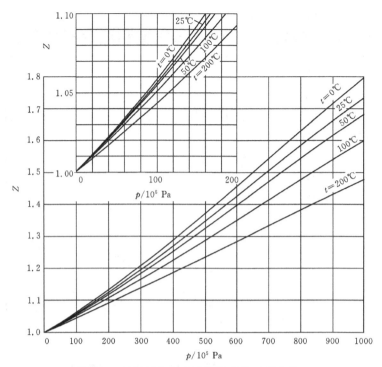

附图 2　氮氢混合气的压缩性系数 Z 值曲线

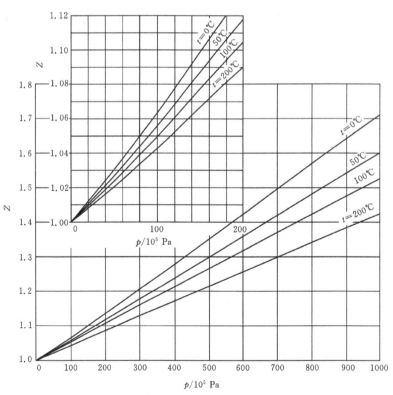

附图 3　氢气的压缩性系数 Z 值曲线

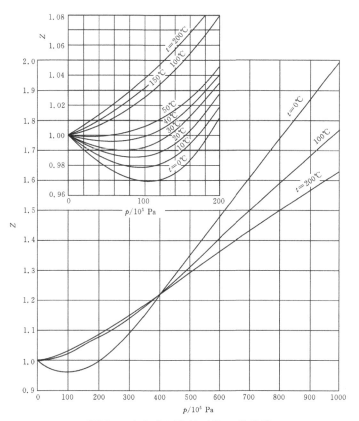

附图 4　空气的压缩性系数 Z 值曲线

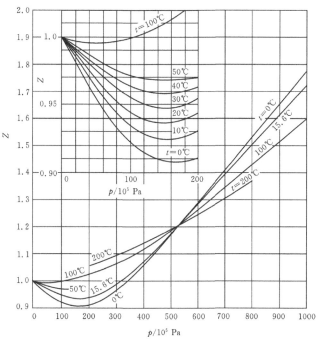

附图 5　氧气的压缩性系数 Z 值曲线

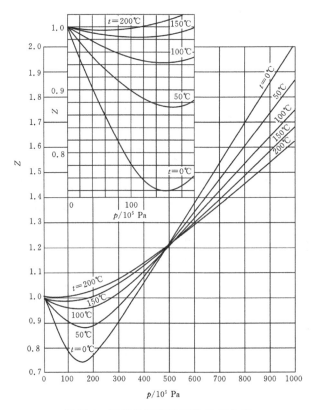

附图 6　甲烷的压缩性系数 Z 值曲线

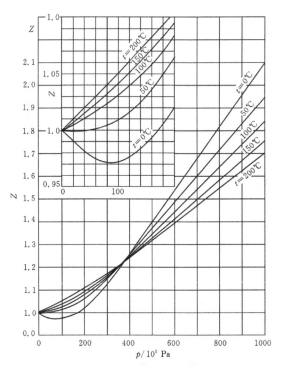

附图 7　一氧化碳的压缩性系数 Z 值曲线

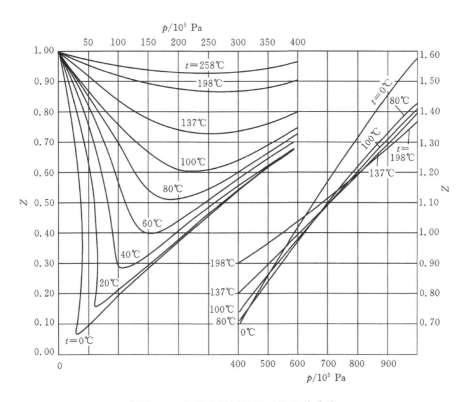

附图 8 二氧化碳的压缩性系数 Z 值曲线

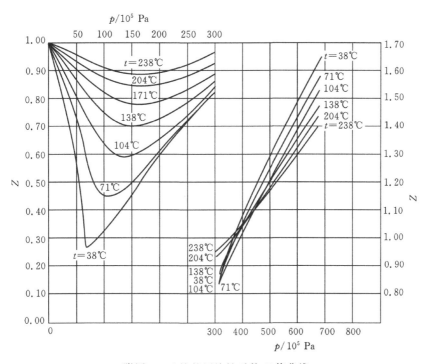

附图 9 乙烷的压缩性系数 Z 值曲线

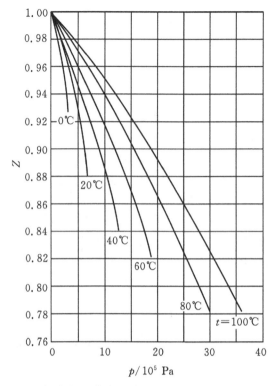

附图 10　氯气的压缩性系数 Z 值曲线

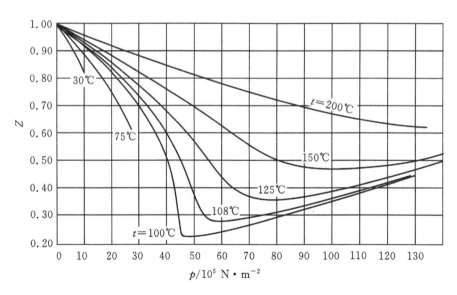

附图 11　丙烷的压缩性系数 Z 值曲线

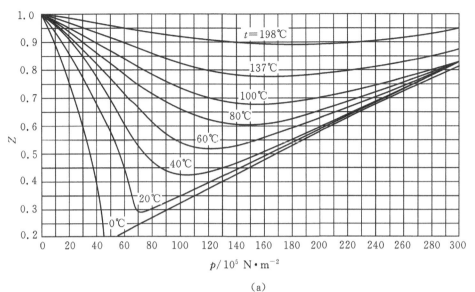

(a)

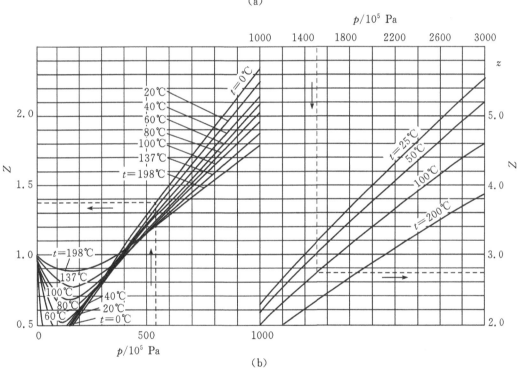

(b)

附图 12　乙烯的压缩性系数 Z 值曲线

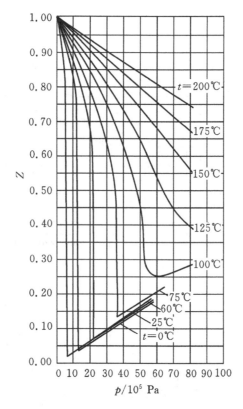

附图 13　丙烯的压缩性系数 Z 值曲线

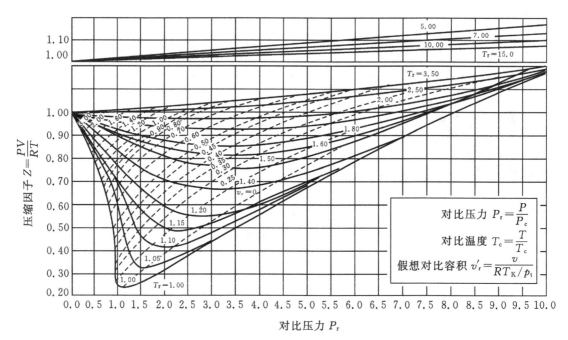

附图 14　气体通用压缩性系数 Z 值曲线

附录4 各种气体的定压比热

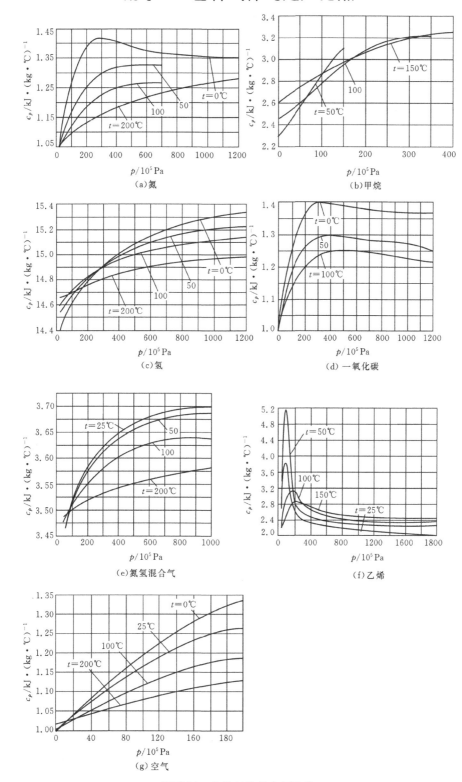

附图15 各种气体的定压比热

参考文献

[1]　林梅,孙嗣莹.活塞式压缩机原理[M].北京:机械工业出版社,1987.

[2]　郁永章,姜培正,孙嗣莹.压缩机工程手册[M].北京:中国石油出版社,2012.

[3]　《活塞式压缩机设计》编写组.活塞式压缩机设计[M].北京:机械工业出版社,1981.

[4]　郁永章.容积式压缩机技术手册[M].北京:机械工业出版社,2000.

[5]　陈永江.容积式压缩机原理与结构设计[M].西安:西安交通大学出版社,1985.

[6]　杨连生.内燃机设计[M].北京:北京农业机械出版社,1981.

[7]　吴兆汉.内燃机设计[M].北京:北京理工大学出版社,1990.

[8]　曹建明,李跟宝.高等工程热力学[M].北京:北京大学出版社,2010.

[9]　吴沛宜,马元.变质量系统热力学及其应用[M].北京:高等教育出版社,1983.

[10]　朱圣东.无油润滑压缩机[M].北京:机械工业出版社,2001.

[11]　西北工业大学.工程热力学[M].北京:国防工业出版社,1982.

[12]　钱锡俊,陈弘.泵和压缩机[M].2版.北京:中国石油大学出版社,2007.

[13]　姬忠礼,邓志安,赵会军.泵和压缩机[M].北京:石油工业出版社,2008.

[14]　袁兆成.内燃机设计[M].北京:机械工业出版社,2008.

[15]　杨黎明,杨志勤.机械设计简明手册[M].北京:国防工业出版社,2008.

[16]　杨乐之.微型压缩机停机调节储气罐总容积的研究[J].流体工程,1991(12):1-4.

[17]　QIAN X C, QU Z C.Analysis and Calculation of Inertia Force and Torque Equilibrium for Piston Compressor,Mechanical Engineering and Technology[J].2017, 6(2):128-132.

[18]　中国机械工业标准汇编.压缩机卷(下)[M].北京:中国标准出版社,2004.

[19]　刘桂玉.工程热力学[M].北京:高等教育出版社,1989.

[20]　屈宗长.同步回转压缩机的几何理论[J].西安交通大学学报,2003,37(7):731-733.

[21]　REZK K,FORSBERG J. Geometry development of the internal duct of a heat pump tumble dryer based on fluid mechanic parameters from a CFD software[J]. Applied Energy,2011,88(5):1596-1605.

[22]　JIN X,WANG S,ZHANG T, et al.Intermediate pressure of two-stage compression system under different conditions based on compressor coupling model[J].International Journal of Refrigeration, 2012,35:827-840.

[23]　钱家祥,刘海芬.我国压缩机行业所取得的成绩及未来发展方向[J].通用机械,2016,11:16-19.

[24]　MOURELATOS Z P.An efficient crankshaft dynamic analysis using substructuring with Ritz vectors[J]. Sound and Vibration,2000,238(3):495-527.

[25]　李志港.产品造型设计中结构设计的重要性[J].美术大观,2014(7):117.

[26]　Thermal Machines Engineering Association.Experimental analysis and thermo-fluid-dynamic simulation of a reciprocating compressor with non-conventional crank mechanism[C].Amsterdam:Elsevier,2017.

[27]　MARCEL A, STAEDTER, SRINIVAS G.Thermodynamic considerations for optimal thermal compressor design[J].International Journal of Refrigeration, 2018,91:28-38.